Regulation of Gene Expression

基因表达调控

主　编　郑继平

副主编　庞荣清　周海龙

编　委（以姓氏笔画为序）

石耀华　海南大学

刘志文　大连科技大学

汤　华　海南大学

杨　诺　海南大学

邱　炎　军事医学科学院

张永云　云南农业大学

周海龙　海南大学

庞荣清　解放军昆明总医院

郑继平　海南大学

陶好霞　军事医学科学院

中国科学技术大学出版社

内 容 简 介

本书分为原核基因表达调控和真核基因表达调控两大部分，内容丰富，涉及的知识面广，理论阐述以及事例分析十分详细。

和同类教材相比，本书增加了原核基因表达调控部分，有利于学生对原核基因表达调控机制与真核基因表达调控机制的比较。

本书可作为硕士研究生和高年级本科生的教材，也可供相关研究人员参考。

图书在版编目(CIP)数据

基因表达调控/郑继平主编. —合肥：中国科学技术大学出版社，2012.8
ISBN 978-7-312-02618-8

Ⅰ. 基… Ⅱ. 郑… Ⅲ. 基因表达调控 Ⅳ. Q786

中国版本图书馆 CIP 数据核字（2012）第 135150 号

出版 中国科学技术大学出版社
安徽省合肥市金寨路 96 号，230026
http://press.ustc.edu.cn
印刷 合肥市宏基印刷有限公司
经销 全国新华书店
开本 710 mm×960 mm 1/16
印张 17.25
字数 338 千
版次 2012 年 8 月第 1 版
印次 2012 年 8 月第 1 次印刷
定价 30.00 元

前　言

基因表达(gene expression)是指基因经过一系列步骤表现出其储存遗传信息,即基因经转录、翻译产生有生物活性RNA和蛋白质的过程,如rRNA或tRNA的基因经转录产生成熟rRNA或tRNA的过程。

基因组(genome)是指含有一个生物体生长、发育、代谢和繁殖所需要的全部遗传信息的整套核酸。相同生物个体的细胞一般具有相同的基因组。基因组所含遗传信息在不同组织细胞中的表达受到严格调控,基因表达具有显著的时间特异性及空间特异性。通常在特定的时段,各组织细胞只合成维持其自身结构和功能所需要的蛋白质,即便是最简单的病毒,其基因组所含基因也非同样强度同时表达的。对于简单的单细胞生物,如大肠杆菌基因组约有4 000个基因,通常仅有5%～10%为高水平表达,而多数基因要么为基础水平表达,要么不表达。对于复杂的哺乳类基因组更是如此,人类基因组约含有3万个基因,对于代谢最为活跃的肝细胞,一般也只有不超过20%的基因处于表达状态。

基因表达的时间特异性(temporal specificity)是指特定基因的表达严格按照特定的时间顺序发生,以适应细胞或个体的特定分化、发育阶段的需要。细胞分化发育的不同时期,基因表达的数量、种类和强度也不相同,这就是基因表达的阶段特异性(stage specificity)。一个受精卵含有发育成一个成熟个体的全部遗传信息,在个体发育分化的各个阶段,各种基因有序表达,一般在胚胎时期基因开放的数量最多,随着分化发展,细胞中某些基因关闭、某些基因开放,胚胎发育不同阶段、不同部位的细胞中,开放的基因及其开放的程度不一样,合成蛋白质的种类和数量也不相同,显示出基因表达调控在空间和时间上的高度有序性,从而逐步生成形态与功能各不相同、极为协调、巧妙有序的组织脏器。即使是同一细胞,处在不同的细胞周期状态,其基因的表达和蛋白质合成的情况也不相同,这种细胞生长发育过程中基因表达调控的变化,正是细胞生长、发育、繁殖的基础,更是多细胞高等生物赖以存在的前提。

基因表达的空间特异性(spatial specificity)是指多细胞生物个体在某一特定生长发育阶段,基因的表达在不同的细胞或组织器官中有所不同,从而导致特异性的蛋白质分布于不同的细胞或组织器官,又称为细胞特异性或组织特异性。不同组织细胞中不仅基因表达的数量不同，而且基因表达的强度和种类也不同，这就是基因表达的组织特异性(tissue specificity)。例如，肝细胞中涉及编码鸟氨酸循环酶类的基因表达水平高于其他组织细胞，合成的某些酶(如精氨酸酶)为肝脏所特有；胰岛β细胞合成胰岛素；甲状腺滤泡旁细胞专一分泌降血钙素等。细胞特定的基因表达状态，决定了这个组织细胞特有的形态和功能。

基因表达的时空特异性异常是细胞癌变发生的重要前提。例如，肝细胞的癌变与在胚胎时期才表达的甲胎蛋白(alfa fetal protein，AFP)基因的异常开放有关，它已成为肝癌早期诊断的一个重要指标；正常肺组织并不合成降血钙素，而癌变肺组织细胞中的降血钙素基因表达却异常活跃。

生物只有适应环境才能生存，仔细观察基因表达随环境变化的情况，可以大致把基因表达分成两种类型：一种是组成型基因表达；另一种是调节型基因表达。

组成型基因表达(constitutive gene expression)是指基因在个体发育的各个阶段较少受环境因素的影响，都能持续表达，其表达产物通常对生命是必需的或必不可少的，这类基因通常被称为管家基因(housekeeping gene)。值得一提的是，组成型基因表达是相对的，并非一成不变的，其表达强弱也受一定机制调控。

调节型基因表达(regulated gene expression)是指基因表达受环境及生理状态的调控。它可分为诱导和阻遏两种类型。随环境条件变化基因表达水平增高的现象称为诱导(induction)，相应的基因被称为可诱导基因(inducible gene)；相反，随环境条件变化而基因表达水平降低的现象称为阻遏(repression)，相应的基因被称为可阻遏基因(repressible gene)。

由此可见，基因表达调控的生物学意义在于：适应环境、维持生长和增殖、维持个体发育与分化。对于原核生物，营养状况和环境因素对基因表达影响重大。在真核生物尤其是高等真核生物中，激素水平和发育状况是基因表达调控的主要影响因素，而营养和环境因素的影响力大为下降。基因表达是一个多级调控的过程，涉及从基因转录激活到蛋白质生物合成的各个阶段，具体来说，基因表达的调控可分为转录水平调控、转录后水平调控、翻译水平调控及翻译后水平调控，但以转录水平的基因表达调控最为重要。基因的转录水平调控需要顺式调控元件和反式作用因子的参与和共同作用，才能够达到对特定基因进行调控的目的。

以上相关内容将在本书中逐一阐述。

本书为海南大学资助教材(No. hdzbjc0801)，并获得国家自然科学基金(No. 41161077)的资助。

编　者

2012年5月

目　录

上篇　原核基因表达调控

第1章　原核基因的转录

细菌能随环境条件的变化，迅速改变某些基因的表达状态，以适应环境而生存，人们就是从研究这种现象开始，打开了认识基因表达调控分子机理的窗口。与真核生物相比，原核细胞没有核膜和组蛋白，基因组通常为一条环状的裸露DNA，分子量相对较小，其特点为：① 结构紧凑。基因组内绝大部分序列用于编码蛋白质，只有很小部分是调控序列，不能被转录和翻译。② 存在转录单元。在功能上密切相关的基因，常集中在一个或几个特定部位，形成一个功能单位或转录单元，即操纵元（operon），它们转录形成能编码多个蛋白质的mRNA分子，即多顺反子mRNA。例如，大肠杆菌乳糖操纵元（lactose operon）包括*Z*（beta-galactosidase hydrolyzes）、*Y*（lactose permease）和*A*（transacetylase）（分别编码β-半乳糖苷酶、透过酶、乙酰基转移酶）三个结构基因以及启动子（*P*）、操纵子（*O*）和终止子（*T*）等。③ 有重叠基因。它表示同一段DNA区段携带编码两种不同蛋白质的信息。一些细菌和动物病毒中存在重叠基因，基因的重叠性使原核生物有限的DNA序列能包含更多的遗传信息，是原核生物对遗传物质的一种经济而高效的利用形式。

1.1　原核RNA聚合酶和基本转录元件

1.1.1　原核RNA聚合酶

在原核生物中，对大肠杆菌RNA聚合酶的研究最为深入透彻。大肠杆菌的RNA聚合酶是由五个亚基组成（图1-1，表1-1），包括两个α亚基，一个β亚基，一个β′亚基和一个σ因子亚基，有时还有一个ω亚基，其中$\alpha_2\beta\beta'$四个亚基组成RNA聚合酶的核心酶（core enzyme），加上σ因子后组成RNA聚合酶的全酶（holoenzyme）$\alpha_2\beta\beta'\sigma$，其中σ因子与核心酶的结合不紧密，易脱落。

α亚基的游离状态常以二聚体的形式存在，与核心酶的组装及启动子识别有关，并参与 RNA 聚合酶和部分调节因子的相互作用。

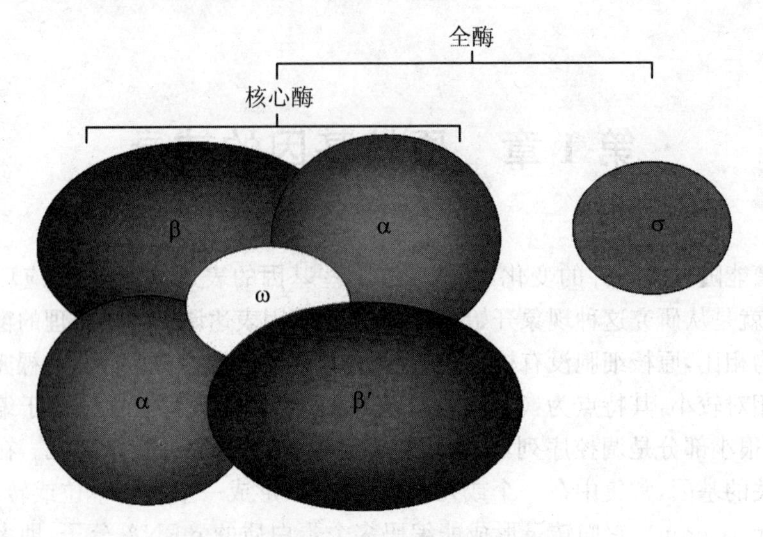

图 1-1　大肠杆菌 RNA 聚合酶的亚基组成

表 1-1　大肠杆菌 RNA 聚合酶的组成

亚单位	分子量(Da)	亚单位数目	功能
α	36 512	2	决定哪些基因被转录
β	150 618	1	与转录全过程有关
β′	155 613	1	结合 DNA 模板
σ	70 263	1	辨认转录起始点

β 亚基对 RNA 聚合酶的功能至关重要，参与 RNA 合成、终止信号的识别。由于 β 亚基与核苷三磷酸具有很高的亲和力，推测它可能参与底物的结合以及催化磷酸二酯键的形成。

β′亚基是酶与 DNA 模板结合的主要成分，可使聚合酶结合到模板 DNA 上，确保 RNA 聚合酶在转录过程中不会从模板链上脱落下来。

σ 亚基没有催化活性，但负责识别 DNA 模板上的转录起始部位，参与启动子的识别和结合以及转录起始复合物的形成。DNA 转录的模板链的选择、转录方向与转录起点的选择都与 σ 亚基有关。

离体实验表明：全酶所转录的 RNA 和细胞内所转录出的 RNA，其起始点相同，序列相同，若仅用核心酶进行转录，则模板链和起始点的选择都有很大的随意性，而且往往同一段 DNA 的两条链都被转录。σ 因子可大大增加 RNA 聚合酶对启动子的亲和力(达 10^3 倍)，降低 RNA 聚合酶对非专一性位点的亲和力(达 10^4

倍)，使 RNA 聚合酶识别 DNA 模板上启动子的特异性总共提高了 10^7 倍。可见，σ 亚基对识别 DNA 链上的转录信号是必需的，它是核心酶和启动子之间的桥梁。细胞内存在多种不同的 σ 因子，以识别不同类型的启动子。

RNA 聚合酶具有多种功能：从 DNA 分子中识别转录的起始部位；促进与酶结合的 DNA 区段的双链打开氢键，形成开环的单链状态；催化适当的 NTP 聚合，以 3′，5′-磷酸二酯键相连接，如此连续聚合完成一条 RNA 的转录合成；识别 DNA 模板分子中的转录终止信号，促使聚合反应的停止。RNA 聚合酶还参与转录水平的调控。

原核生物 RNA 聚合酶的几个特点：转录聚合速率比 DNA 复制的聚合反应速率要小；缺乏 3′→5′外切酶活性，无校对功能，RNA 合成的错误率比 DNA 复制高很多；原核生物 RNA 聚合酶的活性可以被利福霉素及利福平所抑制，利福霉素及利福平可以和酶的 β 亚基相结合，从而影响到 RNA 聚合酶的活性。

1.1.2　原核启动子

原核生物的启动子大约有 55 bp，一般含有一个转录起始位点和两个结构区域，即结合部位及识别部位。转录起始位点是 DNA 模板链上开始进行转录的位点(图 1-2)。

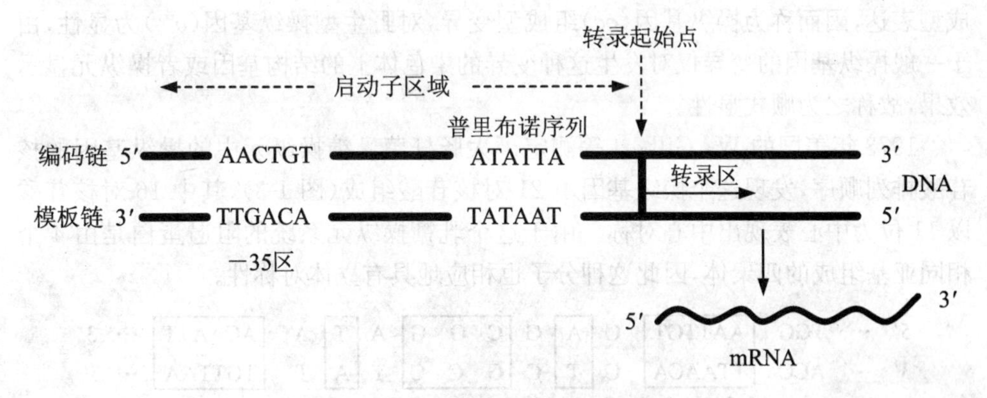

图 1-2　原核基因启动子的基本结构

结合部位是指启动子与 RNA 聚合酶核心酶紧密结合的 DNA 序列，在大肠杆菌中，其长度大约 7 bp，具有保守的 5′-TATAAT-3′基序，称为 TATA 盒(TATA box)或普里布诺序列(Pribnow box)，同时，该部位的中心正好位于起点上游的 −10 bp 处，又称 −10 区(−10 sequence)。由于 TATA 盒中的碱基缺少 GC，所以 Tm 值较低，DNA 双链容易解开，因而有利于 RNA 聚合酶的进入和转录的起始。

识别部位，RNA 聚合酶的 σ 因子识别的启动子序列，在大肠杆菌中，称为－35 区，长度约 6 bp，共有序列为 5′-TTGACA-3′。

－35 区和－10 区的保守性及区间核苷酸数目对保证启动子的功能十分重要。在破坏启动子功能的突变中有 75% 与两区的序列碱基改变有关，而且，两区的间距以 17±1 bp 最佳，小于 15 bp 或大于 20 bp，启动子的活性都会下降。

另外，附近其他 DNA 顺序也能影响启动子的功能。上游部位的富有 AT 的 DNA 序列被认为能增进转录起始的频率。有时候上游序列可以是某些能直接激活 RNA 聚合酶的"激活蛋白"的结合部位。例如，上游序列可以结合拓扑异构酶，导致结合区域的超螺旋状态被解除，有利于转录起始。

原核生物亦有少数启动子缺乏－35 区或－10 区。此种情况下，RNA 聚合酶常需要一些特殊的辅助蛋白来完成对这类启动子的识别，推测这些蛋白质与邻近序列的反应弥补了此类启动子的缺陷。

1.1.3 操纵子

操纵子（operator，*O*）位于结构基因的上游，又称操纵基因，本身不能转录，具有与特定阻遏蛋白相互作用而控制相邻结构基因（群）转录的作用，是调节基因的一种。操纵子异常可导致阻遏物不能与之结合，从而引起控制下的结构基因的组成型表达，因而称为操纵基因（*oc*）组成型变异，对野生型操纵基因（o^+）为显性，由于一般操纵基因的变异仅对发生这种变异的染色体上的结构基因或者操纵元显示效果，故称之为顺式显性。

1973 年美国的 W. Gilbert 等测定了大肠杆菌乳糖操纵元中的操纵基因的核苷酸排列顺序，发现这个操纵基因由 21 对核苷酸组成（图 1-3），其中 16 对核苷酸以 11 位为中心表现出中心对称。由于这个乳糖操纵元系统的阻遏蛋白是由 4 个相同亚基组成的四聚体，因此这种分子也相应地具有立体对称性。

5′	…	TGG	AATTGT	G	A	G	C	G	G	A	T	A	ACAATT	…	3′
3′	…	ACC	TTAACA	C	T	C	G	C	C	T	A	T	TGTTAA	…	5′
			1 2 3 4 5 6	7	8	9	10	11	12	13	14	15	16 17 18 19 20 21		

图 1-3 操纵子的结构特征

1.1.4 终止子

DNA 分子中停止转录作用的区域，称为终止子（terminator，*t*）。在终止子处，

RNA 聚合酶停止聚合作用,将新生 RNA 链释放出来,并与模板 DNA 解离。转录终止过程需要所有维持 RNA-DNA 杂合链的氢键断裂以释放 RNA,此后,DNA 双链重新配对形成双螺旋。依据终止子对转录终止作用的强弱分为强终止子和弱终止子。一部分 RNA 聚合酶能够越过弱终止子而继续转录,称之为通读。在 *E. coli* 中,不依赖 ρ 因子的内源性终止子(intrinsic terminator)属于强终止子,RNA 聚合酶在该位点的终止不需要任何辅助蛋白质参与。弱终止子为 ρ 因子依赖型终止子,RNA 聚合酶必须在 ρ 因子的帮助下才能识别该位点的终止信号而完成转录。

对于一个典型的强终止子,在转录终止点之前为一段富含 GC 对的回文结构,可在对应的 mRNA 中形成发夹结构,在回文序列的下游为 6～8 个 AU,最后末端是一段多聚 A,能在对应的 mRNA 中形成多聚 U。发夹区和多聚 U 的典型距离为 7～9 bp。RNA 通过 GC 配对形成的发夹结构会导致 RNA 聚合酶移动的暂停,并破坏 RNA-DNA 杂合链 5′端的正常结构。寡聚 U 的存在使 RNA-DNA 杂合链的 3′端部分出现不稳定的 rU · dA 区域。RNA-DNA 杂合链很容易从该处解开,使 RNA 与 DNA 分子分离,形成转录的终止。

终止效率与 GC 序列和寡聚 U 的长短有关,随着发夹结构(至少 6 bp)和寡聚 U 序列(至少 4 个 U)长度的增加,终止效率逐步提高。发夹结构的序列和 U 区段的长度都影响终止效率,通过制造缺失使其变短,尽管 RNA 聚合酶仍在发夹处暂停,但不再发生终止作用,从而证实了 U 区段的重要性。寡聚 U 碱基系列对应 DNA 富含 A-T 区域,因此富含 A-T 区在内源性终止过程中与在起始中同样重要。发夹和 U 区段是必要的,但还有其他因素会影响终止子与 RNA 聚合酶的相互反应。

依赖 ρ 因子的终止子(弱终止子)没有内源性强终止子特有的多聚 dA 序列和稳定的发夹结构。RNA 聚合酶本身能识别 DNA 模板中依赖 ρ 因子的终止子序列,但需要在 ρ 因子的辅助参与下才能完成转录的终止。缺少 ρ 因子时,RNA 聚合酶将在依赖 ρ 因子的终止子处暂停,随后仍继续向前移动,进行转录。

ρ 因子是分子量为 2.0×10^5 Da 的六聚体蛋白,具有终止转录和核苷三磷酸水解酶的功能。ρ 因子通过水解各种核苷酸三磷酸提供能量,顺着新合成的 RNA 链移动,促使新生 RNA 链从三元转录复合物中解离,实现转录的终止。依赖 ρ 因子的转录终止子序列无共性,ρ 因子本身也不能识别该类终止位点。RNA 转录起始以后,ρ 因子即附着在新生的 RNA 链上,依靠水解 NTP 产生的能量,沿着 5′→3′方向朝 RNA 聚合酶移动,移动速度与 RNA 聚合酶的速度基本相同,当 RNA 聚合酶遇到终止子结构而暂停时,ρ 因子就会追上 RNA 聚合酶,到达 RNA 的 3′-OH 端,并取代暂停在终止位点上的 RNA 聚合酶,使 RNA 聚合酶被释放出来,随后释放合成的 RNA,形成转录的终止,完成转录过程(图 1-4)。

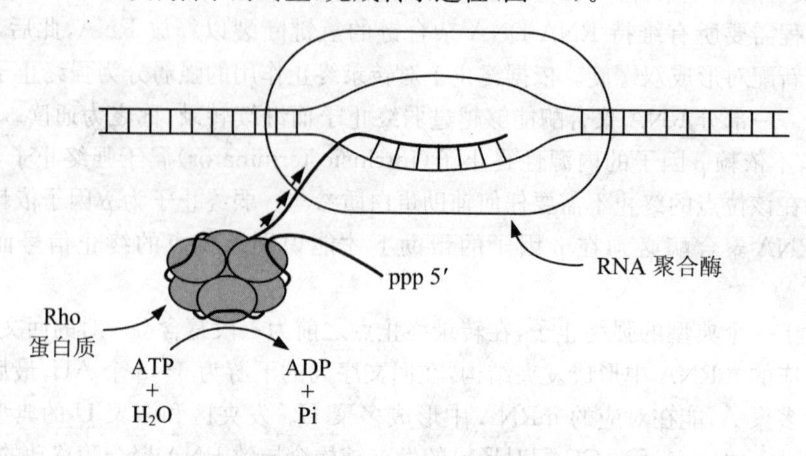

图 1-4 依赖 ρ 因子的转录终止机制

1.2 原核基因转录

1.2.1 转录的过程

转录过程可以分为三个阶段:转录起始、转录延伸及转录终止。

转录的起始:RNA 聚合酶的 σ 因子抑制 RNA 聚合酶与 DNA 的非特异性结合,RNA 聚合酶分子沿着 DNA 链轻快滑行,直到找到合适的启动子序列为止,RNA 聚合酶核心酶则结合在启动子的结合部位,形成封闭复合物(closed complex)。随后聚合酶全酶所结合的 DNA 中有一小段双链被解开,约 17 个碱基对,形成转录泡,封闭复合物转变成开放复合物(open complex),以利于 RNA 聚合酶的进入,并与模板结合,催化 RNA 的聚合。

转录的第一个核苷酸通常为 pppA 或 pppG,较少 pppC,极少 pppU,离启动子 −10 区的距离大约为 12 或 13 个碱基处,有时转录可在好几个相邻核苷酸处起始。当新生 RNA 链达到 6~9 个核苷酸时,形成稳定的新生 RNA 链、DNA 链和 RNA 聚合酶三元复合物。随后 σ 因子释放,使转录进入延伸阶段。释放出来的 σ 因子可以再次与核心酶结合,开始新的转录。

转录的延伸:在延伸过程中,局部打开的 DNA 双链与 RNA 聚合酶及新生成转录本 RNA 形成局部转录泡。转录泡随 RNA 聚合酶的移动而前移,此过程贯穿延伸的整个过程。

一般情况下，在核心酶向前延伸新生RNA链时，RNA链生长点大约为12 bp长的RNA-DNA杂合链区，延伸复合物可保持17 bp的DNA解链区，与启动子区中的“开放”复合体解链区长度相当。但此数目也有所变化，特别是当RNA聚合酶遇到一些特殊的DNA序列时。例如，在转录终止子区域，DNA双链可完全重新螺旋化，而RNA单链则从复合体中释放出来；在质粒ColE Ⅰ复制时，RNA引物的转录情形则相反，在某一特异位点处DNA的重新螺旋化被阻止，生成的转录本RNA和模板DNA可形成几百个核苷酸的RNA-DNA杂合双链区域。当RNA单链与模板链分离时，杂合链区域的DNA单链又重新配对形成双螺旋，甚至超螺旋。

转录的终止：当RNA聚合酶移动到DNA模板的终止子区域时，RNA聚合酶会暂停下来，RNA聚合作用也因此暂停。由于在终止子序列中含有由GC富集区组成的反向重复序列，在转录生成的mRNA中，通过G-C配对会形成相应的发夹结构，该发夹结构可阻碍RNA聚合酶的继续前进，使RNA聚合酶的移动暂停，由此而停止了RNA聚合作用。在终止信号中还有AT富集区，其转录生成的mRNA的3′末端有多个连续的U残基，导致RNA-DNA杂合双链区域以连续的A-U配对，氢键结合作用较弱，很容易断开，使RNA单链被释放出来，造成转录的终止。

1.2.2 抗终止作用

抗终止作用（anti-termination）是指一些终止子的终止作用可以被某些与RNA聚合酶相互作用的特异辅助因子所阻止。该特异辅助因子称为抗终止因子（anti-termination factor），抗终止因子具有抵消ρ因子的转录终止作用，使RNA聚合酶越过终止子，即转录的通读。另外，通读也被用来描述核糖体在翻译蛋白质时，越过终止密码子继续翻译的现象。

抗终止作用最有代表性的例子是λ噬菌体的时序控制。λ噬菌体基因在裂解过程中的表达分前早期、晚早期和晚期三个阶段，其晚早期基因与晚期基因的表达分别与抗终止因子蛋白pN和pQ密切相关，对于λ噬菌体是否进入溶源或裂解两种不同状态发挥着重要作用。

（汤　华）

第2章 原核基因的转录调控

原核生物的基因表达调控主要发生在转录水平,同时,也存在DNA水平的基因重排和控制翻译过程的转录后调节等(第3章)。依据调控的结果,原核生物的转录水平调控可分为负转录调控(negative transcription regulation)和正转录调控(positive transcription regulation)两种类型,这两种类型皆与调节蛋白缺乏时对原核生物操纵元的影响密切相关,即诱导(induction)与阻遏(repression)。

诱导是基因由原来的关闭状态转变为开放状态,相关基因被称为可诱导基因(inducible gene)。可诱导基因通常是一些编码糖和氨基酸分解代谢的酶基因,一般处于关闭状态。阻遏是指基因由开放状态转变为关闭状态,相应的基因被称为可阻遏基因(repressible gene)。可阻遏基因是合成各种细胞代谢过程中所必需的小分子物质(如氨基酸、嘌呤和嘧啶等)的酶基因,基于这类物质在生命过程中的重要地位,这些基因通常保持打开。

2.1 转录调控系统

2.1.1 负转录调控系统

在负转录调控系统中,调节基因的产物是阻遏蛋白(repressor),起阻止结构基因转录的作用。在阻遏蛋白缺乏或失活时基因表达,加入调节蛋白后基因关闭。根据其作用方式又可分为负控诱导系统和负控阻遏系统。在负控诱导系统中,阻遏蛋白单独存在时,能与操纵子区域结合,阻止结构基因转录,阻遏蛋白与效应物(诱导物)结合后,阻遏蛋白脱离操纵子区域,结构基因失阻遏而表达;在负控阻遏系统中,单独存在的阻遏蛋白没有活性,只有与效应物(共阻遏蛋白)结合活化后才能与操纵子区域结合,阻遏结构基因的表达。两者的主要区别在于阻遏蛋白的活性特点(图2-1)。

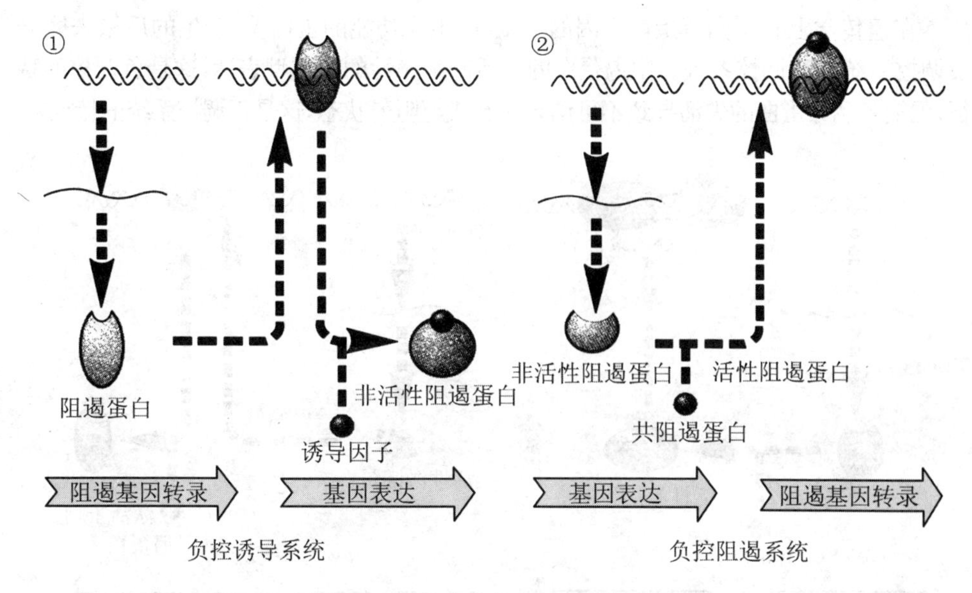

图 2-1　原核生物的负转录调控系统

2.1.2　正转录调控系统

在正转录调控系统中(图 2-2),调节基因的产物是激活蛋白(activating protein),只有激活蛋白与 DNA 的启动子及 RNA 聚合酶结合后,转录才会进行,在激活蛋白缺乏或失活时,基因转录关闭。根据激活蛋白的作用方式可将它分为正控诱导和正控阻遏。在正控诱导系统中,没有诱导因子时,激活蛋白处于非活性状态,不能激活结构基因的转录,基因不转录;诱导因子的存在使激活蛋白处于活性状态,能激活结构基因的转录,基因进行转录。可见,激活蛋白自身无活性,不与操纵子结合,不能激活结构基因转录;诱导因子与激活蛋白结合,激活蛋白有活性,诱导结构基因的转录。在正控阻遏系统中,没有效应物时,激活蛋白处于活性状态,激活蛋白与操纵子结合,激活结构基因转录;有效应物时,效应物与激活蛋白结合,使激活蛋白失活,不能与操纵子结合,结构基因的转录不被激活而受到阻遏。可见,激活蛋白自身有活性,能与操纵子结合,激活结构基因正常转录;效应物(共阻遏蛋白)与激活蛋白结合,激活蛋白失活,不能与操纵子结合,导致结构基因的表达被阻遏。

无论是正控制还是负控制,都可以通过调节蛋白质与小分子物(诱导物或阻遏物)的相互作用而达到诱导或阻遏。当诱导物钝化了阻遏蛋白或者活化了无辅基诱导蛋白,操纵元进入诱导状态。当辅阻遏物活化了无活性的阻遏蛋白或钝化了无辅基诱导蛋白,操纵元进入受阻遏状态。

在遗传学上利用调节蛋白基因的突变(产生无功能的蛋白质)产生的后果来区分负调控系统和正调控系统。阻遏蛋白的失活产生隐性的组成型表达,这是负调控的特征;无辅基诱导蛋白的失活导致不可诱导状态或超阻遏状态,这是正调控系统的特征。

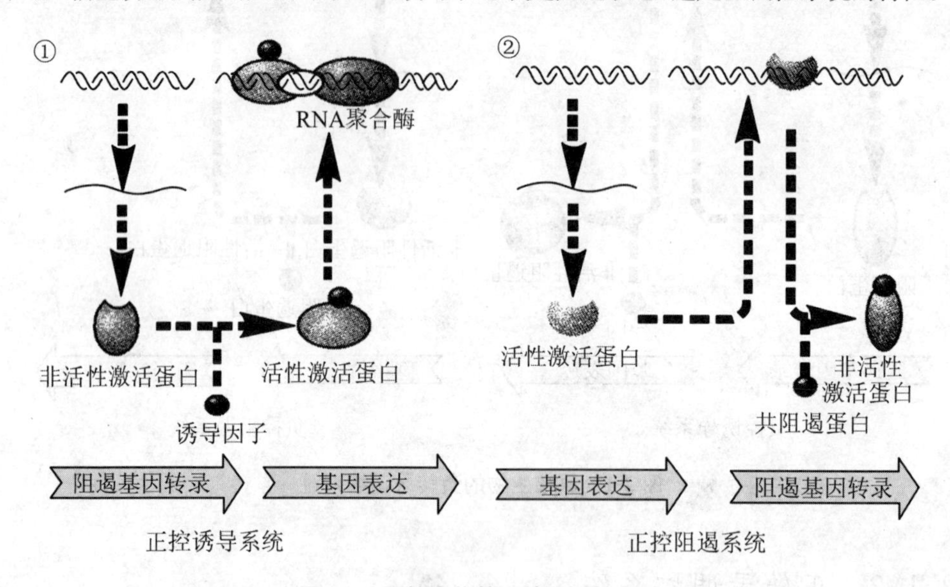

图 2-2 原核生物的正转录调控系统

2.2 乳糖操纵元

大肠杆菌的乳糖操纵元(lactose operon)包括 *Z*、*Y*、*A* 三个结构基因和共同的启动子 *Plac*(图 2-3)。*lacZ* 编码 β-半乳糖苷酶,它可以将乳糖水解为半乳糖和葡萄糖;*lacY* 编码透过酶,能运送乳糖透过细菌的细胞壁,进入细胞内;*lacA* 编码乙酰基转移酶,使 β-半乳糖的第六位碳原子乙酰化。这三个结构基因被同一个转录单元 *lacZYA* 编码,作为一个多顺反子 mRNA 一起表达。

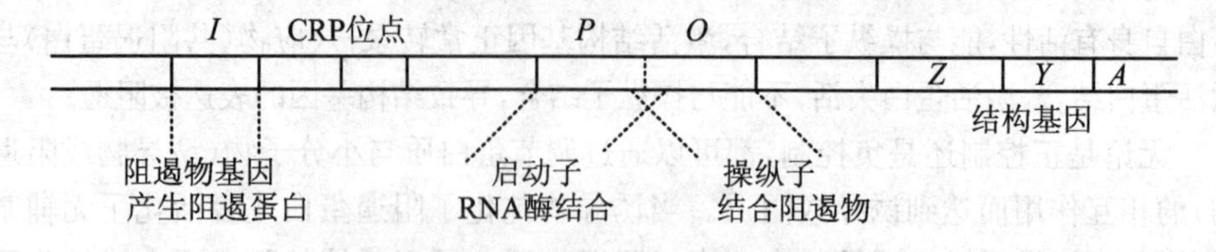

图 2-3 乳糖操纵元的完整结构

lacZYA 转录单元含有一个操纵子位点 *Olac*，位于 *Plac* 启动子下游，是阻遏蛋白 R 的结合位点。*lacI* 基因编码是阻遏蛋白 R，位于 *Plac* 的上游，有独立的启动子，*lacI* 也是乳糖操纵元的一部分。另外，在启动子 *Plac* 的 5′端区域，还有一个 CRP 结合位点（CRP site），该位点能够接受 cAMP 对操纵元的调控，cAMP 与 CRP 蛋白结合后，能够与 CRP 位点结合，激活乳糖操纵元的表达。

乳糖操纵元转录时，RNA 聚合酶首先与启动子区结合，随后通过操纵子区域（如果没有阻遏蛋白与操纵子结合）向右转录，依次转录出结构基因 *Z-Y-A*，每一个 mRNA 分子都包含以上三个基因。

大肠杆菌利用环境中的乳糖至少需要两种酶：一种是促使乳糖进入细菌的乳糖透过酶（lactose permease），另一种是催化乳糖第一步分解的 β-半乳糖苷酶（β-galactosidase）。β-半乳糖苷酶以四聚体形式组成有活性的 β-半乳糖苷酶。β-半乳糖苷酶催化乳糖异构，生成别乳糖（allolactose）；再将别乳糖分解为半乳糖和葡萄糖。真正与阻遏蛋白结合的是别乳糖，而不是乳糖（图 2-4）。

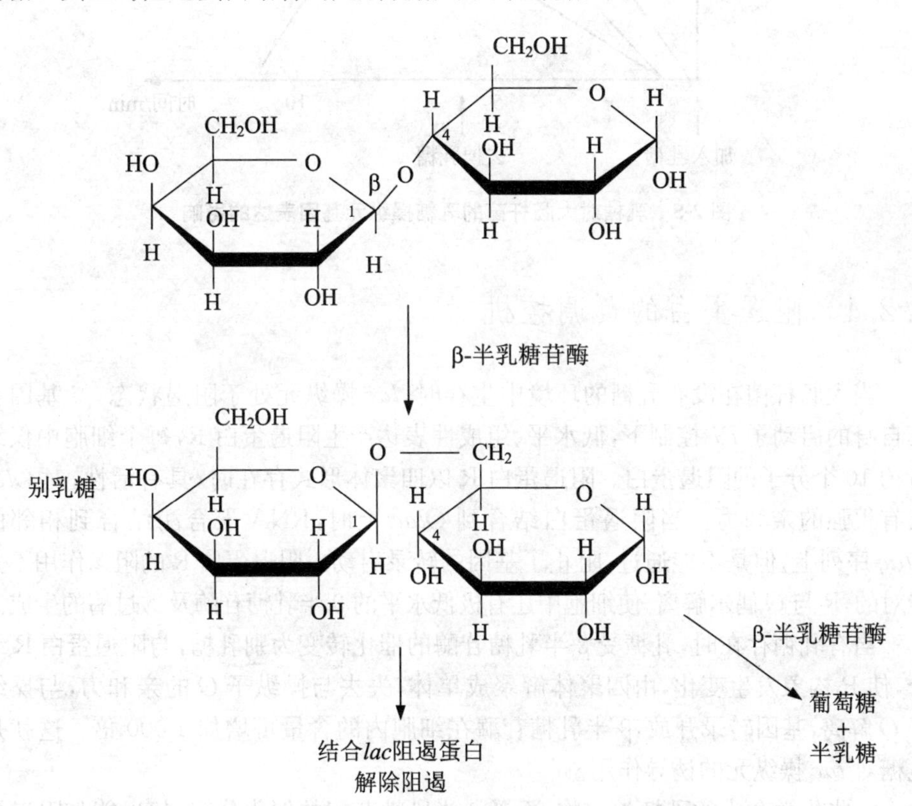

图 2-4　β-半乳糖苷酶的催化作用

在环境中没有乳糖或其他β-半乳糖苷时，大肠杆菌细胞中合成的β-半乳糖苷酶量极少，加入乳糖2～3 min后，细菌大量合成β-半乳糖苷酶，其量可提高千倍以上，在以乳糖作为唯一碳源时，菌体内的β-半乳糖苷酶量可占到细菌总蛋白量的3%。在上述两阶段生长细菌利用乳糖再次繁殖前，也能测出细菌中β-半乳糖苷酶活性显著增高的过程(图2-5)。这种典型的诱导现象，是研究基因表达调控的极好模型。

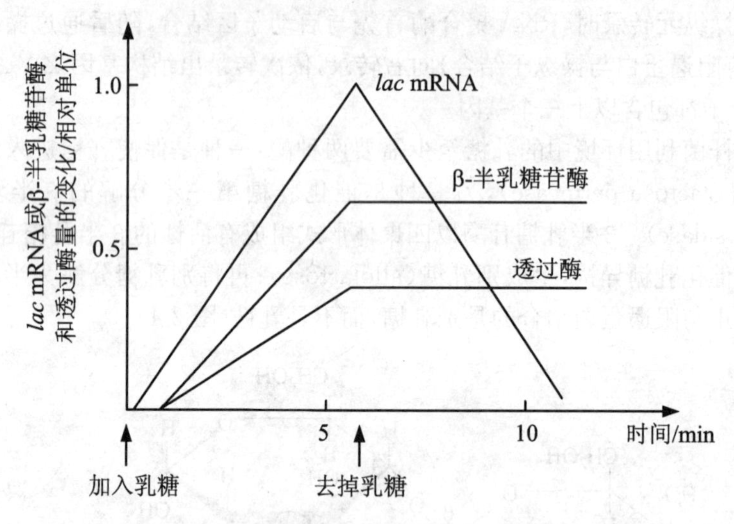

图2-5 乳糖对大肠杆菌的乳糖操纵元基因表达的影响

2.2.1 阻遏蛋白的负调控机制

当大肠杆菌在没有乳糖的环境中生存时，*lac*操纵元处于阻遏状态。*i*基因在其自身的启动子*Pi*控制下，低水平、组成性表达产生阻遏蛋白R，每个细胞中仅维持约10个分子的阻遏蛋白。阻遏蛋白R以四聚体形式存在时，具有活性，对*Olac*具有很强的亲和力。当阻遏蛋白结合到*Olac*上时，RNA聚合酶结合到相邻的*Plac*序列上，但是不能通过，阻止了基因的转录启动。阻遏蛋白R的阻遏作用不是绝对的，R与*O*偶尔解离，使细胞中还有极低水平的β-半乳糖苷酶及透过酶的生成。

当有乳糖存在时，乳糖受β-半乳糖苷酶的催化转变为别乳糖，与阻遏蛋白R结合，使R构象发生变化，由四聚体解聚成单体，失去与操纵子*O*的亲和力，与操纵子*O*解离，基因转录开放，β-半乳糖苷酶在细胞内的含量可增加1 000倍。这就是乳糖对*lac*操纵元的诱导作用。

一些化学合成的乳糖类似物，不受β-半乳糖苷酶的催化分解，却也能与阻遏蛋白R特异性结合，使R构象变化，诱导*lac*操纵元的开放。例如，异丙基硫代半乳糖苷(isopropylthiogalactoside，IPTG)、巯甲基半乳糖苷(TMG)、*O*-硝基半乳糖苷

(ONPG)等(图 2-6)。

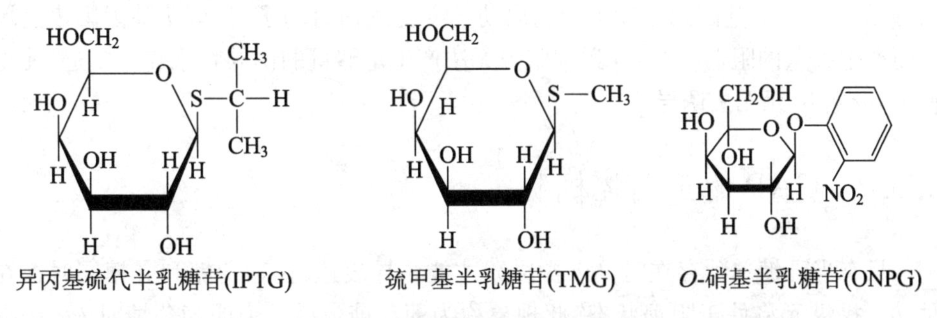

图 2-6　几种常见的乳糖类似物

X-gal(5-溴-4-氯-3-吲哚-β-半乳糖苷)也是一种人工化学合成的半乳糖苷,可被β-半乳糖苷酶水解产生蓝色化合物,因此可以用做β-半乳糖苷酶活性的指示剂。IPTG 常用于诱导含有 *lac* 启动子重组蛋白基因的表达。在没有诱导剂 IPTG 存在时,*lacI* 阻遏蛋白与 *lac* 操纵子 DNA 序列紧密结合,*lac* 基因不转录。当 IPTG 存在时,IPTG 与阻遏蛋白相互作用,形成阻遏蛋白-IPTG 复合物,阻遏蛋白解聚,解除 *lac* 基因的阻遏状态。在分子生物学中,常用 IPTG 和 X-gal 之间形成的 α 互补作用进行基因遗传转化大肠杆菌后阳性克隆的筛选(图 2-7)。

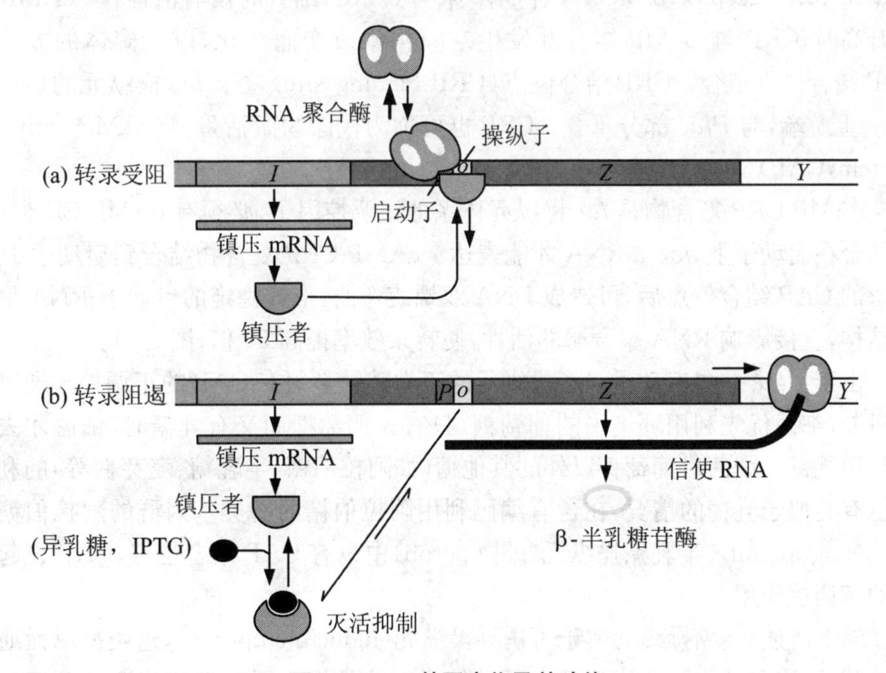

图 2-7　*lacI* 基因产物及其功能

lacI 基因由弱启动子控制，以组成型方式表达，每个细胞中有 5～10 个阻遏蛋白分子。当 *lacI* 基因的启动子由弱启动子突变成强启动子时，*lacI* 基因因表达增强而产生大量的阻遏蛋白，导致细胞内无法产生足够量的诱导物来克服阻遏，使得整个 *lac* 操纵元无法诱导。

2.2.2 CAP 的正调控机制

只有当乳糖单独存在时，*lac* 操纵元才能诱导表达，在葡萄糖和乳糖同时存在时，*lac* 操纵元将处于阻遏状态，此现象称为葡萄糖效应。说明葡萄糖对 *lac* 操纵元表达具有抑制作用。对大肠杆菌突变株的研究发现，当糖酵解受阻，葡萄糖-6-磷酸不能转化时，葡萄糖效应消失，由此说明抑制 *lac* mRNA 合成的不是葡萄糖，而是它的某些代谢产物，科学上把葡萄糖的这种效应称为代谢物阻遏效应（catabolite repression）。

细菌中的 cAMP 含量与葡萄糖的分解代谢有关，当细菌利用葡萄糖分解供给能量时，cAMP 生成少而分解多，cAMP 含量低；相反，当环境中无葡萄糖可供利用时，cAMP 含量就升高。细菌中有一种能与 cAMP 特异结合的 cAMP 受体蛋白 CRP（cAMP receptor protein），当 CRP 未与 cAMP 结合时没有活性；当 cAMP 浓度升高时，CRP 与 cAMP 结合并发生空间构象改变而活化，以二聚体的方式与 CRP 结合位点结合。CRP 结合位点（CRP binding site）位于 *lac* 操纵元的启动子 *Plac* 上游端，与 *Plac* 部分重叠。CRP 也可称为代谢物激活蛋白（cAMP activated protein，CAP）。

cAMP-CRP 复合物是 *lac* 操纵元体系的正调控因子，必须有 cAMP-CRP 复合物结合在启动子上，*lac* mRNA 才能表达。cAMP-CRP 复合物结合到启动子 *Plac* 上游的 CAP 结合位点后，可造成 DNA 双螺旋弯曲，形成稳定的启动子-RNA 聚合酶结构，直接影响 RNA 聚合酶的活性，使转录效率提高 50 倍（图 2-8）。

由于 *Plac* 是弱启动子，*lac* 操纵元的正常转录必须有 CAP 的正调控。通过这种机制，细菌优先利用环境中的葡萄糖，只有无葡萄糖而又有乳糖时，细菌才去充分利用乳糖。细菌对葡萄糖以外的其他糖（如阿拉伯糖、半乳糖、麦芽糖等）的利用上也有类似于乳糖的情况，在含有编码利用阿拉伯糖的酶类基因群的阿拉伯糖操纵元（ara operon）、半乳糖操纵元（gal operon）中也有 CAP 结合位点，CAP 也起类似的正调控作用。

综上所述，乳糖操纵元属于可诱导操纵元（inducible operon），这类操纵元通常是关闭的，当受效应物作用后诱导开放转录。这类操纵元使细菌能适应环境的变化，最有效地利用环境能提供的能源底物。

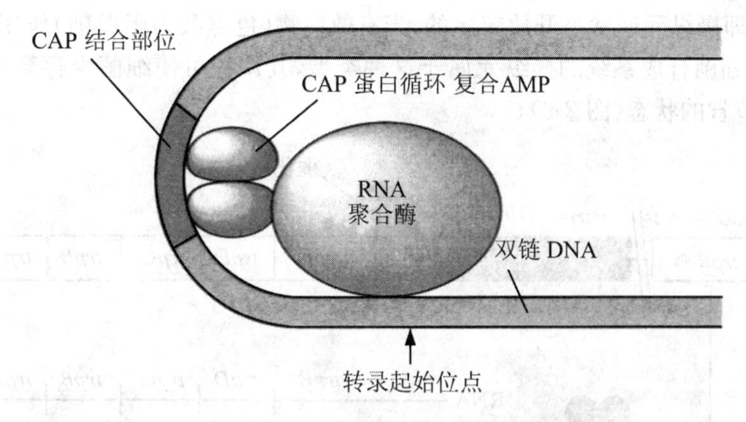

图 2-8　乳糖操纵元上游的 CAP 结合位点

2.2.3　*lac* 操纵元的基础水平表达

乳糖操纵元具有本底水平(background level)的组成型表达,每个细胞中约表达 1～5 个 mRNA 分子,本底水平表达(约为诱导水平的 0.1%)的 mRNA 翻译后,能形成少量酶,透过酶可使最初的乳糖进入细胞,β-半乳糖苷酶可使最初进入细胞的乳糖转变为异构乳糖,异构乳糖可以与乳糖操纵元的阻遏蛋白结合,解除阻遏蛋白对乳糖操纵元的阻遏作用。可见,乳糖操纵元维持本底水平的组成型表达是必不可少的。

2.3　色氨酸操纵元

2.3.1　色氨酸操纵元的结构与阻遏蛋白的负性调控

合成色氨酸所需要酶类的基因 *E*、*D*、*C*、*B*、*A* 等头尾相接串联排列组成结构基因群,受其上游的启动子 *Ptrp* 和操纵子 *O* 的调控,调控基因 *trpR* 的位置远离 *P-O*-结构基因群,在其自身的启动子作用下,以组成性方式低水平表达分子量为 47 000 的调控蛋白 R。R 并没有与 *O* 结合的活性,当环境能提供足够浓度的色氨酸时,R 与色氨酸结合后构象变化而活化,就能够与 *O* 特异性亲和结合,阻遏结构基因的转录,因此这是一种属于负性调控的、可阻遏的操纵元(repressible operon)，即操纵元通常是开放转录的，当有效应物(色氨酸为阻遏剂)作用时，则关闭转录。细菌合成系统的操纵元属于这种类型，其调控可使细菌生存繁殖处在最经济、最节省的状态(图 2-9)。

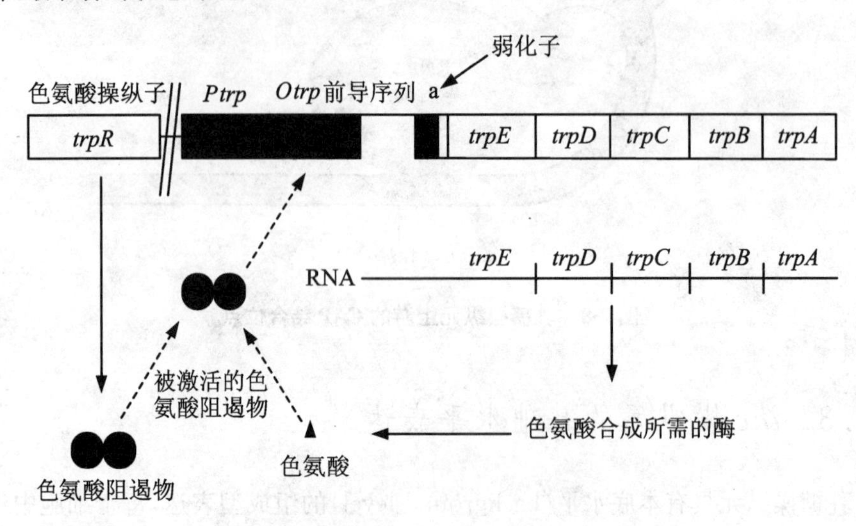

图 2-9　色氨酸操纵元的结构

2.3.2　弱化子及其作用

研究表明，当色氨酸达到一定浓度，但还没有高到能够活化 R 使其起阻遏作用的程度时，产生色氨酸合成酶类的量已经明显下降，并且产生的酶量与色氨酸浓度呈负相关。仔细研究发现这种调控与色氨酸操纵元特殊的结构有关。

在色氨酸操纵元 *Ptrp-O* 与第一个结构基因 *trpE* 之间有 162 bp 的一段先导序列(leading sequence，L)，实验证明当色氨酸达到一定浓度时，RNA 聚合酶的转录会终止在这里。先导序列是在 *trp* mRNA 5′端的 *trpE* 基因起始密码前，有一段长 162 bp 的 mRNA 序列。在此开放阅读框前有核糖体识别结合位点(RBS)序列，提示这段短开放阅读框在转录后是能被翻译的。前导序列中有两个色氨酸相连，在先导序列的后半段含有三对反向重复序列，在被转录生成 mRNA 时都能够形成发夹结构，形成不同碱基配对的 RNA 二级结构，分别称为序列 1、序列 2、序列 3 和序列 4。序列 1 和序列 2 互补，序列 2 和序列 3 互补，序列 3 和序列 4 互补，都可形成发夹结构，但存在竞争。弱化子发夹结构是 3∶4 配对。如果序列 2 和序列 3 形成 2∶3 发夹结构，那么 3∶4 弱化子发夹结构就不能形成，转录就不会终止。如果先形成 1∶2 发夹结构，那么 3∶4 发夹结构也可以形成，引起转录终止(图 2-10)。

原核生物中,转录和翻译可同步进行。转录形成的前导 RNA 序列中,含有有效的核糖体结合位点,启动蛋白质翻译过程,能合成由前导 RNA 27～68 号碱基所编码的含 14 个氨基酸的前导肽。前导肽的第 10 个和第 11 个密码子编码连续的色氨酸残基(图 2-11)。色氨酸是稀有氨基酸,通常 2 个色氨酸密码子连续出现的可能性很小,在色氨酸含量很低的情况下核糖体将会在这个位点停滞。前导肽的作用就是通过色氨酸的含量,调节控制翻译的终止。色氨酸前导肽编码序列的 3′端与互补序列 1 重叠,2 个色氨酸密码子都在序列 1 内,终止密码子在序列 1 和序列 2 之间。

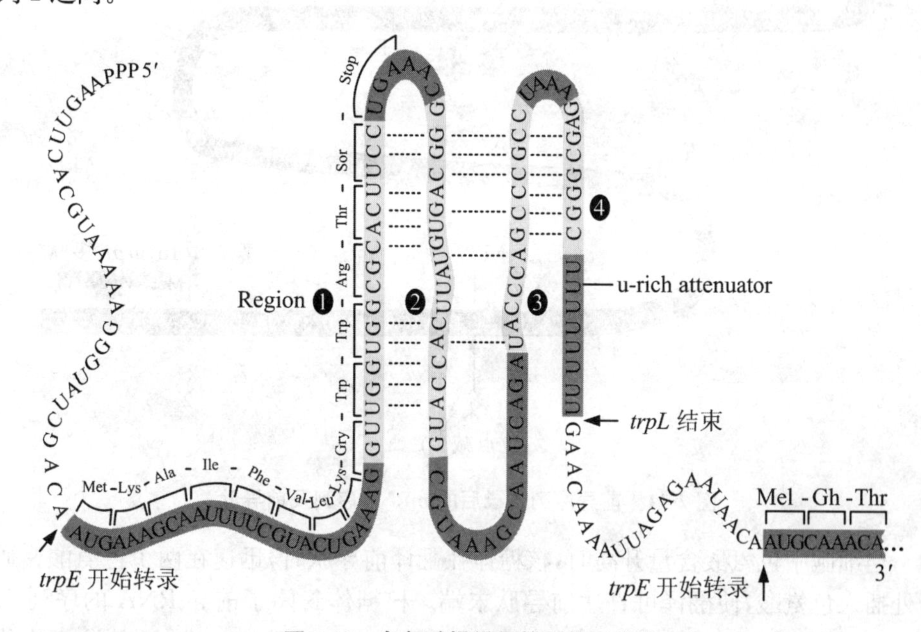

图 2-10　色氨酸操纵元的弱化子结构

大肠杆菌中,mRNA 转录与蛋白质翻译可同时进行。在色氨酸未达到能起阻遏作用的浓度时,从 *Ptrp* 起始转录,RNA 聚合酶沿 DNA 转录合成 mRNA,同时核糖体就结合到新生成的 mRNA 核糖体结合位点上开始翻译。在色氨酸操纵元的转录过程中,RNA 聚合酶会在前导 RNA 序列 2 的末端暂停,等待核糖体开始翻译前导肽。当前导肽开始翻译时,RNA 聚合酶又继续沿 DNA 模板链前进,转录合成后续 RNA。

当细胞中色氨酸缺乏时,翻译过程将缺少色氨酰-tRNA,核糖体不得不在前导 mRNA 的两个色氨酸密码子上滞留,封闭了序列 1。结果:序列 2 与序列 3 配对,形成 2∶3 发夹结构。终止子(3∶4)发夹结构不能形成,转录继续到 *trpE* 及其下游。当色氨酸浓度低时,生成的 tRNA-trp 量就少,使核糖体沿 mRNA 变化,赶不上 RNA 聚合酶沿 DNA 移动转录的速度,这时核糖体占据短开放阅读框的机会较多,使A不能生成发夹结构,于是B就形成发夹结构,阻止了C生成终止信号的结构,RNA聚合酶得以沿DNA前进,继续去转录其后*trpE*等基因,*trp*操纵元就处于开放状态。

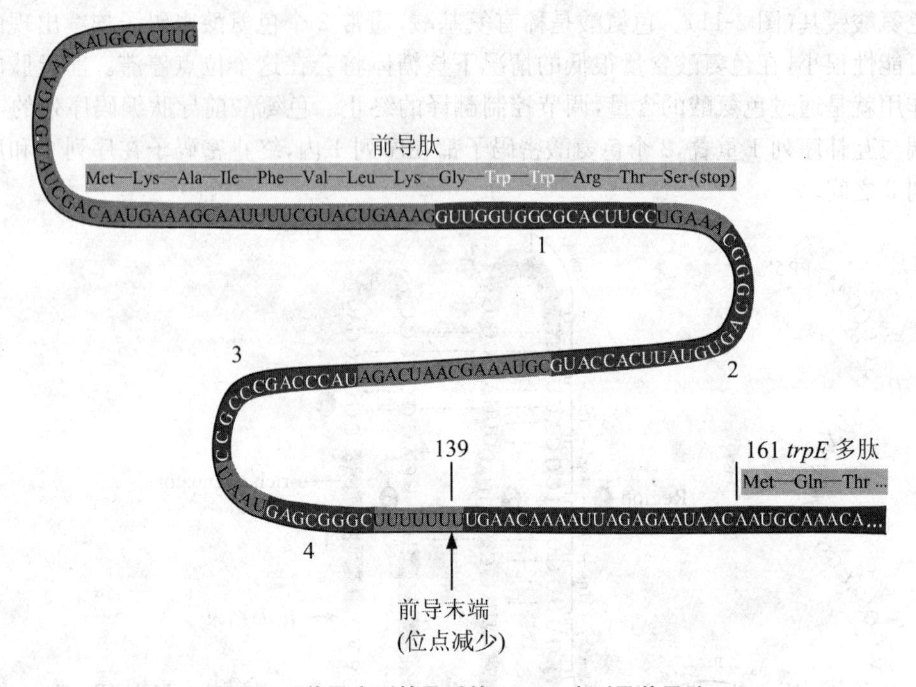

图 2-11 前导序列转录后的 mRNA 序列及前导肽

当细胞中色氨酸含量升高时,核糖体在翻译前导肽时,迅速在两个色氨酸密码子处插入色氨酸,使翻译可直达前导肽末端。核糖体封闭了前导RNA的序列2。当RNA聚合酶转录出序列3和序列4时,二者配对,形成3∶4发夹结构,具有终止子的功能(即弱化作用),使转录被提前终止。因此,色氨酸含量的高低决定了转录是提前终止(弱化),还是继续转录完整个操纵子。当色氨酸浓度增高时,tRNA-trp浓度随之升高,核糖体沿mRNA翻译移动的速度加快,占据到B段的机会增加,B生成发夹结构的机会减少,C形成终止结构的机会增多,RNA聚合酶终止转录的概率增加,于是转录减弱。如果当其他氨基酸短缺(注意:短开放阅读框编码的14肽中多数氨基酸能由环境充分供应的机会是不多的)或所有的氨基酸都不足时,核糖体翻译移动的速度就更慢,甚至不能占据A的序列,结果有利于A和C发夹结构的形成,于是RNA聚合酶停止转录(图2-12)。

由此可见,先导序列起到随色氨酸浓度升高降低转录的作用,这段序列被称为弱化子(attenuator)。在*trp*操纵元中,对结构基因的转录阻遏蛋白的负调控起到粗调的作用,而弱化子起到细调的作用。细菌其他氨基酸合成系统的许多操纵元

（如组氨酸、苏氨酸、亮氨酸、异亮氨酸、苯丙氨酸等操纵元）中也有类似的弱化子存在。

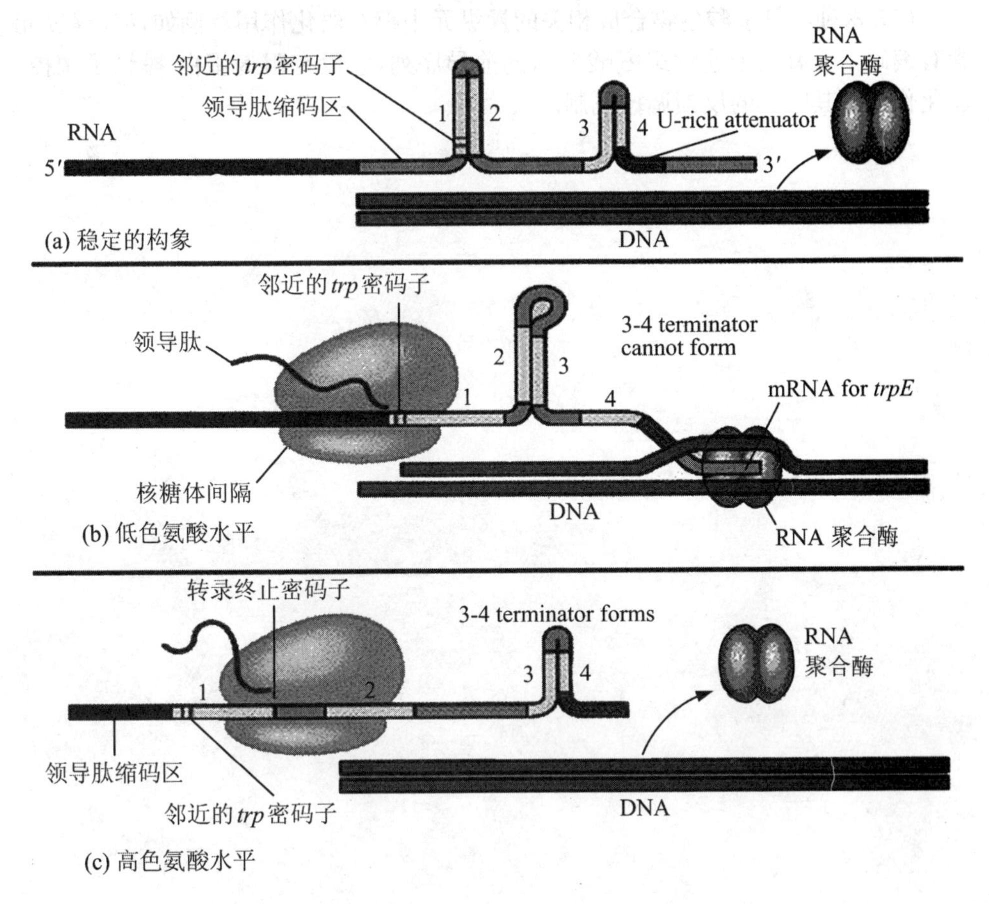

图 2-12　色氨酸操纵元的弱化子的作用机制

2.3.3　弱化作用的重要性和意义

色氨酸操纵元弱化子的重要性体现在如下几个方面：

（1）依靠弱化作用，色氨酸的存在使色氨酸操纵元的转录被抑制了 10 倍。与色氨酸辅阻遏蛋白的作用（70 倍）合在一起，这就意味着色氨酸水平对色氨酸操纵元的表达施加了 700 倍的调节效果。

（2）细菌通过弱化作用弥补阻遏作用的不足，因为阻遏作用只能使转录不起始，对于已经起始的转录，弱化作用使其中途停止。

（3）阻遏作用的信号是细胞内色氨酸的浓度；弱化作用的信号是细胞内色氨

酸-tRNA 的浓度,通过前导肽的翻译来控制转录。这两种作用相辅相成,体现生物体内的周密调控。

(4) 六种与氨基酸生物合成相关的操纵元中都有弱化作用。例如,*his* 操纵元含有编码一个有七个连续组氨酸多肽的前导序列,它没有阻遏蛋白-操纵子调控,弱化作用是其唯一的反馈调控机制。

(汤 华)

第3章　原核基因转录后调控

原核生物转录后调控主要是通过 mRNA 的高级结构、稳定性，蛋白质的调控，严谨反应，对密码子的选择，小分子 RNA 的作用等多种不同途径进行调控的。

3.1　mRNA 的结构和稳定性与翻译调节

翻译过程是原核细胞调控某些基因表达的重要环节，mRNA 的结构与其可翻译性和翻译效率有着极大的关系。

3.1.1　翻译的起始调节

1. SD 序列与翻译的起始效率

mRNA 的翻译起始能力主要受控于 5′端的核糖体结合部位 RBS，RBS 的结合强度又取决于 SD 序列的结构及其与起始密码子 AUG 的距离。

SD 序列是起始密码子 AUG 上游 4～7 个核苷酸之前的一段富含嘌呤的 5′…AGGAGG…3′短小序列(图 3-1)，它是 1974 年由 J. Shine 和 L. Dalgarno 发现的，故而命名为 Shine Dalgarno 序列(简称 SD 序列)。所有已知大肠杆菌mRNA 的翻译起始区都含有 45 个(至少 3 个)对应于 SD 序列的核苷酸。SD 序列的功能是与 16S rRNA 3′端的(3′…UCCUCC…5′)区段互补配对(图 3-1)，使核糖体结合到 mRNA 上，帮助从起始 AUG 处开始翻译。表 3-1 是噬菌体中 ΦX174 基因的 5′非编码区序列，黑体显示不同 mRNA 与 16S rRNA 3′端六核苷酸保守区的一致性。

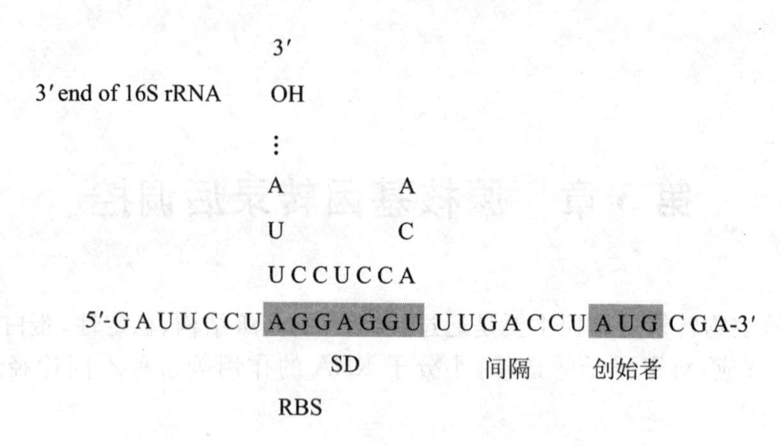

图 3-1 SD 序列图

表 3-1 ΦX174 mRNA 5′端与 16S rRNA 3′端序列比较

ΦX174 基因	mRNA(5′→3′)
D	CCACUAAU**AGG**UAAGAAAUCAUGAGU
E	CUGCGUUG**AGG**CUUGCGUUUAUGGUA
J	CGUGCGGA**AGGAG**UGAUGUAAUGUCU
F	CCCUUACUU**GAGG**AUAAAUUAUGUCU
G	UUCUGCUU**AGGAG**UUUAAUCAUGUUU
A	CAAAUCUU**GGAGG**CUUUUUUAUGGUU
B	AAAGGUCU**AGGAG**CUAAAGAAUGGAA
rRNA(3′→5′)	AU**UCCUCC**ACUAG

SD 序列必须呈伸直状，如果形成二级结构则降低表达。SD 序列与16S rRNA 序列互补的程度以及从起始密码子 AUG 到嘌呤片段的距离也都强烈地影响翻译起始的效率，SD 与 AUG 之间一般相距 410 个核苷酸，9 个核苷酸为最佳。不同基因的 mRNA 有不同的 SD 序列，它们与 16S rRNA 的结合能力也不同，从而控制着单位时间内翻译过程中起始复合物形成的数目，最终控制着翻译的速度。

此外，翻译起始时核糖体的 30S 亚基必须与 mRNA 靠近和结合，因此要求 mRNA 5′端有一定的空间结构，这一空间结构的改变与 SD 序列上游的碱基以及 mRNA 与核糖体结合的－20 至＋14 的区域有关，而 SD 序列的核苷酸的微小变化，往往会影响 mRNA 的二级结构，可导致表达效率上百倍甚至上千倍的差异。这是由于核苷酸的变化，改变了形成 mRNA 5′端二级结构的自由能，影响了核糖体 30S 亚基与 mRNA 的结合，从而造成了蛋白质合成效率上的差异。

2. 16S rRNA 3′端的结构对翻译起始的影响

细菌 16S rRNA 3′端非常保守，形成发夹结构(图 3-2)与 mRNA 互补的部分也参与“发夹”的形成。表面上看，这似乎很矛盾，一个序列不可能在形成“发夹”的同时又与 mRNA 相结合。事实上，这正好说明序列配对是动态的、可变的，翻译起始复合物的生成很可能包含了 rRNA 3′端发夹结构的改变，启动蛋白质翻译以后，mRNA-rRNA 杂合体被打破，为核糖体在 mRNA 模板上的移动创造了条件。

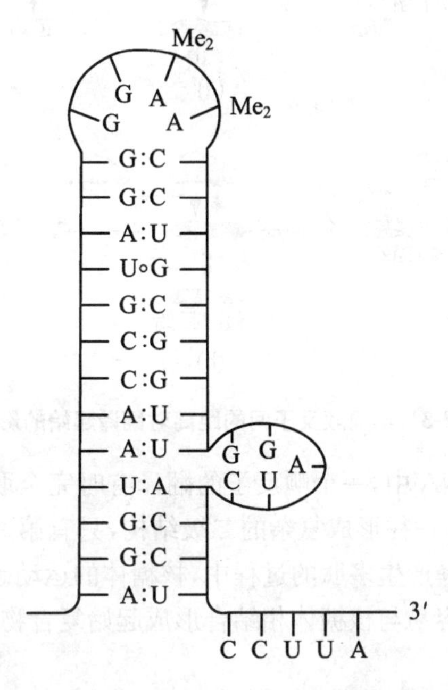

图 3-2　大肠杆菌 16S rRNA 3′端发夹结构

3. 多顺反子的翻译起始

许多原核生物 mRNA 是以多顺反子的形式存在的，绝大多数 mRNA 可以被分成三个部分：编码区和位于 AUG 之前的 5′端上游非编码区以及位于终止密码子之后不翻译的 3′端下游非编码区。编码区从起始密码子 AUG 开始经一连串编码氨基酸的密码子直至终止密码子。对于第一个顺反子来说，一旦 mRNA 的 5′端被合成，翻译起始位点即可与核糖体相结合，而后面几个顺反子翻译的起始就会受其上游顺反子结构的调控。

当两个顺反子相距较远时，第一个蛋白质合成终止以后，核糖体分解成大、小亚基，脱离 mRNA 模板，第二个蛋白质的翻译必须等到新的小亚基和大亚基与该蛋白起始密码子相结合后才可能开始(图 3-3(a))，两个顺反子的翻译终止(前一顺反子)和翻译起始(后一顺反子)是相互独立的。而当两个顺反子相距较近时，前一个多肽翻译完成以后，核糖体大、小亚基分离，小亚基也可能不离开 mRNA 模板，而是迅速与游离的大亚基结合，启动第二个多肽的合成(图 3-3(b))，两个顺反子的翻译终止(前一顺反子)和翻译起始(后一顺反子)是相衔接的，30S 小亚基始终与 mRNA结合，只有 50S 大亚基可能与 mRNA 分离。

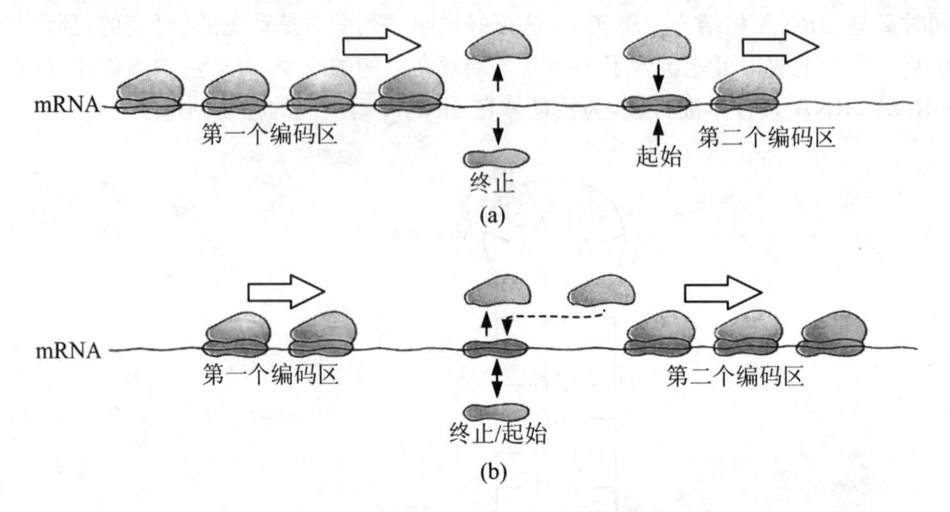

图 3-3 不同顺反子间的距离对翻译起始的影响

此外，在噬菌体 RNA 中，一个顺反子的翻译有时完全取决于它前面顺反子的翻译，因为噬菌体 RNA 往往形成复杂的二级结构，只有第一个翻译起始位点是暴露的，在这个顺反子翻译产生多肽的过程中，核糖体的运动破坏了后续顺反子的二级结构，使起始位点较容易与核糖体相结合形成起始复合物(图 3-4)。

3.1.2 mRNA 的二级结构影响翻译的进行

mRNA 的二级结构可以在不同的水平上对基因表达实行调控，在转录水平上起作用的如转录的终止子和衰减子等，而它对于翻译也有着重要的影响。

大肠杆菌有几种十分相似的单链 RNA 噬菌体，如 MS_2，R_{17}，f_2 和 Qβ 等。每种噬菌体的基因组成都十分类似，各有四个基因，从 5′端到 3′端依次为附着蛋白(*A* 基因)，衣壳蛋白(*cp* 基因)，复制酶(*rep* 基因)，第四个基因的位置较为特殊(图 3-5)。在 MS_2，R_{17}，f_2 三种噬菌体中，基因序列与 *cp* 基因和 *rep* 基因重叠。而 Qβ 的第四个基因为 *cp* 基因的延伸，通过无义抑制 tRNA 在 *cp* mRNA 上的 UGA 处插入色氨酸，从而得到的衣壳蛋白 A_1(327 个氨基酸残基)。A_1 蛋白不具备裂解功能，但它是 Qβ 侵染寄主所不可缺少的蛋白质。A_2 蛋白兼具裂解功能。

噬菌体在大肠杆菌中进行蛋白质合成时，大部分合成外壳蛋白 CP，RNA 聚合酶只占外壳蛋白 CP 的三分之一。用同位素标记分析 RNA 噬菌体几种蛋白质的

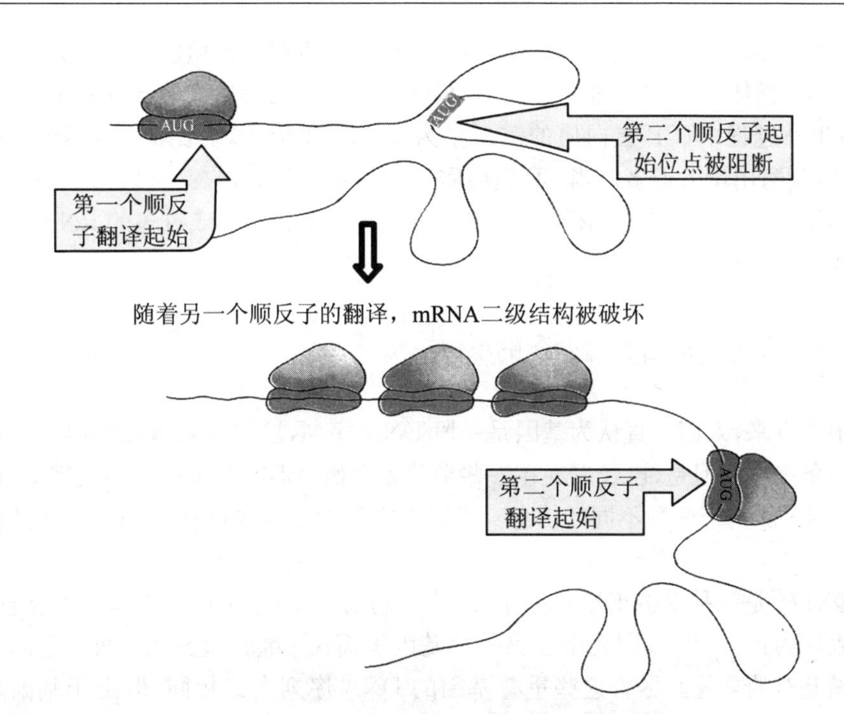

图 3-4　mRNA 的次级结构有可能控制翻译的起始

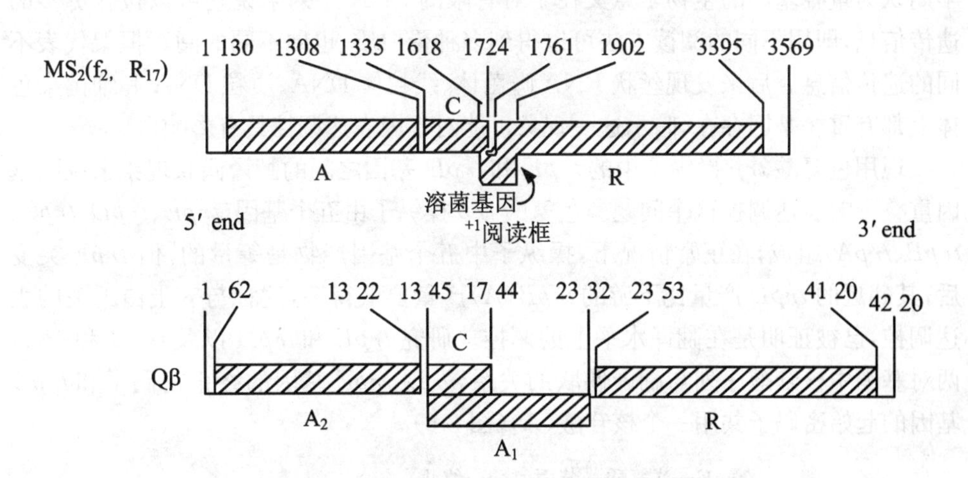

图 3-5　单链 RNA 噬菌体 MS_2 (f_2, R_{17}) 和 Qβ 的遗传图

注：斜线部分表示编码序列，数字为 5′到 3′方向的核苷酸的位置。

翻译过程，发现外壳蛋白 CP 翻译频率比合成酶至少要高三倍。对 R_{17} 的研究表明，当其 RNA 进入寄主细胞后，分子内形成许多碱基配对的二级结构，*A* 基因和 *rep* 基因的核糖体结合位点均处于二级结构中，只有 *cp* 基因的核糖体结合位点游离于二级结构之外,可以为核糖体识别而合成衣壳蛋白。核糖体对 *cp* 基因翻译了 *rep* 基因核糖体结合位点的二级结构,核糖体才能与之结合翻译出 RNA 复制酶。在 R_{17}生命过程中,CP 蛋白质的需要量为 2×10^5 个分子,要比催化 RNA 复制的 RNA 复制酶用量大得多。当 CP 蛋白质达到一定浓度时,它又可以与 *rep* 基因的核糖体结合位点相结合,封闭了 *rep* 基因。这样就避免了合成过多的 RNA 复制酶而造成的浪费。

3.1.3 重叠基因对翻译的影响

很久以来,人们一直认为基因是一段 DNA 序列,这段序列负责编码一个蛋白质或一条多肽。但是,已经发现在一些细菌和动物病毒中有重叠基因的现象,即同一段 DNA 能携带两种不同的信息。基因重叠可能是生物进化过程中自然选择的结果。

*Φ*X174 是一种单链 DNA 病毒,在其编码的九个基因中存在基因重叠现象。主要表现为:① 一个基因完全在另一个基因里面;② 部分重叠;③ 两个基因中有一个碱基对的重叠。尽管这些重叠基因的 DNA 序列大致相同,但由于基因重叠部位一个碱基的变化可能影响后续肽链的全部序列,从而编码完全不同的蛋白质。早期认为重叠基因的生物学意义在于对有限的 DNA 序列来说它可以包含更多的遗传信息,即用不同的阅读方法可以得到多种蛋白质,也即不同的阅读框架代表不同的遗传信息。后来发现丝状 RNA 噬菌体、线粒体 DNA、质粒 DNA 和细菌染色体上都有重叠基因存在,暗示这一现象可能对基因表达调控具有影响。

现用色氨酸 *trp* 操纵子中的 *trpE* 和 *trpD* 基因之间的翻译偶联现象来说明基因重叠影响表达调控这个问题。色氨酸 *trp* 操纵子由五个基因(*trpE*、*trpD*、*trpC*、*trpB*、*trpA*)组成,在正常情况下,操纵子中五个基因产物是等量的,但 *trpE* 突变后,其邻近的 *trpD* 产量比下游的 *trpB*(*A*)产量要低得多,这种与 ρ 蛋白无关的表达调控,已被证明是在翻译水平上的调控。研究 *trpE* 和 *trpD* 以及 *trpB* 和 *trpA* 两对基因中核苷酸序列与翻译偶联的关系,发现 *trpE* 基因的终止密码子和 *trpD* 基因的起始密码子共用一个核苷酸(A)(图 3-6)。

trpE—苏氨酸—苯丙氨酸—终止
ACU—UUG—UGA—UGG—CU
AUG—GCU
甲硫氨酸—丙氨酸—*trpD*

图 3-6

由于 *trpE* 的终止密码子与 *trpD* 的起始密码子重叠,*trpE* 翻译终止时核糖体立即处在起始环境中，这种重叠的密码子保证了同一核糖体对两个连续基因进行不间断翻译的效率。这种偶联翻译可能是保证两个基因产物在数量上相等的重要手段和机制。除了上述 *trpE* 和 *trpD* 基因之外，*trpB* 和 *trpA* 基因也存在着翻译偶联现象，因为这两个基因的产物等量存在于细胞中，而其核苷酸序列同样是重叠的（图 3-7）。

trpB—谷氨酸—异亮氨酸—终止
GAA—AUC—UGA—UGG—AA
AUG—GAA
甲硫氨酸—谷氨酸—*trpA*

图 3-7

除了 *Φ*X174 病毒外，SV40 病毒、G4 噬菌体的 DNA 中也存在基因重叠现象。如 SV40 DNA 中的 *VP1*、*VP2*、*VP3* 基因之间均有 122 个碱基对的重叠序列，但密码子各不相同。*t* 抗原基因完全在 *T* 抗原基因里面，它们有一个共同的起始密码子。

大肠杆菌 *gal* 操纵子（*galETK*）中也存在基因重叠现象。*galT* 的终止密码子虽然与 *galK* 的起始密码子相隔 3 个核苷酸，*galK* 基因的 SD 序列却位于 *galT* 基因终止密码子之前，尽管这一现象与前述的偶联翻译并不完全相同，但因为核糖体结合在 mRNA 上，可以覆盖 20 个核苷酸，包括 SD 序列和 *galK* 基因的起始密码子，所以当 *galT* 翻译终止时，核糖体还没有脱落就直接与 SD 序列结合，开始 *galK* 的翻译，这样就能保证 2 个基因的等量翻译，这也是一种翻译偶联。

3.1.4　poly(A)对翻译的影响

事实上，poly(A)现象最早发现于大肠杆菌，并已在细菌、古细菌以及细胞器中都有证实。同真核相比，原核 poly(A)并非仅属于 mRNA，而是存在于所有类型的 RNA 3′末端。在大肠杆菌中主要存在两种 poly(A)聚合酶（poly(A) polymerase，PAP）：PAPI（ATP：polyribonucleotide adenylyl transferase），由 *pcnB* 基因编码，和一个 3′→5′外切酶 PNPase（polynucleotide phosphorylase），由 *pnp* 基因编码。PNPase 与 PAPI 不同的是，PNPase 能够向 3′端添加所有四种核苷酸，最终形成一个杂合的 poly(A)尾（～50% A）。但在古细菌或细胞器中，poly(A)的合成主要是通过 exosome 复合体来进行的。在原核生物中，RNA 3′端 poly(A)的长度一般较短，其功能也与真核明显不同，其主要作用是促进 RNA 的降解，参与转录本量和加工错误的控制。由于含 poly(A)尾的 RNA 半衰期很短，降解迅速，为其研究造成困难，这也许正是原核 poly(A)为什么不易被发现的原因。另外，在大肠杆菌中，推测 poly(A)还与细胞的感应调节有关，调节核糖核酸 RNase E 和 PNPase 对 RNA 的降解水平，这是因为 RNase E 和 PNPase需要识别有 3′突出单链的 RNA，通常情况下，完整的 RNA 常形成一定二级结构，没有游离的 3′，具有一定的稳定性。目前的假设认为，原核 RNA 3′末端的 poly(A)提供了 RNase E 和 PNPase 的这一识别位点，从而提高了 RNA 的降解水平。对细胞器 RNA 研究表明，RNA 3′端多聚核苷酸作为模板还提高了转录后 RNA 的编辑能力。对于原核 poly(A)具体功能还需要更多的研究。

3.1.5 mRNA 的稳定性对翻译效率的影响

mRNA 的稳定性是影响翻译效率的诸多重要因素之一。一般而言，原核生物的 mRNA 寿命均比较短，而且不同的 mRNA 有不同的降解速度。mRNA 分子被降解的可能性取决于它们的二级结构，即 mRNA 的二级结构不但可以通过影响核糖体的结合而实行调控，而且也是决定 mRNA 寿命的重要因子之一。总的来说，mRNA 降解的速度大概只有转录或翻译速度的一半，有科学家发现细菌细胞体系中每过大约 2 min，新生蛋白质的速度就会下降 50%。

近年来的研究表明，mRNA 的降解作用并不是随机的。Belasco 等人将大肠杆菌(*E. coli*)的 *bla* 基因(编码 β-内酰胺酶)与其大片段同框缺失突变体的 mRNA 进行比较，二者的大小相差约 50%，然而它们具有类似的降解速度。人们早就发现不依赖于 ρ 因子的终止子结构使其 mRNA 更为稳定。通过基因融合试验，发现这种终止子序列给融合基因带来更大的稳定性。凡是降低终止子中柄-loop 结构强度的突变都造成 mRNA 稳定性的降低。由此可见，终止子结构的意义不仅在于转录的终止，而且决定了 mRNA 的寿命。在细胞内，决定 mRNA 稳定性的因素可能更为复杂，因为具有不依赖于 ρ 因子的终止子结构的某些 mRNA 仍然是不稳定的。这就表明，可能存在着具有一定序列专一性的核酸内切酶能够影响 mRNA 的稳定性。

降解 mRNA 的酶主要是 3′外切核酸酶，而 mRNA 在分子末端的二级结构可能阻止了外切酶的进攻。所有的原核生物的细胞内都有一系列核酸酶，用来清除无用的 mRNA。例如，大肠杆菌有一个 CsrAB 调节系统。CsrA 是一个 RNA 结合蛋白，CsrB 是一个非编码的 RNA 分子。CsrA 可以结合到受其调控的 mRNA 上，也可以与 CsrB 结合。CsrA 蛋白可激活糖酵解过程并抑制葡萄糖和糖原的合成。在糖原合成途径中，如果 CsrA 蛋白结合到 *glg* 基因的 mRNA 分子上，该 mRNA 分子就易于受核酸酶攻击，其降解过程加快，作为蛋白质合成模板的功能就受到抑制(图 3-8)。

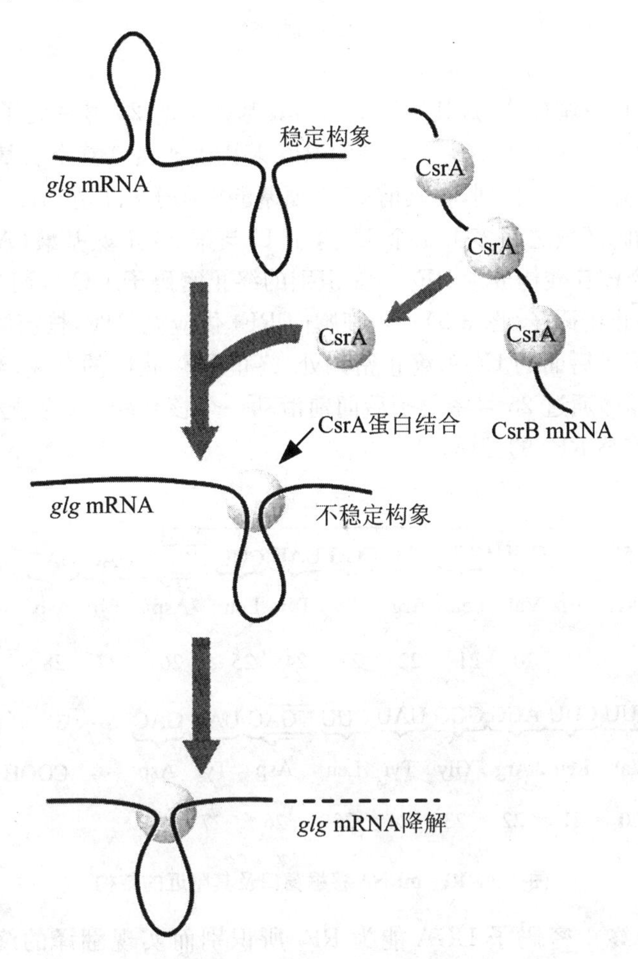

图 3-8　CsrA 蛋白调控 *glg* mRNA 的稳定性

3.2　蛋白质的调控作用

原核生物细胞中有些蛋白质能直接控制自身 mRNA 的可翻译性,这类蛋白质,大多是核酸(RNA 或 DNA)结合蛋白或者与核酸分子相互作用作为其生理功能的蛋白质,也就是在这些蛋白质的 mRNA 上也有其结合位点。

3.2.1 释放因子 RF_2合成的自调控

RF_2 具有自我调控能力，其调控机制与其基因中的 25 号密码子和 26 号密码子之间多出的 1 个 T 碱基有关。完整的 RF_2 基因编码由 340 个氨基酸组成，但其氨基酸密码子并不连续排列，在其前 25 个氨基酸密码子和其余 315 个氨基酸的密码子这 2 个编码区域之间多了 1 个 U，这个 U 与第 26 个氨基酸（Asp）的密码子 GAC 的前 2 个核苷酸构成了 RF_2 所能识别的终止密码子 UGA，而且是前一个编码区的同框终止密码子（图 3-9）。当细胞内 RF_2 供应充足时，核糖体 A 位就进入到第 25 个密码子后面的 UGA 终止密码处，终止 RF_2 肽链的合成；当细胞内缺乏 RF_2 时，则核糖体通过 25 号密码子后向前滑动一个核苷酸，也就是发生了移框作用，从而完成完整 RF_2 的翻译。

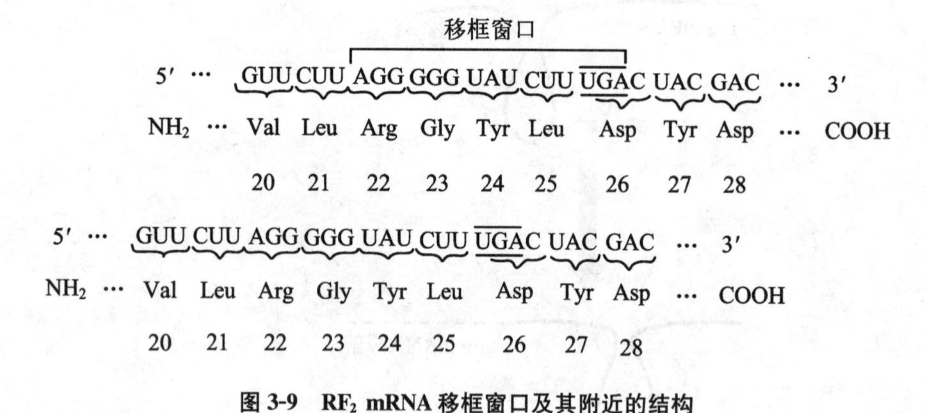

图 3-9 RF_2 mRNA 移框窗口及其附近的结构

阅读框的终止密码子 UGA 能为 RF_2 所识别而实现翻译的终止。在缺少 RF_2 时，能通过移框作用连续翻译后面的 315 个氨基酸，产生完整的 RF_2 蛋白分子。

通过饱和突变试验，人们发现 RF_2 mRNA 上的这个移框"窗口"至少得保留 15 个核苷酸，即 5′-AGG-GGG-UAU-CUU-UGA-3′，这样才能保证 30％以上的移框率。实验证明，AGGGGG 这个类似于 SD 序列的部分对于移框作用十分重要，任何一个碱基替代突变都使移框效应降低 5 倍以上。这种突变可为 16S rRNA 3′末端的能继续维持配对状态的相应突变所补偿。这就表明，内部 SD 序列仍然是与 16S rRNA 3′末端的富含嘧啶区域（3′-UCCUCC-5′）发生相互作用。这 2 段序列的配对是如何促成移框作用的，现在仍然不清楚。

3.2.2 核糖体蛋白与翻译调控

大肠杆菌基因表达的装置——核糖体，含有 70 余种蛋白质，其中核糖体蛋白是主要成分，有 50 多种，其余的是 RNA 聚合酶亚基及其蛋白质合成辅助因子，这些蛋白质合成的协同调控才能使细胞与生长条件相适应。

在每个核糖体中核糖体蛋白大多只有 1 个分子，唯有 L7/L12 是例外，二者由同一基因编码，差别仅在于其 N-末端被乙酰基化，每个核糖体含 2 个拷贝的 L7/L12 二聚体（即有 4 个分子），这就是说，L7/L12 的合成数量比其余核糖体蛋白质多 4 倍。即使在对数生长旺盛的细胞内也没有游离的核糖体蛋白，可见核糖体蛋白的合成是高度协调的。编码这些蛋白质的基因与若干编码辅助蛋白质、RNA 聚合酶亚基的基因混合编组成 6 个操纵子（表 3-2），各操纵子均以其第一个已知功能的基因命名，其中 *str*、*spc*、*S10*、*α* 这 4 个操纵子排列在一起，其中半数以上的基因为核糖体蛋白质编码；*rif* 和 *L11* 两个操纵子紧密相连，位于染色体的另一个位置。这些操纵子各自含有不同的基因。在大多数情况下，一个操纵子中不同基因的产物并不表现为功能上的相关性，而是在一个更大的整体机构中起作用。另外，各基因表达产物的产量也不尽相同，如延伸因子 EF-Tu 在每个细胞中的分子数约为核糖体数的 10 倍。而 RNA 聚合酶的每种亚基数比核糖体数要少一些。由于这些基因是混合编组时，这就表明必然存在一种协调机制，使这些需要不同表达量的基因能各得其所，增加 L7/L12 和 EF-Tu 的合成，并且降低 RNA 聚合酶亚基的合成。

表 3-2　核糖体蛋白质 RNA 聚合酶亚基以及蛋白质合成辅助因子编码的基因混合编组的操纵子表

操纵子	基因及其相应蛋白质（按从启动子开始排列的序列）	调节蛋白
str	*rpsL-rpsG-fusA-tufA* S12　S7　EF-G　ER-Tu	S7
spc	*rplN-rplX-rplE-rpsN-rpsH-rplF-rplR-rpsE-rpsD-rpmO-SecY-X* L14　L24　L5　S14　S8　L6　L18　S5　L30　L15　Y　Y	S8
S10	*rpsJ-rplC-rplB-rplD-rplW-rplS-rplV　rplC　rpsQ　rplP　rpmC* S10　L3　L2　L4　L23　S19　L22　S3　S17　L16　L29	L4

续表

操纵子	基因及其相应蛋白质(按从启动子开始排列的序列)	调节蛋白
α	*rpsM-rpsK-rpsD-rpoA-rplQ* S13 S11 S4 α L17	S4
L11	*rplK-rplA* L11 L1	L1
rif	*rplJ-rplL-rpoB-rpoC* L10 L7/L12 β β′	L10

注:每个操纵子中上排为基因符号,下排为其产物;操纵子中的启动子均在左端,受调节的蛋白质都在框线内;带虚线的表示尚未确定受调控基因的蛋白质。

前述每个操纵子都各有一个自己的调控蛋白,它们本身不仅都是核糖体蛋白质,而且还都是在核糖体中直接与 rRNA 相结合的蛋白质。根据一些实验的分析,这些调控蛋白质在 mRNA 上结合的序列与它们同 rRNA 上所结合的序列有很大的同源性,且有形状相似的二级结构;二者都能与起调节作用的核糖体蛋白质相结合,只是对 rRNA 的结合能力大于 mRNA。在一些情况下,蛋白质的储积常会限制它本身和其他一些基因产物的进一步合成。因此,当细胞内有游离的 rRNA 存在时,新合成的核糖体蛋白质就首先与它结合,以启动核糖体的装配,使翻译继续进行;但是只要 rRNA 的合成减少或停止,游离的核糖体蛋白就开始积累,它们就会与自身的 mRNA 结合,阻断自身的翻译。同时也阻断同一顺反子 mRNA 其他核糖体蛋白编码区的翻译(图 3-10),使核糖体蛋白的合成及 rRNA 的合成几乎同时停止,这种机制保证了 rRNA 和核糖体蛋白在数量上的平衡。不过 rRNA 的合成是在转录层次上的调节,而核糖体蛋白的合成是在翻译层次上的调控。

3.2.3 翻译的阻遏

转录水平的调控一般都是蛋白质或某些小分子物质对基因转录的阻遏或激活,蛋白质阻遏或激活基因转录的例子已经屡见不鲜,而在翻译水平上也发现了类似的蛋白质阻遏作用,对翻译起类似的调控作用。

在大肠杆菌 Qβ 噬菌体中就有这种现象,当 RNA 噬菌体感染细菌,进入细胞质后,这条称为正(+)链的 RNA 立即作为模板 mRNA 指导合成复制酶(Rep 蛋白),并与寄主的三个蛋白质分子 Tu(30 kDa)、Ts(45 kDa)、S_1(70 kDa)结合成为 RNA 复制酶复合体,行使复制功能,其中噬菌体编码的 RNA 复制酶起催化作用,Tu 和 Ts 负责识别正链和负(−)链模板的 3′末端从而促成复制的起始。正链和负链的 3′末端均具有 tRNA 3′末端 CCA-OH 的序列，因此 Tu 和 Ts 对这一序列的识别与它们在蛋白质合成过程的功能相类似。S_1 只有在以正链为模板复制负链时才是必需的，这可能是因为正链噬菌体进入细胞后只有这个唯一的模板，S_1 能够帮助复制酶复合体识别噬菌体 RNA 上特定的结合位点。

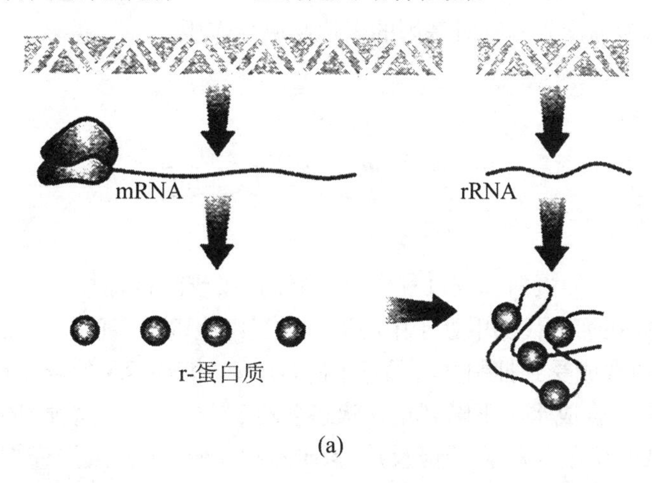

(a)

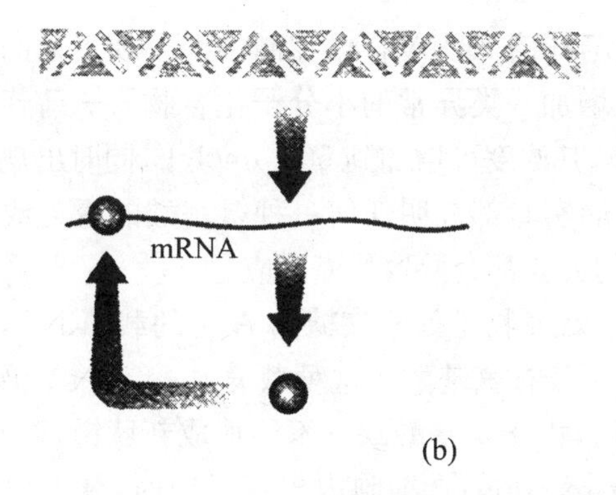

(b)

图 3-10　*E. coli* 核糖体蛋白质合成的自身调节

注：(a) 存在 rRNA 时，核糖体蛋白质与其结合，mRNA 继续翻译；
(b) 没有 rRNA 时，核糖体蛋白质结合于其自身的 mRNA，阻止翻译。

复制酶复合体组成以后，以原有的噬菌体 RNA(正链)为模板复制出负链，再以负链为模板产生更多的正链，但是 Qβ 正链 RNA 上已结合有许多核糖体，它们从 5′到 3′方向进行翻译，这无疑影响了复制酶催化的从 3′到 5′方向进行的负链合成。克服这个矛盾的办法便是由 Qβ 复制酶作为翻译阻遏物进行调节。

体外实验证明，纯化的复制酶可以和外壳蛋白的翻译起始区结合，抑制蛋白质的合成。这是由于复制酶的存在，使得核糖体不能与翻译起始区结合，但已经起始的翻译仍能继续下去，直到翻译完毕，核糖体脱落，与正链 RNA 3′端结合的复制酶便可以开始 RNA 的复制了。这里复制酶既能和外壳蛋白的翻译起始区结合(5′端)，又能和正链 RNA 的 3′端结合，而且序列分析表明这两个位点上均有 CUUUUAAA序列，有可能形成稳定的茎环结构，具备翻译阻遏特征。因此，推测复制酶可以作为翻译阻遏物对基因的表达起调控作用。

3.3 严谨反应

在每个活细胞的蛋白合成过程中，核糖体直接或间接地控制着一系列酶的合成，因此核糖体在细胞代谢中处于中心地位。当细胞饥饿(氨基酸缺乏)时，核糖体数目减少，蛋白合成受到抑制并会骤然下降，rRNA 和 tRNA 的合成量也会大幅下降，从而使 RNA 合成水平下降到正常状态下的 5%～10%。这种 rRNA 合成受控于氨基酸饥饿的现象就称为严谨反应(stringent response)或严谨控制(stringent control)。

很久以来，人们在研究大肠杆菌 rRNA 合成控制中即发现正常的野生型细胞在氨基酸饥饿时，细胞内很快增加一类异常的小分子化合物——鸟苷四磷酸和鸟苷五磷酸(ppGpp 和 pppGpp)，其浓度可增加到 500 μmol/L，同时出现 rRNA 合成突然停止的现象。以后，更多的实验都表明任何一种氨基酸的匮乏或者是任何一种氨酰基 tRNA 合成酶失活的突变都会导致严谨反应。

研究显示上述严谨反应的触发物是处于核糖体 A 位的载 tRNA，而旺盛生长的细胞中有 65%～90% tRNA 载有氨基酸。这种载氨基酸 tRNA 仍能与核糖体的 A 位结合，当它进入 A 位后，由于氨基酸缺乏不能形成新肽键，而 GTP 不断消耗，于是出现空载反应(idling reaction)。细胞内出现反应时，就发出一种报警信号，这就是鸟苷四磷酸(ppGpp)和鸟苷五磷酸(pppGpp)，并使它们的合成达到最高水平。这说明，在细胞饥饿时，大量 GTP 用于合成 ppGpp 和 pppGpp。而在正常的蛋白质合成过程中，将 AA-tRNA 转运到正在延伸的多肽上是需要 GTP 的，但如果结合在核糖体 A 位点的载 tRNA 被有负载 tRNA 替代后，这两种异常核苷酸的合成率便大大下降，并被 *spoT* 基因编码的酶催化而迅速降解，于是严谨反应逆转：

$$\text{GTP}+\text{ATP}\longrightarrow \text{pppGpp}+\text{AMP}\longrightarrow \text{ppGpp}$$

遗传学表明，*recA* 基因编码一种蛋白质称为严谨因子(stringent factor，SF)或称为 ATP-GTP 3′焦磷酸转移酶，它与 ppGpp 的合成有关。在正常情况下 *recA* 基因表达很少，200 多个核糖体中才有 1 个核糖体结合有 1 个严谨因子。当氨基酸饥饿时，*recA* 基因的表达反而增加，催化 GDP 停止 RNA 合成，rRNA 的数量便急剧下降，使核糖体蛋白失去结合对象，核糖体装配受阻。

鸟苷四磷酸和鸟苷五磷酸是典型的小分子效应物(effector)，具有多种效应，其中最主要的是专一结合于 rRNA 操纵子的启动子上，抑制 rRNA 的转录，从而成为细胞内严谨控制的关键。由于这 2 种异常核苷酸是在细胞饥饿时合成的，使细胞在整个调控网络中应急反应。如抑制核糖体和其他大分子的合成；抑制与氨基酸转运无关的转运系统；活化某些氨基酸操纵子的转录表达和蛋白质水解酶等，以期达到节省或开发能源，关闭许多生理活动，帮助细胞渡过难关。因此有人就将 ppGpp 这类物质称为报警素(alarmone)。

3.4　密码子的选择对翻译的影响

mRNA 采用的密码系统也会影响其翻译速度。大多数氨基酸由于密码子的简并性而具有种密码子，它们对应 tRNA 的丰度可以差别很大，因此采用常用密码子的 mRNA 翻译速度快，而稀有密码子比例高的 mRNA 翻译速度慢。

3.4.1　起始密码子的选择

原核生物的翻译要靠核糖体 30S 亚基识别 mRNA 上的起始密码子 AUG，以此决定它的可译框架，AUG 的识别由 fMet-tRNA 中含有的碱基配对信息(3′-UAC-5′)来完成。原核生物中还存在其他可选择的起始密码子，14%的大肠杆菌基因起始密码子为 GUG，3%为 UUG，另有 2 个基因使用 AUU。这些不常见的起始密码子与 fMet-tRNA 的配对能力较 AUG 弱，从而导致翻译效率的降低。有研究表明，当 AUG 被替换成 GUG 或 UUG 后，mRNA 的翻译效率大大降低了。

3.4.2　稀有密码子对翻译的影响

带有相应反密码子的 tRNA 将氨基酸引导到 mRNA 上，进行蛋白质的翻译合成，然而在不同种类的生物中，各种 tRNA 的含量是有很大区别的，特别是原核生物尤为显著。由于不同 tRNA 含量上的差异很大，产生了对密码子的偏爱性，对应的 tRNA 丰富或稀少的密码子，分别称为偏爱密码子(bias codons)或稀有密码子

(rare codons)。含稀有密码子多的基因必然表达率低。原核生物利用稀有密码子进行转录的后调控,主要反映在对同一操纵子中不同基因表达的控制。例如,大肠杆菌 DNA 复制时冈崎片段之前的 RNA 引物是由 *dnaG* 基因编码的引物酶催化合成的,细胞对这种酶的需求量不大,而引物酶过多对细胞是有害的。已知 *dnaG*、*rpoD* 及 *rpsU*(30S 核糖体上的 S21 蛋白)属于大肠杆菌基因组上同一操纵子,而这 3 个基因产物在数量上却大不相同,每个细胞内仅有 50 拷贝的 dnaG 蛋白,却有 2 800 拷贝的 rpoD 蛋白,更有高达 40 000 拷贝的蛋白,后二者的产物量是 *dnaG* 编码产物的几十到几百倍。

研究 *dnaG* 序列发现其中含有不少稀有密码子,即在 64 种密码子中,一些在其他基因中利用频率很低的密码子却以很高的频率出现在 *dnaG* 中。分别计算大肠杆菌中 25 种非调节蛋白基因和 *dnaG*、*rpoD* 序列中 64 种密码子的利用频率,可以看出 *dnaG* 与其他 2 类有明显不同(表 3-3)。从 3 种异亮氨酸(Ile)密码子的利用频率中可以看出,*dnaG* 对稀有密码 AUA 的利用频率高达 32%,而非调节蛋白中仅为 1%。很明显,稀有密码子 AUA 在高效表达的非调节蛋白及 σ 因子中均极少使用,而在表达要求较低的 dnaG 蛋白中使用频率就相当高。此外,UCG(Ser)、CCU(Pro)、CCC(Pro)、ACG(Thr)、CAA(Gln)、AAT(Asn)和 AGG(Arg)等 7 个密码子的使用频率在不同蛋白中也有明显差异。

表 3-3 几种蛋白质中异亮氨酸密码子使用频率比较表

蛋白质	AUC	AUU	AUA
非调节蛋白	62%	37%	1%
σ 蛋白	74%	26%	0%
dnaG 蛋白	32%	36%	32%

与 dnaG 相似的还有许多调控蛋白,如 LacI、AraC、TrpR 等在细胞内含量也很低,编码这些蛋白的基因中某些密码子的使用频率较高,而明显不同于许多非调节蛋白。由此推断,由于细胞内对应于稀有密码子的 tRNA 较少,高频率使用这些密码子的基因翻译过程容易受阻,从而控制了该种蛋白质在细胞内的合成数量。

3.5 小分子 RNA 在基因表达中的调控作用

RNA 是生物体内最重要的物质基础之一,它与 DNA 和蛋白质一起构成生命的框架。但长久以来,RNA 分子一直被认为是小角色,它从 DNA 那儿获得自己的顺序，然后将遗传信息转化成蛋白质。然而，一系列发现表明这些小分子RNA事实上操纵着许多细胞功能。它可通过互补序列的结合反作用于DNA，从而关闭或调节基因的表达，甚至某些小分子RNA可以通过指导基因的开关来调控细胞的发育时钟，在基因的表达中起到了重要的作用。

3.5.1　反义RNA在基因表达中的调控作用

所谓反义RNA(antisense RNA)是指能通过与所调控的mRNA(或有意义的RNA)碱基互补配对并结合，从而抑制mRNA的翻译的小RNA分子，人们也称这类RNA为干扰mRNA的互补RNA，简称micRNA(mRNA-interfering complementary RNA)。生物体内的反义RNA由反义基因转录而来，天然的具有功能的反义RNA分子一般在200个碱基以下。

反义RNA调节作用涉及很多方面，包括质粒的复制、转座作用、渗透调节、噬菌体裂解和溶源性转化以及cAMP受体蛋白基因的表达等。例如，大肠杆菌质粒ColE Ⅰ的复制是受反义RNA调节的例证之一。每个细胞中ColE Ⅰ的拷贝数为10～30。因为RNA 1(一种大约为100个核苷酸长度的反义RNA)能够与质粒DNA复制时的引物RNA结合。所以DNA聚合酶不能与引物RNA结合致使质粒复制受阻。这样，RNA 1通过调节RNA引物数目来对DNA的复制实行控制。

在原核生物中反义RNA的调节作用主要在翻译水平上，基本原理是通过碱基配对与mRNA结合，形成二聚体，从而阻断后者的表达功能。主要有3种作用方式：① 反义RNA按照碱基配对原则与mRNA 5′端非翻译区包括SD序列相结合，阻止mRNA与核糖体小亚基结合，直接抑制翻译。② 反义RNA与mRNA 5′端编码区起始密码子AUG结合，抑制mRNA翻译起始。③ 反义RNA与mRNA的非编码区互补结合，使mRNA构象改变，影响其与核糖体结合，间接抑制了mRNA的翻译。

1. 反义RNA对*bfr*基因翻译的抑制作用

细菌响应环境压力(氧化压力、渗透压、温度等)的改变，会产生一些非编码的小RNA分子，能与mRNA中的特定序列配对并改变所配对mRNA分子的构象，导致翻译过程被开启或者关闭，也可能导致目标mRNA分子的快速降解。

细菌铁蛋白用来储存细胞中过剩的铁离子。*bfr*基因编码细菌铁蛋白，而anti-*bfr*基因编码反义RNA。培养基中铁离子浓度较低时，不需要细菌铁蛋白；当铁离子浓度升高时，需要细菌铁蛋白行使功能。然而，细胞中无论铁离子浓度高低，*bfr*基因都正常转录成mRNA，而anti-*bfr*基因的转录却受到能够感应铁离子浓度变化的Fur蛋白的调控。细胞中铁离子过多时，Fur蛋白作为抑制因子起作用，与铁摄取有关的众多操纵子，包括 anti-*bfr* 基因的表达，使 *bfr* 基因能正常翻译出细菌铁蛋白，储存过剩的铁离子。在铁离子浓度低时，anti-*bfr* 基因转录产生大量反义 RNA，与 *bfr* 的 mRNA 配对，阻止细菌铁蛋白基因的翻译（图 3-11）。

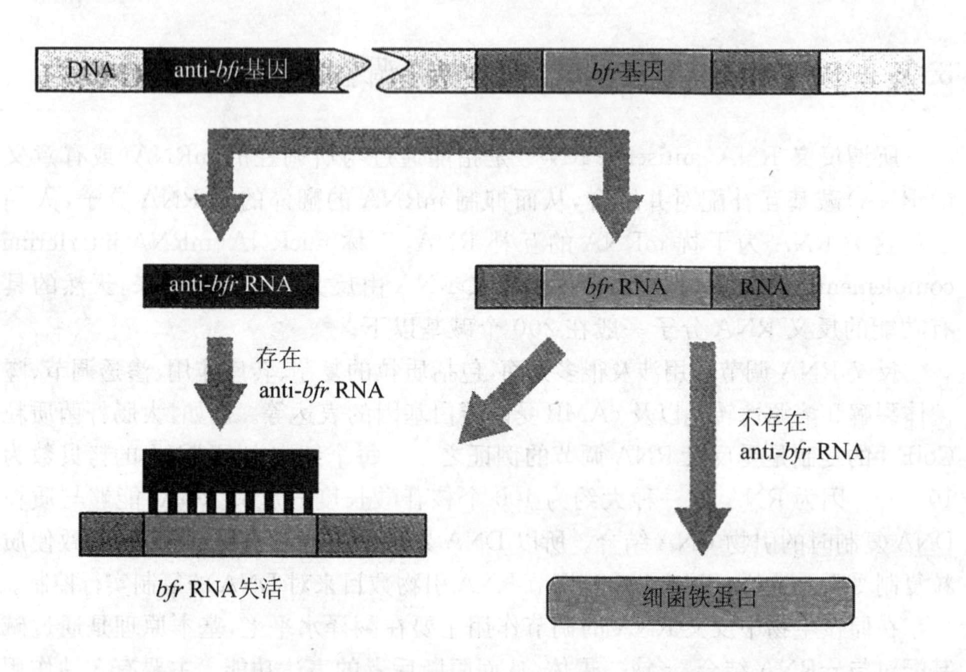

图 3-11 反义 RNA 对 *bfr* 基因翻译的抑制作用

2. 大肠杆菌对渗透压变化的反义 RNA 调节

大肠杆菌对渗透压变化的调节是反义 RNA 调节的又一实例。Mizuno 等研究了渗透压变化对大肠杆菌外膜蛋白质基因表达的调节，发现大肠杆菌含有 2 种受渗透压调节的膜蛋白 OmpC 和 OmpF。在高渗透压时，OmpC 合成增多，OmpF 的合成受到抑制；在低渗透压时则相反，OmpF 合成增多，而 OmpC 的合成受到抑制，2 种蛋白质随渗透压的变化而改变，但 2 种蛋白质的总量保持不变。

Mizuno 等从 *ompC* 基因的启动子前分离到一段 DNA 序列，称之为 CX28 区域，其中起调节作用的就是反义 RNA：当 OmpC 的基因转录时在 OmpC 的基因启动子上游方向有一段 DNA 序列，以相反的方向同时转录产生一个 174 核苷酸的 6S RNA，称为 *micF*，这个小 RNA 能够与 OmpF mRNA 的前导序列中 44 个核苷酸（包括 SD 序列）及编码区（包括 AUG）形成杂合双链，从而抑制了 OmpF mRNA 的翻译。因此 OmpC 蛋白量增加则 OmpF 就减少，保证同一时间内 2 种蛋白总量恒定。这就解释了为什么高渗透压时，随着 OmpC 蛋白合成的增加，OmpF 蛋白的合成受到抑制(图 3-12)。

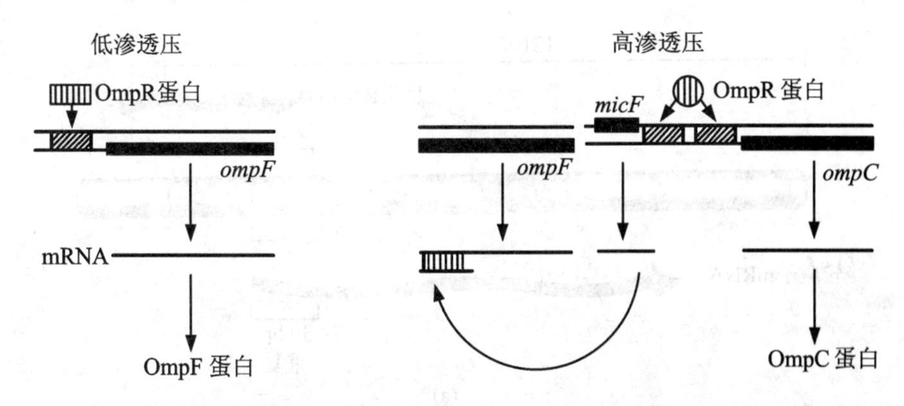

图 3-12　渗透压调节中 micRNA 的调节机制模型

3. Tn*10* 转座子中转座酶的合成的反义 RNA 调节

Tn*10* 两端各有一份 IS10(IS10R 和 IS10L),转座酶就是由 IS10R 的转座酶基因编码的。Tn*10* 可随机插入大肠杆菌的染色体上,这一过程由转座子酶催化。靠近 IS10R 末端是两个启动子,它们通过宿主 RNA 聚合酶指导 RNA 的合成。指导 RNA 向内合成的启动子称做 P_{in},负责转座酶的转录;而指导向外转录的启动子称做 P_{out},通过反义 RNA 来调节转座酶的表达。P_{in} 和 P_{out} 转录的方向相反,二者所转录的 RNA 有一段约 36 bp 的重叠区,互补区覆盖了 Tn*10* 转座酶 mRNA 的翻译起始区,其活性 P_{out} 比 P_{in} 更强。因此转座产物可以通过碱基配对阻止核糖体结合到由 P_{in} 启动转录的 RNA 上,也就阻止了转座酶蛋白的合成(图 3-13(a))。通过这一机制,细胞内的 Tn*10* 的拷贝数越多,反义 RNA 就会越多,反过来却限制了转座酶基因的表达(图 3-13(b)),以致这个细胞株中的转座效率很低,其结果是转座酶的表达效率非常低,转座作用也极少发生,因而细菌 DNA 发生突变的机会愈少,使细菌愈易于存活。相反,如果细胞中只有一个 Tn*10* 拷贝,反义 RNA 水平就会很低,转座酶便可有效地合成,转座发生的频率就会大大增加(图 3-13(c))。反义 RNA 对基因表达调节机制的发现不仅具有重大的理论意义,而且也为人类控制生物的实践提供了新途径,具有很大的潜在实用性。由于反义 RNA 能高度特异性地与 mRNA 结合,抑制特定基因的表达,因此,在基础研究中为基因分析提供了更好的手段,不需改变基因结构就可以分析特定基因在细胞内的功能,从而避免采用对基因进行条件性突变等较为复杂的常规方法。反义 RNA 还拓宽了原位杂交的应用领域,如利用标记的反义核酸为探针可较容易地准确进行基因定位和转录水平检测,在 mRNA 加工和转运过程中追踪观察其在核内外的分布以及进行病毒在细胞内正义和反义的复制与表达的研究。不少科学家正在试图将反义 RNA 的基因引入家畜和农作物中,已获得抗病毒新品种,或是利用反义 RNA 抑制有害基因(如癌基因)的表达,在这方面亦已取得令人鼓舞的成果。

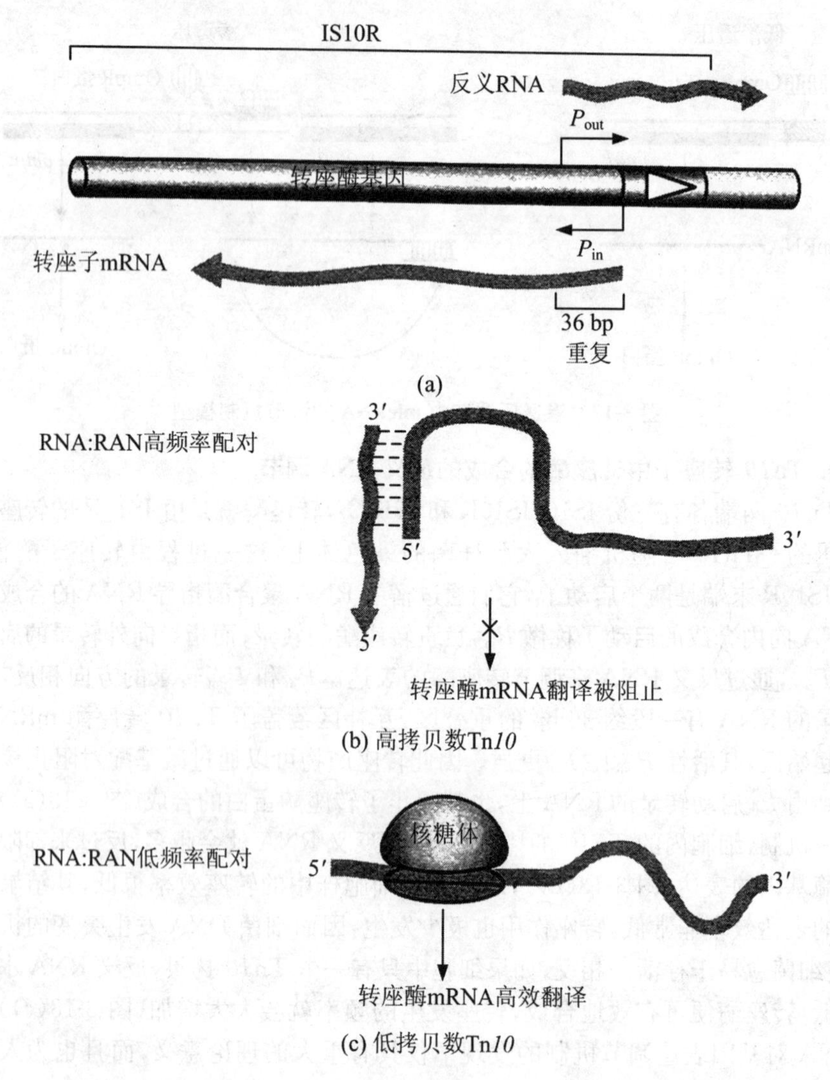

图 3-13　Tn*10* 表达中的反义 RNA 调节

3.5.2　RNA 干扰与基因表达调控

RNA 干扰又叫做 RNA 干涉(RNA interference,RNAi),它是由外源或内源双链 RNA(double stranded RNA,dsRNA)介导同源 mRNA 的高效、特异性降解的现象。这种现象广泛存在于生物界,从低等原核生物,到真菌、植物、无脊椎动物,甚至于哺乳动物。RNAi 是生物体抵御病毒或其他外来核酸入侵以及保持自身遗传稳定的保护性防御机制。该现象的发现者两位美国科学家安德鲁·菲尔(Andrew Fire)和克雷格·梅洛(Craig C. Mello),因此而共同获得了 2006 年度诺贝尔生理学或医学奖。

生物体内发生 RNA 干扰过程中的 dsRNA 可通过多种途径形成,如基因组中 DNA 反向重复序列的转录产物;同时转录反义和正义 RNA;病毒 RNA 复制中间体以及以细胞中单链 RNA 为模板由细胞或病毒的 RNA 依赖 RNA 聚合酶(RdRp)催化合成等。

双链 RNA 进入细胞后,首先在 Dicer 酶(一种具有 RNaseⅢ活性的 dsRNA 核酸酶)的作用下被裂解成 21～25 nt,由正义和反义链组成的干扰性小 RNA(small interfering RNA 或 short interfering RNA, siRNA)。同时 siRNA 可作为一种特殊引物,在依赖于 RNA 的 RNA 聚合酶作用下以靶 mRNA 为模板合成新的 dsRNA,它又可被 Dicer 酶降解形成新的 siRNA,新生成的 siRNA 又可进入上述循环,因而细胞内的 siRNA 会大大增加,从而使靶 mRNA 渐进性地减少,这样就会显著地增加对基因表达的抑制。这样即使外源的 siRNA 注入量较低,该信号也可能迅速被放大,导致基因的全面沉默。

此后,siRNA 中的反义链指导形成一种核蛋白体,该核蛋白体称为 RNA 诱导的沉默复合体(RNA induced silencing complex,RISC)。siRNA 作为引导序列,按照碱基互补原则识别同源的特异 mRNA,激活的 RISC 将结合到同源 mRNA 序列上,随后 mRNA 被降解,从而特异性地抑制靶基因的表达,干扰基因表达功能(图 3-14)。

siRNA 与前述的 miRNA 是两种不同的调控方式,主要不同表现在:① miRNA 是单链的,而 siRNA 则是双链的;② miRNA 参与正常情况下生长发育基因调控,而 siRNA 不参与动物体的正常生长,只有在病毒或其他 dsRNA 诱导情况下才产生 siRNA,作为 miRNA 的完善和补充;③ miRNA 在转录后水平调节基因表达,推测在翻译水平也起作用,而 siRNA 为转录后水平调节基因表达调控。

RNA 干扰与基因表达将在第 9 章详细介绍。

3.5.3　细菌中的其他 RNA 调节物

阻遏物和激活因子都是反式作用的蛋白质。如前所述,通常人们认为基因表达的调控只是通过蛋白质与核酸的相互作用,使结构基因受到阻遏或是处于激活状态。然而,近几年来发现,有些小分子 RNA 也具有调节基因表达的作用。和蛋白质调节物一样,小分子 RNA 调节物是独立合成的一段序列,可以通过碱基间的氢键作用与单链的目标核酸分子形成互补的双螺旋区来影响目标核酸分子的正常活性。其作用机制分2个方面：一是与目标核酸序列形成双螺旋区段，直接阻止蛋白质结合到目标RNA单链上，阻断翻译的起始，导致转录终止，或是由于形成双链区而为内切核酸酶创造一个靶位点；二是在目标分子某一部分形成双链区，使得目标分子的另一部分发生构象变化，间接影响该区段的功能。这种作用机制基本上类似于用衰减作用中所形成的二级结构方面的变化来控制其活性。

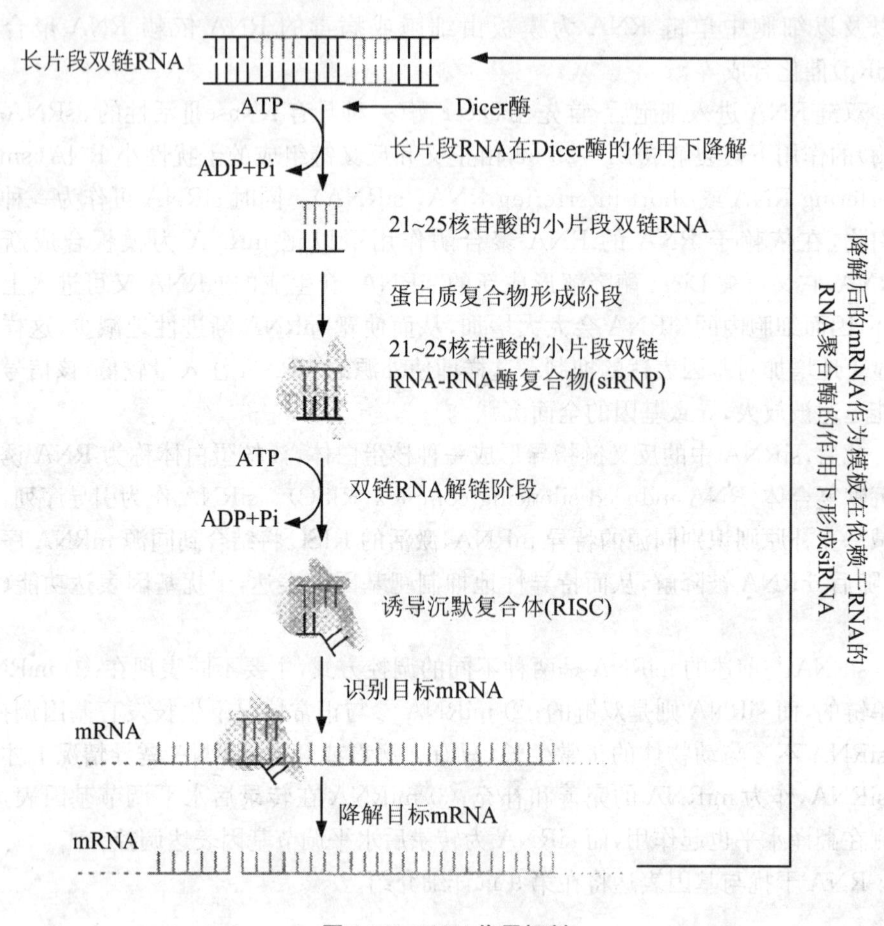

图 3-14 RNAi 作用机制

RNA调节物与阻遏操纵子的蛋白质不同，它没有变构的属性，不能用改变其识别目标的能力而对其他小分子发生反应。它用控制其基因的转录作用来发挥作用，或是由于降解RNA调节物产量的酶的影响而停止活动。目前在大肠杆菌中已鉴定出约50种小分子RNA，其中有一些作用于许多目标基因的通用调节物。在通用控制系统中氧化应激(oxidative stress)是一个很好的例子。在这个通用控制系统中小分子 RNA 是一个调节物。当细菌处在活性氧的环境中,就会采用诱导抗氧化剂防御基因来应答。

过氧化氢激活转录作用激活因子 OxyR,以此控制几种可诱导基因的表达。这些基因中的 *oxyS* 编码一个小分子 RNA。根据相关的实验证明了调控 *oxyS* 表达的 2 个突出特点,在正常的条件下,野生型细菌中 *oxyS* 不表达。但在具有持续活跃 *oxyR* 基因的突变体细胞中 *oxyS* 高水平表达,说明它是 *oxyR* 的激活目标。另外,当细菌暴露于过氧化氢中,很快(约 1 min 内)就会转录出 *oxyS* RNA,这就进一步证明在氧化胁迫下,细菌被诱导产生一种小分子 RNA,来进行相应的调节。*oxyS* RNA 是一条只含有 109 个核苷酸的短小分子,不编码蛋白质,它是一个反式作用调节物,在转录后水平上影响基因表达。它有 10 个以上的目标基因,在有些基因上它激活表达,在另一些基因上它阻遏表达。*oxyS* 是通过与目标 mRNA 碱基配对机制来行使其阻遏表达的功能。在 *oxyS* RNA 的二级结构有 3 个突出的茎-环结构,当它与 1 个目标分子 *FlhA* mRNA 相互作用时,靠近 3′端茎-环正好与 *FlhA* mRNA 起始密码子前方的序列碱基配对,使目标分子翻译受阻(图 3-15)。

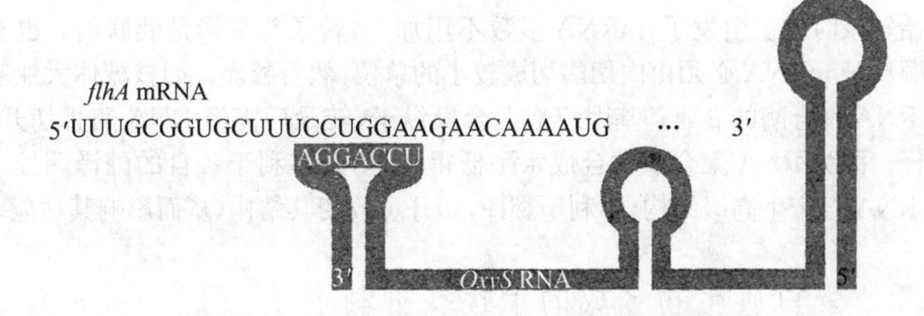

图 3-15　*oxyS* RNA 抑制 *flhA* mRNA 翻译示意图

所有上述几种小分子 RNA 都利用 RNA 分子伴侣 Hfg 来增强其效应。Hfg 是一种多效蛋白,能与大肠杆菌的许多小分子 RNA 分子结合。例如,它与 *oxyS* RNA 结合,通过增强后者与其目标 mRNA 结合的能力还提高 *oxyS* 的效应。关于大肠杆菌中小分子 RNA 调节物的研究,近年已取得不少成果,为在其他生物中探寻这类重要的 RNA 调节物提供了范例。

3.6 其他水平上的一些调控方式

3.6.1 RNA 转录后的加工成熟

在翻译过程中参与蛋白质合成的 tRNA 和 rRNA 都不是最初的转录产物，多数转录的初始产物是没有生物活性的，只有在生物体内进行加工处理后才具有生物活性。这是由于成熟的 tRNA 和 rRNA 的 5′端都是单磷酸，分子量小，而原始的转录产物 5′端是三磷酸，分子量大。此外，tRNA 还会含有一些特殊的碱基，这些碱基只有经过一些化学修饰才可以得到。为了得到成熟的 tRNA 和 rRNA，原核生物细胞必须利用多种核酸酶对前体分子进行后加工。

原核生物细胞中由于没有核膜的阻隔，mRNA 的转录和翻译不仅发生在同一个细胞空间里，而且这两个过程几乎是同步进行的，蛋白质的合成往往在 mRNA 刚开始转录时就被引发了，mRNA 多数不用加工，转录与翻译是偶联的。也有少数多顺反子 mRNA 必须由内切酶切成较小的单位，然后翻译。如核糖体大亚基蛋白与 RNA 聚合酶的 β 亚基基因组成混合操纵子，转录后需经 RNA 酶Ⅲ切开，各自翻译。因为 RNA 聚合酶的合成水平低得多，切开有利于各自的翻译调控。较长的 RNA 会产生高级结构，不利于翻译，切开可改变其结构，从而影响其功能。

3.6.2 蛋白质生物合成的干扰和抑制剂

蛋白质生物合成的过程在细胞内进行，会受到细胞内多种因素的调控。有些生物可以产生一些物质，通过阻断真核、原核生物蛋白质翻译体系某组分功能，干扰或抑制其蛋白质生物合成过程。影响蛋白质生物合成的物质非常多，主要有以下两大类：

1. 抗生素类

抗生素类物质，主要包括链霉素、卡那霉素、四环素、氯霉素、嘌呤霉素、白喉毒素等，它们可以作用于 DNA 复制和 RNA 转录，也可作用于蛋白质合成的各个环节，包括抑制起始因子、延长因子及核糖核蛋白体的作用等等，对蛋白质的生物合成起间接作用。

2. 干扰素对病毒蛋白合成的抑制

干扰素(interferon，IF)是病毒感染后，感染病毒的细胞合成和分泌的一种小分子蛋白质,可抑制病毒繁殖,保护宿主。从白细胞中得到 α-干扰素,从成纤维细胞中得到 β-干扰素,在免疫细胞中得到 γ-干扰素。干扰素结合到未感染病毒的细胞膜上,诱导这些细胞产生寡核苷酸合成酶、核酸内切酶和蛋白激酶。在细胞未被感染时,不合成这三种酶,一旦被病毒感染,有干扰素或双链 RNA 存在时,这些酶被激活,并以不同的方式阻断病毒蛋白质的合成。一种是干扰素和 dsRNA 激活蛋白激酶,蛋白激酶使蛋白质合成的起始因子 eIF-2 磷酸化,使它失活,抑制细胞的蛋白质生物合成,使病毒无法繁殖。另一种方式是 mRNA 的降解,干扰素和 dsRNA激活 2′,5′腺嘌呤寡核苷酸合成的酶的合成,催化 ATP 通过 2′,5′磷酸二酯键转化为 2′,5′-寡聚腺苷酸,简称 2,5A。2,5A 能使无活性的核酸内切酶激活,从而促进 mRNA 降解,抑制病毒蛋白质的合成。

3.6.3　细菌蛋白质的分泌调控

不论是原核生物还是真核生物,在细胞质内合成的蛋白质需定位于细胞的特定区域或者分泌出胞外,也就是说,基因表达不仅仅是把 DNA 转录成 RNA,RNA 翻译为蛋白质,还要实现把合成的蛋白质精确地输送或分泌到位,这是近年来分子生物学研究中一个十分活跃的领域,因此这不仅仅是一种基因表达调控的理论问题,而且它与生物工程密切相关,基因工程产物要形成工业化生产,不仅要解决基因的高效表达,还要解决其分泌问题,以保证产品的产量和质量以及降低成本。

能分泌到胞外的蛋白质统称为分泌蛋白。由于发现这些分泌蛋白质 N 末端都含有一段由 15～30 个疏水氨基酸残基组成的信号肽(signal peptide),所以近年来,人们提出了一种信号肽假说来解释这些分泌蛋白质的分泌。其机制是:当新生肽正在跨越膜时,信号序列和其后的肽段折成 2 个短的螺旋段,并曲成 1 个反向平行的螺旋"发夹",该发夹结构可插入疏水的脂质双层中。一旦分泌蛋白质的 N 端锚在膜内,后续合成的其他肽段部分将顺利通过膜。疏水性信号肽对于新生肽链跨越膜及把它固定在膜上起了一个拐棍作用,信号肽在完成功能后,随即被一种特异的信号肽酶(signalase)水解。分泌的启动和抑制调控目前已知与一种称之为信号识别颗粒(signal recognition particle,SRP)有关,其作用是能与核糖体结合,并停止蛋白质合成,阻止翻译发生在肽链延长至约 70 个氨基酸残基长时。这个长度正好是信号肽完全从核糖体出来时的长度(随信号肽后的 30～40 个氨基酸残基,此时被埋在核糖体内)。SRP 对翻译起负调节作用。由于 SRP 暂时中止这些分泌蛋白的翻译,能确保这些蛋白质未达到细胞膜或内膜之前不能完成翻译,这样,在信号肽和 SRP 的共同作用下,使得这些分泌蛋白能及时完成转运和分泌,避免在细胞内积累。

原核细胞信号序列的发现要比真核细胞的晚得多。首例原核细胞信号序列编码一种重要的外膜脂蛋白 N 端的信号肽。随后在 G^- 细菌中发现大多数分泌蛋白包括质膜多肽、周质多肽和外膜多肽都有信号肽。在 G^+ 细菌中，由于无外膜屏障，所以蛋白质可直接分泌到培养基中。在 G^+ 细菌中目前已知的依赖于信号肽的分泌系统式首先将蛋白质分泌至周质空间，经短暂停留后，经过特异性反应再将蛋白质分泌到胞外。G^- 细菌蛋白质的分泌如何跨过外膜，是否有通过的机制，目前正在研究之中，这是基因工程技术中外源蛋白质在大肠杆菌中表达后，如何有效地分泌至胞外的重要研究课题。

（刘志文　　汤　华）

第 4 章　环境与基因表达调控

生物的正常生长、发育和繁殖需要有合适的环境条件。当周围环境中的营养、温度、酸度、光照和湿度等条件发生变化时，生物体就要通过改变自身的基因表达状况。例如，诱导或遏制某些基因的表达，来改变自身的代谢活动，从而调整体内执行相应功能蛋白的种类和数量来适应变化的环境。对于原核生物和单细胞的真核生物来说，由于细胞直接暴露在多变的环境中，因此环境条件对于基因表达的调控的影响显得尤为突出。

4.1　逆境休克与基因表达

4.1.1　逆境类型和热休克

1. 逆境及其类型

逆境常称为胁迫(stress)，是指对生物体生存和生长发育不利的各种环境因素的总称。一般来说，胁迫包括生物胁迫和非生物胁迫两大类，其中非生物胁迫又称为理化胁迫。在理化胁迫中，物理因子是指温度、离子辐射、紫外照射、光照、电、声、磁等，化学因子是指酸度、营养变化、氧分压、渗透压以及细胞浓度的变化。环境胁迫多数情况下指的是理化胁迫。

2. 热休克反应和热休克蛋白

当原核生物和单细胞的真核生物受到逆境胁迫时常发生热休克反应(heat shock respond)。所谓热休克反应，即生物体在热应激或其他应激时所表现的以基因表达变化为特征的防御性反应。早在 1962 年，意大利生物学家 Ferruccio Ritossa 及其同事在研究果蝇的发育时最早发现了热休克现象。他们将果蝇的培养温度从 25 ℃提高到 30 ℃，2～3 min 后就在多丝染色体上看到所谓的“膨突(puff)”现象，这表明这些染色体区段上基因转录增强和蛋白质的合成增加。但关于相关蛋白的分离工作直到1974年才获得突破，人们从热休克果蝇幼虫的唾液腺等部位分离到了六种新的蛋白质。由于是从热休克果蝇幼虫中分离得到的，所以将这六种新的蛋白质命名为热休克蛋白（heat shock protein，HSP）。除环境高温以外，其他应激原如缺氧、寒冷、感染、饥饿、创伤、中毒等也能诱导细胞生成HSP。因此，HSP又称应激蛋白（stress protein，SP），但习惯上仍称热休克蛋白。目前一般认为，热休克蛋白是指细胞在一些应激条件，如热休克、葡萄糖饥饿或受到病原菌感染时高效表达的一族蛋白质。热休克反应的产生与一系列热休克蛋白的诱导表达相关。

热休克蛋白按分子量大小可以分为以下几个家族：HSP100（分子量为80～110 kDa）、HSP90（分子量为83～90 kDa）、HSP70（分子量为68～74 kDa）、HSP60（分子量为60 kDa）、小分子HSP（分子量为22～32 ku）和泛素（分子量为7～8 ku）。不同分子量的HSP，在细胞内的分布也不同。例如，酵母的HSP90多存在于细胞浆，是一种可溶性的细胞浆蛋白质；而分子量为68 kDa、70 kDa、110 kDa的HSP主要分布于细胞核或核仁区域。

HSP的主要特点是具有普遍性和保守性。自从在果蝇中第一次发现HSP后，后来的许多研究发现HSP普遍存在于从细菌直至人类的整个生物界，包括植物和动物。例如，1981年有人证明，在55 ℃的高温环境下，大鼠的直肠温度会迅速升至42～42.5 ℃，15 min后将环境温度降至常温，大鼠的体温也随之于30 min后降至正常水平；90分钟后可在其心、脑、肝、肺等器官内分离出一种分子量为71 kDa的新的蛋白质，即HSP。高度保守性是HSP在进化过程中的另一个重要特点。例如，通过全氨基酸系列的比对发现，大肠杆菌、酵母、果蝇和人的HSP70具有80%以上的相似性，这种物种间的序列高度保守性，也从另一方面说明它们具有普遍存在的重要生理功能。

4.1.2 HSP的功能

在生物体内，热休克蛋白主要作为分子伴侣（molecular chaperones）参与蛋白质的合成、折叠、积聚、装配、运输和降解，同时在细胞的生长发育、代谢分化、基因转录、维持组织细胞的稳定和环境适应性方面起着重要的作用。

1. 蛋白质生物合成过程中的分子伴侣

分子伴侣泛指参与介导多肽的正确折叠和装配的一类蛋白。分子伴侣的功能主要有两个方面：一方面阻断非特异性蛋白之间的相互作用；另一方面则可把正在折叠的蛋白与其他的蛋白隔离开，使蛋白处于有利于折叠的状态。因此它们对于生命来说是必需的。大多数分子伴侣是热休克蛋白，如HSP70s、HSP60s、

HSP90s、HSP15～30s和HSP100s。热休克蛋白不仅在应激条件下有高效表达，而且在正常的生理条件下，许多热休克蛋白也有组成型表达。它们直接参与了从初生链合成到多亚基复合体装配的整个蛋白质的生物合成过程。

在应激状态下蛋白质代谢会发生改变，在蛋白质的从头折叠(de novo protein folding)、跨膜运输、错误折叠多肽的降解及其调控过程中，某些蛋白质肽链伸展、失去原有的盘旋及折叠状态、改变分子空间构型甚至使寡聚复合物解聚，以致丧失原有功能。HSP70能够帮助调节蛋白质的正常合成与代谢，HSP70在HSF等一系列基因调控机制下表达迅速增加，HSP70与新生、未折叠、错折叠或聚集的蛋白质结合，使某些蛋白质解离，从而减少产生不溶性聚集物的危险性，并帮助需要折叠的蛋白质正确折叠；HSP70在机体应激时加快正常蛋白质合成的恢复，使应激时由于蛋白变性而造成的蛋白质数量的减少得到补充；HSP70帮助维持某些肽链的伸展状态，以利于其跨膜转运，在线粒体、内质网等不同区域内发挥作用；HSP70还能维持酶的动力学特征，维护细胞功能。

除了热休克蛋白外，还存在其他具有分子伴侣功能的蛋白，如SecB和PapD′，但它们只对特定蛋白质的折叠、定位和装配反应起调节作用，所以分子伴侣的最主要成员还是热休克蛋白。

2. HSP可提高细胞的应激能力，特别是耐热能力

预先给生物以非致死性的热刺激，可以加强生物对第二次热刺激的抵抗力，提高生物对致死性热刺激的存活率，这种现象称为热耐受。目前对此现象的分子机制仍不太清楚，仅知HSP的生成量与热耐受能力呈正相关。有人通过四膜虫属细胞热休克的研究发现，有些热休克蛋白具有促进细胞内糖原异生和糖原生成的作用，使细胞内糖原储量增多，从而提高应激能力。

在各种细胞器中，核仁和细胞膜对热特别敏感。HSP70广泛存在于细胞骨架和核骨架内，与核仁和细胞膜结合，从而提高细胞对热的耐受力。将42 ℃高温灌注液直接灌注离体鼠心，与对照组相比HSP mRNA的水平15 min增加了近5倍，30 min增加了近10倍，HSP72 mRNA的水平60 min增加了近2倍，这表明热应激与HSP70的水平提高相关。

3. HSPs对细胞具有保护作用

研究发现，通过热应激产生的热耐受也伴随着对其他刺激因素如缺氧和低温的耐受，如果先用这些应激刺激处理诱导HSPs的产生同样也可以表现为对高热的耐受。也就是说，由一种应激诱导HSPs表达后，不仅产生对这种刺激的耐受，也对其他的刺激同样产生耐受，从而使细胞产生广谱的抗逆性，达到保护细胞的作用。例如，HSP70的过量表达可以调节和抑制间质金属蛋白酶(matrix metalloproteinases，MMPs，应激时产生的一种丝氨酸蛋白酶，能加速细胞死亡和组织损伤)来减少细胞、组织在缺氧条件下的损伤。HSP70 的这种细胞保护作用已有应用的实例。如针刺急性高血压脑出血大鼠后其脑组织中 HSP70 mRNA 的表达显著增加,HSP70 mRNA 基因表达的增加促进了 HSP70 蛋白的表达,从而达到保护和修复神经元的作用,这是针刺治疗高血压脑出血的重要分子机制。

另一方面 HSP70 对细胞的这种保护作用,有时会起到负面效应。如在癌症治疗过程中,射频消蚀(radiofrequency ablation,RFA)通过离子振动产生高温,破坏癌细胞从而帮助治疗结肠癌。但在这种高温作用下,癌细胞会产生对热应激的应答反应,在细胞内合成 HSPs,促使癌细胞从热伤害中恢复。在 RFA 4h 和 10h 的条件下,细胞内 HSP70 的含量增加。因此,为提高 RFA 的效率,如何克服 HSP70 的细胞保护作用十分重要。

4. HSP 还可调节 Na^+-K^+-ATP 酶的活性

某些细胞经热休克丧失的 Na^+-K^+-ATP 酶活性可在 30 ℃培养中随着 HSP 的产生而得到部分恢复。HSP 的诱导剂亚砷酸钠亦可使 Na^+-K^+-ATP 酶的活性升高。这种现象可被放线菌素 D 和环己酰亚胺抑制,提示 Na^+-K^+-ATP 酶活性升高是基因表达的结果,而不是亚砷酸钠直接作用的结果。

5. 免疫作用

研究发现,在受到感染和发生自身免疫性疾病时,HSPs 可作为一重要的抗原被免疫系统识别,因此其在医学方面的作用也日益受到重视。IL-1 是一种单核因子,主要由活化的单核巨噬细胞产生,可作用于机体的各个系统,具有广泛的生物活性。HSP70 可通过抑制 IL-1 及干扰素对 NO 合成酶诱导而起到保护胰腺的生理功能。生物体内产生 HSP 以后可以提高细胞内总谷胱甘肽的含量,进而保护细胞免受 TNF 等细胞因子的攻击,如热预处理(39～42 ℃)可使 TNF-α 介导的溶细胞作用减轻约 50%。转化生长因子 TGF-β 对细胞增殖的影响常伴有对细胞分化生长、介导炎症反应、免疫调节的影响。应用 RT-PCR 和 Western blot 技术对经紫外线照射后的人的皮肤纤维细胞进行研究,发现 TGF-β mRNA 和 HSP70 都有表达,HSP70 可被 TGF-β 所诱导,而且 HSP70 的表达可被抗 TGF-β 型受体的抗体所抑制。

此外,HSPs 还可以是一些自身免疫病的主要抗原决定簇。紫癜(immune thrombocytopenic purpura,ITP)是一种自身免疫病,它是由于机体内血小板的破坏而导致机体产生针对血小板蛋白(血小板糖蛋白Ⅱb/Ⅲa)的抗体,从而发病。患有 ITP 的儿科病人的血浆中含有高浓度 HSP71 抗体,因此检测血浆中 HSP71 抗体的变化可以帮助理解 ITP 的发病机制,也对 ITP 的诊断、预防、治疗具有重要作用。

6. 抗细胞凋亡作用

一些热应激、氧化应激等往往可以导致细胞凋亡(cell apoptosis)。细胞内应激激酶(jun N-terminal kinase,JNK)的激活是诱导细胞凋亡所必需的。研究发现,细胞内HSP72水平的增高可以阻断信号通路,抑制应激诱导的JNK的激活,从而减少细胞的凋亡。p38(HOG1)也是一种应激激酶,其活性提高往往造成细胞受损。HSP72能够抑制p38的活性,但这种抑制作用可以被HSP70家族的单克隆抗体消除。当细胞与氨基酸类似物一起孵育时,细胞内会发生异常蛋白积聚,导致JNK、p38等应激激酶的激活,这种激活现象也能被HSP72的过量表达所阻断。因此,在应激状态下,细胞内HSP70家族基因高水平的表达,可抑制应激酶激活,有效抑制和防止细胞凋亡。但也有研究发现,在42℃对克隆的小鼠BC-8细胞进行30 min的热应激后,BC-8细胞不能像其他真核细胞一样产生应激反应,不产生HSP70,却可在细胞内观察到细胞凋亡小体和DNA碎片。

7. 抗氧化作用

HSPs在细胞内具有抗氧化的生物活性,可使机体内源性抗氧化剂的合成和释放增加,从而对随之而来的应激产生较强的抵抗力。这一过程与超氧化物歧化酶(superoxide dismutase,SOD)的生成和表达增加相关。我们知道,在应激状态下的氧自由基的增加能够导致脂质氧化并对生物膜的液态性、流动性、通透性产生巨大的影响,从而对细胞及亚细胞器如线粒体、溶酶体等造成破坏。而超氧化物歧化酶能够催化氧自由基发生歧化反应,清除氧自由基,故有细胞保护作用。HSPs与其结合物可以激活蛋白激酶C,增强蛋白酶活性,促进ATP水解,刺激生成超氧化物歧化酶等,从而使细胞耐热,抵抗过氧化物的伤害,使细胞自卫,得以维护其生物学特性。缺血再灌注等应激原能够引起数种应激相关的抗氧化基因的激活,包括HSP70、Mn-SOD基因,而且HSP70的mRNA表达的增高与SOD的mRNA水平增高相一致。

4.1.3　热休克蛋白的表达调节机制

在正常的生理条件下,有机体中多数的热休克蛋白都处于组成性表达状态,但表达量很低,在细胞的生理活动中具有非常重要的作用。在应激条件下,特别是当细胞暴露于较高的温度时,一系列热休克蛋白能够在转录水平上被迅速地诱导表达,以应付高温对蛋白质的破坏。这个过程受特定的转录因子调控,这种特异性转录因子普遍存在于所有生物中,*E. coli*中多为$\sigma32$,在真核细胞中为HSF。相关热休克蛋白的表达量随这些特定的转录因子表达的增加而增强。

1975年Cooper和Rueffingher利用一个影响高温下蛋白质合成的无义突变株获得了热休克蛋白调节机制研究的重要突破。他们发现在*E. coli*中存在一种含量很低的32 kDa蛋白质$\sigma32$。由它参与构成的RNA酶全酶能识别热休克基因的启动子，这类启动子与标准的 σ 因子所识别的启动子有所不同。在其－35 区前有几个保守残基，在－10 区前有保守的 CCCC 片段。编码 σ32 的基因为 *rpoH*，*rpoH* 的突变阻止了热休克蛋白合成的暂时增加，而且实验证明，HSPs 的诱导依赖于 *rpoH* 基因产物合成的量。另外，编码标准 σ 因子的基因 *ropD* 的琥珀突变可明显增加热休克蛋白的合成量，这表明 *rpoH* 的基因产物 σ32 可能与标准的 σ 因子竞争 RNA 聚合酶核心酶。在稳定生长时，每个细胞只有 10～30 个 σ32 因子，这是因为 σ32 是一种极不稳定的蛋白质，其半衰期很短，为 1 min 左右，并且它的合成在翻译水平上受到很大的限制。因此正常生长条件下细胞内 σ32 的浓度很低。当温度从 30 ℃升高到 42 ℃时，σ32 在最初的 4～5 min 内稳定性增强，从而可快速积累。然而，这一阶段后，σ32 又重新不稳定，这与观察到的 σ32 的暂时增加一致。

DnaK 是第一个被报道的对热休克蛋白具有负调控作用的因子。DnaK 突变株可导致低温下热休克蛋白的水平升高，并且可延长高温时热休克蛋白的合成时间，从而使其总量增加。DnaJ、GrpE 的突变都可产生相同的表型。在这些突变株中，σ32 的稳定性比野生型有明显的提高，其半衰期延长 10～30 倍。目前认为，这几种热休克蛋白都不是蛋白酶，推测他们可能与 σ32 结合，然后把它转移给蛋白质降解系统使之降解。有研究发现大肠埃希氏菌被 λ 噬菌体侵染后可表达高水平的热休克蛋白，因为 λⅢ蛋白可能对 σ32 的稳定性有增强作用，从而使热休克蛋白的量有所增加。此外，还有一些热休克蛋白如 HSP70s，在诱导产生后，又可对热休克蛋白的合成起反馈调节作用。

4.2 细菌的逆境反应机制

在自然条件下，细菌总是处在饥饿和非适合生长的条件下。为了适应这些逆境条件，在长期的进化过程中细菌形成了高度复杂的调节网络以适应多变的外界环境，最典型的是诱导产生大量的逆境胁迫蛋白(stress proteins)。这些蛋白可以分为两大类群，即普通胁迫蛋白(general stress proteins, GSPs)和特异性胁迫蛋白(specificstress proteins, SSPs)。下面将分别简单介绍两种代表性细菌——大肠杆菌(*Escherichia coli*, *E. coli*)和芽孢杆菌(*Bacillus subtilis*)对于逆境的应答机制。

4.2.1 大肠杆菌逆境反应机制

大肠埃希氏菌通常称为大肠杆菌，属革兰氏阴性短杆菌，兼性厌氧菌，主要生活在大肠内，是人和许多动物肠道中最主要且数量最多的一种寄生菌。

在大肠杆菌细胞中，已经发现了一些普通和特异性的胁迫蛋白，它们在菌体遭遇胁迫时，对于菌体具有保护功能。面对高温的环境，菌体会瞬时提高热休克蛋白的表达水平。被表达的热休克蛋白包括两大主要类型，即分子伴侣和依赖于ATP的蛋白酶，其中分子伴侣可以防止部分变性蛋白的错误折叠和聚集，蛋白酶则与变性蛋白的降解有关。在大肠杆菌中，这种对高温胁迫的保护性反应可以通过非特异性和特异性机制来完成。非特异性的热抗性是在无高温胁迫的情况下在细胞内形成的，依赖于σ^s，在静止期或渗透加速(upshift)后σ^s合成的概率和稳定性可以提高几倍，葡萄糖、氨基酸或磷饥饿的大肠杆菌细胞具有包括耐热性在内的对多种胁迫的抗性；特异性的保护机制，可以在中温胁迫下诱导产生抵抗对致死温度的耐热性，这种诱导或适应性的保护依赖于σ^{32}的功能，其活性可以在遭遇高温胁迫后瞬时提高以诱导热休克调节子的表达。有趣的是，这两个σ因子的表达受相同的机制在翻译和翻译后水平调节。

4.2.2　枯草芽孢杆菌逆境反应机制

枯草杆菌对于不同的环境刺激，如热、盐、酸、乙醇或氧、葡萄糖、磷匮乏等的最早反应之一是快速诱导产生一系列的普通胁迫蛋白(GSPs)。除了这些GSPs，每一种单一的逆境胁迫因子还可以诱导产生一些特异性的蛋白，即特异性胁迫蛋白，该类蛋白只在特定的胁迫下负责保护细菌免受伤害。

在枯草芽孢杆菌的热休克反应中，至少有3种热休克蛋白参与其中：① 热休克蛋白(HSP)，这类蛋白包括操纵子*dnaK*和*groESL*的产物，给菌体提供高温保护。② GSPs，能够被高温诱导的同时也可以被盐、乙醇或者营养饥饿所诱导，主要负责非特异性胁迫抗性的形成。实验数据表明，GSPs可能通过2条不同的机制诱导，即依赖于σ^B和不依赖于σ^B型机制。σ^B对于菌体细胞的抗逆性具有重要的作用，为大多数GSPs热休克诱导所必需。③ 编码热休克诱导的蛋白酶或伴侣分子，如ClpC，ClpP，FtsH或Lon，属于普通胁迫基因的另一类群，在没有σ^B的情况下该类基因也可以被其他刺激因子诱导表达。

当枯草芽孢杆菌受到严重胁迫和能源危机时，转录因子σ^B被选择性表达。对比σ^B突变株和野生株在胁迫和饥饿条件下的生存能力发现，在54 ℃、9%乙醇、10%盐胁迫、pH 4.3以及冷冻和干燥等条件下，突变株存活力至少降低了50～100倍。对应表达谱分析显示，有127个候选基因可能受σ^B调节，其中30个已被确认。

对σ^B的操纵元结构分析表明，完整的*sigB*操纵元位于一个类似*sigA*启动子(*PA*)的下游，结构顺序为*PA-orfR-orfS-orfT-orfU-PB-rsbV-rsbW-sigB-rsbX*，

其中 *rsb* 代表 *sigB* 的调节子，*PB* 代表已经被鉴定了的依赖于 *sigB* 的启动子，为一内部启动子，负责启动由下游 4 个基因组成的基因簇。

依赖于 σ^B的胁迫蛋白涉及对氧化胁迫的非特异性保护，同时也包括对热、酸、碱和渗透胁迫的抗性。目前认为 σ^B反应是细菌生存策略的必要成分之一，以确保在静止期、营养期作为芽孢的替代者。

4.2.3 囚徒困境(Prisoner's Dilemma)

最近有学者针对细菌在胁迫环境下的生存策略问题，提出了一个新的理论——囚徒困境(Prisoner's Dilemma)。科学家在研究枯草芽孢杆菌时发现，细菌在受胁迫的环境中，整个细菌群落能够通过权衡，从而采取不同的策略生存下去。细菌在形成孢子的过程中，其最终产物并不一定全都是孢子，在某些情况下可以进入到一种称之为感受态(competence)的状态。在这种状态，细菌只是细胞膜发生改变，能够轻易地从死亡的母细胞中吸收营养物质。通过这种方式，细菌遇到不良环境时可以不通过形成孢子而安然渡过危险期。这种方式的优点在于，当环境好转时细菌能够迅速恢复到正常功能；其劣势在于，一旦环境变得更恶劣，细菌将面临更大的死亡危险。因此，细菌在面临不利环境时，究竟选用何种生存状态就类似于一个著名的博弈论问题——囚徒困境，而且对整个细菌群落来说，这种博弈显得更为复杂。每一个细菌必须做出决策——要么形成孢子，要么进入感受态状态。研究人员发现，当细菌遭遇不利的周围环境时，会及时发出化学信号通知其他细菌，以让其做好相应的准备。

更为有趣的是，细菌在胁迫环境下，能够通过开启和关闭某些基因来维持生存，该方式不仅可以揭示生物系统间相互作用的复杂性，还有助于经济学家以及政治科学家建立类似的数学模型来描述人类做决策的复杂过程。

4.3 芽孢形成与基因表达

芽孢是由某些细菌在停止生长时产生的休眠体，在自然界广泛存在，它是细菌经过复制、不均等分裂、裹吞作用、发育、释放等复杂过程变化而来的，具有独特且极为复杂的结构。低水性和极低的新陈代谢作用使其在抗热、抗化学物质、抗辐射和抗静水压等方面首屈一指。

当环境条件适宜形成芽孢时，菌体内 Spo0A 的含量和磷酸化水平都达到一定阈值,Spo0A-PO4 的存在提高了 σH 的表达量,在 Spo0A-PO4 和 σH 的共同作用下,细胞发生不对称分裂,产生大小不等的两个细胞:前芽孢(forespore)和母细胞(the mother cell)。这两个细胞在经历短暂的基因组含量不等之后,各自拥有一条完整的染色体。前芽孢和母细胞基因表达程序是完全不同的,但又相互影响。首先 σF 在前芽孢中活化,随后导致 σE 在母细胞中活化。两个细胞在 σF 和 σE 的作用下发生裹吞,母细胞将前芽孢吞入胞内。裹吞作用发生之后,在 σF 和 σE 的共同作用下,σG 在前芽孢中活化,随后导致 σK 在母细胞中活化。最终前芽孢在 σF 和 σG 的作用下发育为成熟的芽孢;母细胞在 σE 和 σK 的作用下形成皮层和芽孢衣等保护性结构,并最终裂解,释放成熟的芽孢。

4.3.1　芽孢形成中的重要形态变化

1. 不对称分裂

芽孢形成过程中第一个重大的形态结构变化就是不对称分裂。在枯草芽孢杆菌中该不对称分裂过程需要所有营养体对称分裂所需要的基因。除此之外,与对称分裂相比,染色体要进一步形成轴丝(axial filament);分裂装置不是在细胞中部而是在细胞的两个亚极点;隔膜要薄,含的肽聚糖也较少,形成的位置也不在两个拟核体中间。

轴丝是染色体的复制原点 *oriC* 区域,从细胞的中部移向细胞的两极,并在 Spo0J、Soj、Div Ⅳ A 和 RecA 蛋白的作用下形成贯穿于细胞整个长轴的结构。轴丝的结构已经通过电子显微镜和荧光显微镜观测到,不能形成轴丝的细胞是不能进行对称分裂的。当染色体复制原点 *oriC* 区域到达细胞极部时,RecA 蛋白取代分裂抑制蛋白 MinCD 与 DNA 结合。Div Ⅳ A 蛋白以依赖 Spo0J/Soj 的方式通过 DNA 结合蛋白 RecA 蛋白将染色体定位于细胞极部。接着就开始分裂装置在两个亚极点的组装。研究表明,在不对称分裂时,由 FtsZ 形式的 Z 环首先在细胞中部组装,然后 Z 环通过由两个肌动蛋白 Mb1 和 MreB 形成的动力螺旋中间体(dynamic helicalintermediate)转移到两个亚极点。Spo0A 依赖表达的 SpoⅡE 蛋白在 Z 环的正确定位过程中也起到很重要的作用。Spo Ⅱ E 蛋白以 FtsZ 依赖的方式结合于不对称分裂的位点。酵母双杂交实验表明,Spo Ⅱ E 和 FtsZ 两者可直接相互结合。FtsZ 环定位以后,隔膜就开始形成。由于隔膜形成的位置不是在两个拟核体的中间,隔膜刚刚形成后所形成的两个细胞,一个包含 2/3 的染色体,另一个包含 4/3 的染色体。包含 2/3 染色体的是将来要发育为芽孢的前芽孢,为了保持基因的完整性,需要一个由 DNA 转移酶 Spo Ⅲ E 来完成的 DNA 转移过程,此过程需要 ATP。在此过程中出现了 15 min 左右的在母细胞和前芽孢两侧基因不对称。这短暂的基因不对称可能在建立母细胞和前芽孢两侧基因区域化表达中起到重要作用。

通过对几种突变菌体的研究发现，Spo0A，Spo0H，Spo Ⅱ A 或 Spo Ⅱ G 对于芽孢的正常形成具有重要的作用。Spo0A 缺失，只能发生对称分裂，而不能发生不对称分裂；Spo0H 蛋白缺失会使 Z 环在两个亚极点的组装均不完善，不能发生分裂；不对称分裂完成之后，如果 Spo Ⅱ A 或 Spo Ⅱ G 突变，会导致母细胞中 Spo Ⅱ D、Spo Ⅱ M、Spo Ⅱ P 不能正常出现，则在另一个亚极点会发生第二次分裂，产生两个前芽孢样，但不能最终形成成熟芽孢的细胞。

2. 裹吞作用

不对称分裂后前芽孢和母细胞特异活化的 σF 和 σE 导致隔膜被修饰以及隔膜中的肽聚糖从隔膜的中间位置开始向四周被裂解（而不是对称分裂时的从四周向中间）。但两个细胞并不像一般细胞分裂那样相互分开，而是大的母细胞将小的前芽孢裹吞进细胞内部，形成一个细胞游离在另一细胞内部的形式。整个裹吞过程可以分为三步：首先，隔膜中所含的肽聚糖逐渐裂解消失；其次，隔膜与外周膜相交处的膜逐渐在前芽孢侧向一起聚拢，直至融合；再次，前芽孢与母细胞完全分开，此时前芽孢又被包裹上一层膜，并悬浮于母细胞中。对裹吞过程的分子机理目前了解尚少。三个与裹吞相关的蛋白 SpoⅡD、SpoⅡM、SpoⅡP（这三种蛋白与防止出现二次分裂也有关，见上文）是在母细胞中合成的，并定位于隔膜。认为这三种蛋白起到水解肽聚糖的作用，并促使裹吞作用开始。SpoⅡQ 是一个由前芽孢中合成的，裹吞所必需的蛋白，它插入并在裹吞过程中一直保留在隔膜中，其具体的功能目前尚不清楚。

4.3.2 不同形态时期的基因表达

枯草芽孢杆菌是典型的模式微生物，其形成芽孢时，细胞进行不对称分裂而产生两个子细胞：前芽孢和母细胞，它们的基因表达程序是完全不同的，但又相互影响。

1. 前芽孢中的基因表达

前芽孢中的基因表达是由 RNA 多聚酶 σF 和 G 以及 DNA 结合蛋白 RsfA 和 Spo Ⅴ T 所调控。σF 因子可以打开约 48 个基因的表达，包括 *rsfA* 基因和 *σF* 基因，其中 *rsfA* 基因编码的蛋白能够抑制 *σF* 调节子中的一个基因的表达。新近发现，σG 因子能够激活 81 个基因和抑制 27 个基因的表达。在激活的 81 个基因中包括 *spo* Ⅴ *T*，该基因编码的蛋白可以打开或促进已经被 σG 打开的 20 个基因的表达。前芽孢系的基因表达包括许多与形态发生有关和芽孢抗性以及萌发特性的基因的表达，但与代谢功能相关的却不多。比较基因组学研究的结果表明，σF和G调节子中的核心基因在能够形成芽孢的菌种中是保守的，但在亲缘关系极近却不产孢的李氏杆菌中不存在。两个基因 *ykoU* 和 *ykoV* 都是σG调节子成员，在结构上只有部分保守，有使休眠孢子对干热产生抗性的功能。*ykoV* 的基因产物是连接非同源物尾部蛋白Ku的同源物，与萌发过程中的拟核相关。两个完全不同的方法可以用来测试裹吞作用中前芽孢特异基因表达的作用。首先，通过对已经完成了裹吞作用的孢子囊进行分析发现，唯一的前芽孢所表达的裹吞蛋白SpoⅡQ的缺失和突变在特定的产孢条件下能够有效地完成裹吞作用。然而该突变株系是有缺陷的，在所有条件下都不能表达前芽孢期特异表达的转录因子σG。由此可以推断，SpoⅡQ对于芽孢的产生是必需的。其次，为了确定在没有前芽孢特异性基因表达的情况下裹吞作用是否可以进行，利用突变体菌株，该菌株中母细胞特异表达的σE的激活跟前芽孢特异性基因表达之间存在偶联缺陷。明显地，在允许裹吞作用发生但没有SpoⅡQ存在的条件下，裹吞作用发生在完全没有σF控制的基因表达的细胞中。

2. 母细胞中的基因表达

在芽孢形成过程中，母细胞中特异性激活的基因有383个，约占整个枯草芽孢杆菌基因组的9%。它们的转录由5个蛋白调控：σE、σK因子及3个DNA结合蛋白SpoⅢD、GerR和GerE。σE因子由 *spo*Ⅱ*GB* 基因编码，主要在母细胞中合成，合成时是无活性的前体Pro-σE，在蛋白酶SpoⅡGA作用下剪去N端27个氨基酸残基而活化为σE。σE调节子含有272个基因，其中包括另2个转录因子：GerR和SpoⅢD。σE先激活262个基因的转录，包括 *gerR* 和 *spo*Ⅲ*D*；然后GerR和SpoⅢD作为转录抑制因子，抑制σE调节子中约一半的基因的转录；SpoⅢD还能和E-σE一起激活10个基因的转录，包括编码Pro-σK的 *sigK* 和合成 *sigK* 的DNA重组酶SpoⅣCA。σE的主要功能是阻止在母细胞中进行第二次不对称分裂，促进母细胞对前芽孢的裹吞，起始芽孢壳的组装，向前芽孢发出信号(SpoⅢA)，使σG活化，引导Pro-σK的合成。σE调节子的另一个功能是使母细胞的代谢处于有利于芽孢形态学发展的状态，如依赖σE的代谢操纵子 *mmg*（涉及脂肪酸代谢），编码脂酰辅酶A脱氢酶的 *acd*A，编码丁酸乙酰乙酰辅酶A转移酶的 *yod*R等。σE调节子中还包含一些与物质运输有关的基因，它们在细胞的解毒和抗氧化中起着作用。σK因子也是先合成无活性的前体Pro-σK，由通过染色体重组形成的 *sigK* 编码。σK调节子含有111个基因，包括另一个转录因子GerE。σK先激活75个基因的转录，包括 *gerE*；GerE会抑制 *sigK* 及被σK激活的约一半基因的转录，同时还能激活另36个基因的转录。σK调节子包含的基因涉及σK的自催化合成、芽孢壳合成、母细胞裂解和芽孢萌发。

4.3.3 芽孢形成过程中的 sigma 因子

1. sigma 因子之间的联系

如前所述，σF、σG、σE 和 σK 在芽孢形成过程中起着重要的作用，它们之间存在着千丝万缕的联系。σG 是由 σF 组成的全酶 E-σF 转录的，所以 σG 与 σF 一样都存在于前芽孢中，并且 σG 的出现是在裹吞完成之后。σK 是由 σE 组成的全酶 E-σE 转录的，所以 σK 与 σE 一样都存在于前芽孢中，并且 σK 的出现也是在裹吞完成之后。

(1) σF 和 σE

σE 出现在母细胞中的时间要比 σF 晚，这是因为 pro-σE 中前体序列的切割需要来自于前芽孢中的由 E-σF 转录产生的信号——SpoⅡR 蛋白。pro-σE 的前体序列使该蛋白定位于膜上，并起到稳定的作用。切割使用的蛋白酶是由 *spo*Ⅱ*G* 操纵子中的 *spo*Ⅱ*GA* 基因编码的蛋白酶，它也位于膜上，执行具体的切割功能。当前芽孢中由 E-σF 转录的 SpoⅡR 蛋白通过隔膜扩散到母细胞中，并与SpoⅡGA位于膜上的区域相互作用，蛋白酶就会切割活化 σE。

(2) σE 和 σG

前芽孢中 σG 的表达受到母细胞中 σE 的调节。编码 σG 的基因是 *spo*Ⅲ*G*，它的转录依赖于由母细胞中 E-σE 所转录的 *spo*Ⅲ*A* 基因的编码产物。此外，σG 的活化还需要 SpoⅢJ 和 SpoⅡQ。

2. σ 因子的活化机制

(1) 切割活化

sigma 因子 σE 和 σK 通过切割方式由非活性状态的 pro-前体形式转变为活化状态。这种调控方式是不可逆的。

σE 因子由 *spo*Ⅱ*GB* 基因编码，Pro-σE 在它活化前 1 h 就已开始合成，Pro-σE 是以依赖 Spo0A-PO4 的方式由带有 σA 的 RNA 合成酶(E-σA)合成的，在不对称分裂后，母细胞中的 Spo0A 的活性大大提高，促使合成无活性的前体 Pro-σE。当细胞接受到来自前芽孢的信号(SpoⅡR)时，SpoⅡR 使蛋白酶 SpoⅡGA 活化，蛋白酶 SpoⅡGA 剪切掉 σE 前体 N 端的 27 个氨基酸残基而活化为 σE。

σK 因子的活化方式跟 σE 相似，也是先合成无活性的前体 Pro-σK，从前芽孢中接受到信号后再加工成活性形式，但具体的调控机制是不同的。编码 Pro-σK 基因 C 端的 *spo*Ⅲ*C* 和编码 N 端的 *spo*Ⅳ*CB* 被 48 bp 的区域隔开，通过染色体重组形成 *sigK*，其中起重要作用的是 SpoⅣCA，它是切除中间区域的重组酶。*spo*Ⅳ*CA*和 *sigK* 基因都只在母细胞中有，以依赖 SpoⅢD 的方式由 E-σE 转录；

sigK 基因还能自我催化，由依赖 σK 的启动子转录。σK 可反馈抑制 σE 的转录。如果去除编码 Pro 序列和插入序列的基因，会导致在营养细胞生长过程中也会产生有活性的 σK，并破坏芽孢的形成。根据 *sigK* 基因的核苷酸序列和 σK 的 N 端序列，推测切除 Pro-σK N 端的 20 个氨基酸将产生有活性的 σK。SpoⅣFB 被认为是切除 Pro-σK 的 Pro 序列的蛋白酶，BofA 和 SpoⅣFA 对这个过程起负调节作用。SpoⅣFA 使 BofA 和 SpoⅣ FB 结合而形成了异源多聚体，BofA 直接抑制 SpoⅣFB 的加工活性。Pro-σK 的加工还需要来自前芽孢中的信号：依赖 σG 转录的 SpoⅣB。一般认为，SpoⅣB 插入在前芽孢的内膜上，通过自体溶解释放信号片断，穿过双层膜，与插在外层膜上的 SpoⅣFA-SpoⅣFB-BofA 复合物作用。SpoⅣB 能降解 SpoⅣFA，从而解除 BofA 对 SpoⅣFB 的抑制作用，引起 Pro-σK 的加工。另 2 个在 Pro-σK 的加工中起辅助调节作用的因子是 BofC 和 CptB。BofC 受 σG 的调控在前芽孢中表达，能抑制 SpoⅣB 的自体溶解，从而抑制 Pro-σK 的加工。CptB 是在 σE 的调控下在母细胞中表达，它是 Pro-σK 进行最有效加工所需的。

(2) 抗 σ 因子调节

枯草杆菌(*Bacillus subtilis*)的 SpoⅡAB 可抑制芽孢形成过程的专一性 σ 因子 σF 和 σG。RsbW 可以抑制应急反应中基因转录所需的 σB 因子。这类能够抑制 σ 因子活性的一类因子被称为抗 σ 因子。抗 σ 因子的发现阐释了一种新的基因表达调控机制：通过蛋白质和蛋白质（抗 σ 因子和 σ 因子）间直接相互作用来进行调控，即抗 σ 因子与 σ 因子结合而阻止了 σ 因子与 RNA 聚合酶核心酶的相互作用。抗 σ 因子调控着细胞周期中的众多环节，如噬菌体的生长、芽孢的形成、应激反应、鞭毛的形成、色素的产生、离子运输、毒性等方面。

前芽孢中的 σF、σG 的活性都是以抗 σ 因子的方式来调节的，这是一种可逆的调控。可能是由于前芽孢将最终发育为成熟芽孢，并还需要具备重新发芽的能力。σF 的活化发生在不对称分裂完成之后而前芽孢中得到一条完整的染色体之前。在不对称分裂发生前，σF 的活性被 SpoⅡAB 抑制，分裂后这种抑制被抗 σ 因子 SpoⅡAA 所解除。调控抗 σ 因子的形式也是多样的，如通过抗-抗 σ 因子来修饰抗 σ 因子，使之不能控制相应的 σ 因子；通过鞭毛将抗 σ 因子运输到胞外而消除其作用；SpoⅡAA 通过其自身磷酸化水平来调节活性。

4.4 双组分信号传导系统对基因表达的调节

4.4.1 双组分信号传导系统及其基本组分

细胞生活在不断变化的环境中,温度、pH 和渗透压变化,氧分压变化,营养的变化及细胞浓度的变化等都要求细菌必须随时做出相应的反应以求得生存。诱导和阻遏转录调控系统均是通过环境中的小分子效应物(诱导物或阻遏物)直接与调节蛋白结合进行转录调控,但是在较多情况下,外部信号并不直接传递给调节蛋白,而是首先通过传感器(sensor)接收信号,然后以不同方式传到调节部位,这个过程就是信号传导(signal transduction)。目前已知的最简单的细胞信号传导系统为双组分信号传导系统(two-component signal transduction system,TCSTS),它是原核生物细胞内最主要的感受外界信号刺激并执行跨膜信号传导的分子机制。此类系统以磷酸化-脱磷酸化的方式,调控着原核生物的绝大部分生理过程,包括趋化性,氮、磷等营养元素的同化,渗透性,孢子形成,酶合成,细胞分裂与分化等,也包括病原菌的毒性、生物膜(biofilm)形成和群体感应(quroum-sensing)等致病相关过程。

细菌双组分信号系统由两类蛋白质组成:组氨酸激酶传感蛋白(sensorhistidine kinase,HK)和效应调节蛋白(response regulator,RR),它们分别属于两个蛋白质超家族(表 4-1)。传感激酶常在与膜外环境的信号反应过程中被磷酸化,再将其磷酸基团转移到应答调节蛋白上,磷酸化的应答调节蛋白即成为阻遏或激活蛋白,通过对操纵子的阻遏或激活作用调控下游基因的表达。

表 4-1 大肠杆菌中的二组分调控系统

刺激信号/功能	传感蛋白激酶	应答调节蛋白
氧气缺乏	ArcB	ArcA
渗透压,包被蛋白	EnvZ	OmpR
渗透压,钾离子运输	KdpD	KdpE
磷酸盐清除	PhoR	PhoB
氮代谢	NtrB	NtrC
硝酸盐呼吸作用	NarX	NarL
硝酸盐和亚硝酸盐呼吸作用	NarQ	NarP

1. 组氨酸蛋白激酶

组氨酸蛋白激酶(histidine protein kinases,HPK)是一个磷酸化组氨酸保守残基的信号传导酶家族。典型的 HPK 是一个跨膜受体,包含氨基末端的胞外感受区和 C 末端的胞内信号区域;大部分 HPK 以二聚体形式存在。它与磷酸化丝氨酸、苏氨酸、酪氨酸残基的蛋白激酶相似度较低,但可能存在远亲的进化关系。已知有上千种基因编码 HPK,对细菌的多种功能(包括趋化性和密度感应)以及真核生物激素介导下的进化过程有重要作用。该蛋白至少能分为 11 个亚家族,而在真核细胞中只存在 1 种,说明在这些生物中,横向基因迁移导致了双组分信号系统的产生。

细菌组氨酸蛋白激酶的催化结构域(catalytic domains)不同于丝氨酸、苏氨酸或酪氨酸激酶,组氨酸激酶的结构域与 n 型拓扑异构酶旋转酶 B(type I topoisomerase gyrase B)和伴侣蛋白 Hsp90 的 ATP 酶结构域(ATPase domains)相似。HPK 的主要功能是催化 ATP 依赖的自身磷酸化反应,使二聚体结构域特异的 His 残基磷酸化,进而作为磷酸供体使 RR 蛋白的 Asp 残基磷酸化。此外,HPK 还能使 RR 蛋白表现出磷酸酶活性,通过 RR 蛋白的去磷酸化,调节细胞内磷酸化 RR 蛋白的水平。

2. 响应调节蛋白 RR

响应调节蛋白 RR 位于细胞质中,由 N 端的接受区域(receiver domain)和 C 端的输出区域(output domain)组成。接受区域约 110 个氨基酸,含有 1 个保守的天冬氨酸残基(Asp,D),该残基是接受磷酸化的位点,可以被 HPK 磷酸化。大多数的应答调节蛋白都具有输出区。通常输出区域是 DNA 结合模块,充当转录因子,具有典型的 HTH 结构。

4.4.2　双组分信号传导模式

双组分系统信号通路一般包括信号的输入、HPK 自身磷酸化、RR 磷酸化、信号输出等环节。双组分信号系统具有共同的信号传导模式:多数 HK 是跨膜蛋白,其氨基端是信号输入区域(input domain),该区域监测到环境刺激后,能激活位于羧基端的信号传递区域(transmitter)。信号传递区域具有磷酸激酶活性,它通过自身磷酸化作用,能将来自于 ATP 上的 γ 磷酸基团转移到自身的组氨酸(His)残基上,从而将外界刺激转化为细胞内的化学信号。HK 最后均将磷酸基团传递给下游的 RR。RR 则是胞质蛋白,其氨基端是信号接受区域(receiver),磷酸基团从 HK 转移到此区域内的天冬氨酸残基上,同时激活羧基端的具有效应子(effector)特性的信号输出区域,从而控制结构基因的转录。RR 在细胞内维持着磷酸化和脱磷酸化两种状态的动态平衡,并受到 HK 活性状态的调节。上述信号传导过程的首要特征为化学信号以共价修饰而非诱导-阻遏的形式进行传递,无需进行蛋白质的从头合成,具有较高的特异性和迅速的信号传导能力,有利于细菌对环境变化做出快速反应。

4.4.3 大肠杆菌的渗透压调控系统

在众多的双组分系统中,有的双组分系统在感受渗透胁迫信号和调节细胞渗透势方面具有重要调控作用,其中大肠杆菌的 Envz-OmpR 系统研究得较为清楚。Envz-OmpR 系统通过调控 OmpF 和 OmpC 的基因表达调控着细胞对渗透胁迫的响应过程。OmpF 和 OmpC 是大肠杆菌外膜上的两个主要孔道蛋白,是介导疏水性蛋白出入细胞的通道。*ompF* 和 *ompC* 结构基因序列在核苷酸水平和氨基酸水平上都具有高度相似性,其中 *ompF* 的孔道直径较大,*ompC* 的孔道直径较小,二者对环境渗透势的变化极为敏感。环境中渗透势的改变能影响 OmpF 和 OmpC 在膜上数量的多少。OmpF 和 OmpC 的基因表达是由 Envz-OmpR 双组分系统调控的。在该系统中 Envz 是 HPK,OmpR 是 RR。在感受到外界渗透势变化后,Envz 可以进行自身磷酸化,然后将其高能的 His-Pi 基团传递到 OmpR 的磷酸化位点——ASP 残基。随后,被磷酸化了的 OmpR 与 OmpF 和 OmpC 的上游序列结合,调节这两个基因的表达。在低渗透势的条件下,外膜中会产生较多的 OmpF,相反在高渗透势的条件下,外膜中有较多的 OmpC。二者在膜上的数量多寡最终影响到跨膜物质运输,使得细胞对胁迫做出相应的应答。此外对黏质沙雷氏菌的进一步研究发现,在水杨酸、高温和低 pH 条件下 OmpF 的表达受到 *micF* 的抑制。*micF* 是 *ompC* 基因上游的 RNA 转录物,它可以跟 OmpF 的转录物相结合从而抑制 OmpF 的翻译。尽管如此,但 MicF 调节机制在 *ompF-ompC* 渗透调节中并不起明显的作用。

4.4.4 细菌的趋化性调控系统

细菌的趋化性是细菌对某些环境化学物质梯度的响应,表现为向着或背离环境化学物质的移动。这些能够引起细菌迁移的化学物质称为趋化物。细菌的这种移动具有方向性,顺着浓度梯度的移动称为正趋化,逆着浓度梯度的移动称为负趋化。在大多数情况下,正趋化中的趋化物能作为细菌的能源,而负趋化中的趋化物则对细菌有毒害作用。根据趋化信号传导方式可以将趋化性广义地分为两类,一类是非代谢依赖趋化性(metabolism-independent chemotaxis),主要特点是:① 非代谢的趋化物的同类物也是趋化物；② 趋化物代谢途径的突变不影响趋化性；③ 在代谢底物存在的情况下，对趋化物仍有趋化性。另一类是代谢依赖趋化性(metabolism-dependent chemotaxis)，主要特点是：① 非代谢的趋化物的同类物不是趋化物；② 抑制对趋化物的代谢也就阻碍了对此趋化物的趋化性；③ 存在另外的代谢底物阻碍了对所有趋化物的趋化性。

细菌的趋化性是通过受体蛋白对环境信号的感知，调整鞭毛运动方向来寻找适于生存的环境。在 *Escherichia coli* 和 *Salmonella serovar* 中，趋化反应是通过2个大分子复合体调节的，即处于细胞两极的受体复合体(receptor complexs)和5～10个随机分布于细胞四周、埋于细胞膜中的鞭毛-马达复合体(flagellar-motor complexs)。负责感应环境变化的受体复合体蛋白分为2类：① 趋化特异性的甲基接受趋化蛋白 MCPs(methyl-accepting chemotaxis proteins)，包括 Aer、Tar、Tsr、Trg 等趋化特异的穿膜受体蛋白；② 具有趋化和转运双重功能的受体蛋白，如 PtsM 和 PtsG 蛋白。这两类受体复合体蛋白都具有周质空间感应区和细胞质内信号区。在周质空间中信号分子与感应区的结合激发了信号的传导，通过甲基酯酶(CheB)和甲基转移酶(CheR)调节 MCPs 的甲基化来影响组氨酸激酶(CheA)的磷酸化，再来调节反应调节蛋白(CheY)的磷酸化。CheY 与鞭毛-马达开关(flagella motor swith)FliM、FliN、FliG 结合，CheY 的磷酸化与否将直接决定鞭毛的旋转方向。理解细菌对氨基酸等简单化合物的趋化分子机制便于深入了解细菌对自然环境中污染物的趋化反应，使人们能够了解细菌如何感应并游向污染物或寻找合适的污染物浓度环境。

4.5　群体感应与基因表达

4.5.1　群体感应现象及其特点

长期以来，人们一直认为单细胞生物是以个体形式进行生长和繁殖的，细胞之间不存在交流。但越来越多的研究证明在细菌中，无论是革兰氏阳性菌(G^+)还是阴性菌(G^-)，都存在着细胞与细胞之间的信息交流，这种交流表现为细菌的群体感应(quorum sensing，QS)现象。QS 也称为自诱导，是细菌利用自身产生小分子化学信号分子的浓度监测周围环境中自身或其他细菌的数量变化，当信号达到一定的浓度阈值时，能启动菌体中相关基因的表达调控相关的生物学功能，如芽孢杆菌中感受态与芽孢形成、病原细菌胞外酶与毒素产生、生物膜形成、菌体发光、色素产生、抗生素形成等环境变化的行为，其中的小分子化学信号分子被称为自体诱导物(autoinducer,AI)。群体感应就是细菌根据种群密度大小进行细胞内或细胞间信息交流，是细菌与环境相互作用的重要调控机制。

20世纪60年代后期，Hastings 和 Nealson 在研究海洋费氏弧菌(*Vibrio fischeri*)的生物发光机制时最早发现了群体感应现象。费氏弧菌与一些海洋生物如鱿鱼共生生活，费氏弧菌通常定殖于夏威夷鱿鱼的发光器官内，当细菌达到一定的密度后，就会诱导发光。细菌的生物发光可以为鱿鱼提供光源，掩盖其影子来保护自身，同时细菌也获得一个合适的栖息场所。光线的强度与动物发光组织中费氏弧菌的群体密度密切相关，即该生物发光现象由 QS 系统调控，且仅出现在细菌处于高密度生长的情况下。在实验室诱导的细菌发光实验过程中，通过增加液体培养基降低细菌的细胞密度可终止细菌发光。而且这种由信号分子调控的密度依赖型发光过程仅在鱼类的特定发光器官中发光，而在海洋中游离的费氏弧菌中却不发光。究其原因主要有两点：一是宿主发光器官丰富的营养促进了费氏弧菌高密度生长；二是在狭小的宿主发光器官中细菌分泌的信号分子容易达到细菌能够检测到的浓度水平。

QS 系统基本可分为三个代表性的类型：革兰氏阴性细菌一般利用酰基高丝氨酸内酯(AHL)类分子作为 AI；革兰氏阳性细菌一般利用寡肽类分子作为信号因子；另外许多革兰氏阴性和阳性细菌都可以产生一种 AI-2 的信号因子，一般认为 AI-2 是种间细胞交流的通用信号分子。另外最近研究发现，有些细菌利用两种甚至三种不同信号分子调节自身群体行为，这说明群体感应机制的多样性和复杂性。

QS 系统的多样性表现在信号的产生、信号释放、信号识别和信号响应等各个环节：① QS 系统分布多样性。细菌种内、种间以及细菌与植物、动物间都能够进行信息的交流，都存在 QS 系统。② 信号分子的多样性。G^+ 菌与 G^- 菌分别可以产生不同的信号分子，而且就某种细菌而言，通常还会产生不止一种类型的信号分子。③ 信号分子产生机制具有多样性。G^- 菌和 G^+ 菌信号分子产生的机制不同，前者是由信号分子合成酶来完成的，而后者则是先生成前体，经蛋白酶切割后获得成熟的信号分子。④ 信号分子运输的多样性。G^+ 菌需要专有的 ABC 转运系统，而 G^- 菌信号分子可直接透过细胞膜。⑤ 信号响应的多样性。G^- 菌利用双组分信号传导系统感应和传递信号；G^+ 菌则通过受体蛋白识别信号分子和传递信号。

QS 系统的复杂性也有以下几个方面的表现：① 信号分子功能的复杂性。有的 QS 系统中的信号分子不仅作为环境信号，而且具有其他功能，如某些乳酸菌中的 QS 系统的信号分子具有抗菌活性，*P. aeruginosa* 中信号分子 N-3-O-高丝氨酸内酯参与金属离子的运输等。不同细菌能产生相同的信号分子，但是信号分子调节的生理功能不同。如 *P. fischeri* 产生的 3-Oxo。C-HSL 参与生物发光，而斯氏欧文氏菌(*Erwinia stewartii*)中则调控胞外多糖的产生。不同细菌产生相同的信号分子，有利于不同细菌之间的信息交流，以确保其自身在某一生态区系中占据特定的生态位置。另外，不同的信号分子可调控相同的生理功能，如夏威夷弧菌和费氏弧菌调节生物发光的信号分子就不相同。② 系统组成的复杂性。在哈氏弧菌中发现了一个与众不同的 QS 系统，该系统信号分子产生系统与 G^- 菌相似，而信号分子的识别则与 G^+ 菌相似。③ 不同 QS 系统之间关系的复杂性。有的细菌含有不止一套 QS 系统，多种 QS 系统构成复杂的调控网络，调节多种生理反应，以适应环境变化。例如，豌豆根瘤菌共有四个 QS 系统。有的 QS 系统之间具有等级调控效应。*P. aeruginosa* 中含有两个 QS 系统，即 LasI/LasR 信号系统和RhlI/RhlR 信号系统，前者调控致病因子的生物合成，并产生大量的 AHLs，进而诱导 RhlI/RhlR 信号系统。

4.5.2　群体感应系统的信号分子

1. 革兰氏阴性菌的信号分子——AHL

G^- 细菌的信号分子通常由 AHLs 充当。AHLs 是一类水溶性、膜透过性的两亲性化合物，由 1 个疏水性的保守高丝氨酸内酯环的头部和 1 个亲水性的可变的酰胺侧链的尾部组成。可变的酰胺基链的尾部决定了 AHLs 的多样性，目前已经在细菌中发现了 50 余种 AHLs 信号分子。从分子结构上来看，AHL 类自诱导剂都是以高丝氨酸为主体，差别主要体现在酰胺基侧链的有无和长短、酰胺链上的第三位碳原子上的取代基团差异(氢基、羟基或羰基)以及侧链有无 1 个或多个不饱和键。如费氏弧菌控制生物发光的信号分子 N-(3-氧代-己酰)高丝氨酸内酯($3\text{-Oxo-C}^6\text{-HSL}$)的酰胺链长度为 6 个碳，且第三位上取代基为羰基，无不饱和键。作为革兰阴性菌特有的自诱导剂 AHL 可自由出入于细胞内外。

2. 革兰氏阳性菌的信号分子——AIP

与 G^- 菌不同，革兰氏阳性细菌主要使用一些小分子多肽(AIP)作为 AI 信号分子，经过分泌修饰后的寡肽类物质作为信号分子感应菌群密度和环境因子的变化，并将环境信息传递给双组分信号传导系统(two component system，TCS)，后者再调控相关基因的表达。AIP 与 TCS 组成的群体感应系统也被称为三组分系统。一些 AIP 的前体肽首先在 G^+ 菌的核糖体中合成，在向外运输的过程中，经过 1 次或多次特殊的转录后修饰与加工，整合内酯环、硫醇内酯环、羊毛硫氨酸、异戊二烯基团等不同结构，成为稳定的、具有活性的寡肽信号分子。这些寡肽结构多变，但分子量都较小，在 5～17 个氨基酸残基之间。不同菌中前体肽的长度及组成差异较大，转录后加工增加了 AIP 的稳定性、特异性和功能性。AIP 之间的细微差别提供了信号的特异性。AIP 不能自由穿透细胞壁，需要 ABC 转运系统(ATP-binding-cassettle)或其他膜通道蛋白作用达到胞外行使功能。AIP 分子的浓度随细菌密度的增大而增加，当达到临界浓度时，AIP 分子激活位于细胞膜上的双组分信号传导系统中的组氨酸蛋白激酶，进而导致调控目标基因的表达。G^{-}的 QS 系统通过 TCS 识别信号分子并进而激活下游的靶基因的转录。TCS 是细菌对各种环境信号做出反应的一个重要机制，调控细菌的多种生理生化过程，例如，环境的 pH、温度的变化、化学趋向性、孢子形成、宿主识别、好氧性、群体感应等。AIP 不仅能检测细菌密度，影响生物被膜的形成，而且还能调控不同菌种之间的关系。以表皮葡萄球菌的自体诱导物与 4 株金黄色葡萄球菌的 QS 相互作用，结果有 3 株受到干扰；但相反，这 4 株金黄色葡萄球菌的 AIP 对表皮葡萄球菌的 QS 却均无影响。

3. 病原菌种间交流的信号分子——AI-2

除了具有细菌特异性的 AHL 或 AIP 信号分子外，还存在一类被称为 AI-2 型的信号分子。AI-2 分子是上下对称的双五圆环结构的呋喃酮酰硼酸二酯。合成起始底物是腺苷甲硫氨酸(SAM)，经过一系列反应，由 *luxS* 基因编码的蛋白酶催化形成 AI-2 分子前体物，最后在硼离子的参与下形成呋喃酮酰硼酸二酯。AI-2 是细菌进行种间交流的信号分子，细菌可通过 AI-2 型信号分子感知周边多种细菌的存在情况，感知竞争压力，对自身行为做出调整，如肠出血性大肠杆菌、霍乱弧菌、脑膜炎奈瑟菌中的毒性基因表达，发光杆菌属中的抗生素合成等。

对海洋微生物哈氏弧菌的研究发现，该种微生物能合成两种不同类型的自体诱导物。AI-1 由 LuxLM 合成，是酰基高丝氨酸内酯类物质；而 AI-2 由 LuxS 合成，属于硼酸呋喃糖苷二酯类化合物。对哈氏弧菌 QS 机理分析证明其系统同时具有革兰氏阴性和阳性细菌的特征，它能利用革兰氏阴性细菌的 AHL 类物质(AI-1)作为自体诱导物，但识别系统却是与革兰氏阳性细菌相似的双组分信号传导系统。同时弧菌属的人类病原菌霍乱弧菌也被证实具有与哈氏弧菌相似的 QS 体系，但也有其自身特点。通常 QS 都是帮助病原菌达到较高细菌浓度后才产生毒素，但霍乱弧菌则恰恰相反，在高浓度时抑制毒素的产生而在低浓度时进行表达。霍乱弧菌最重要的毒素因子是霍乱弧菌肠毒素(CT)和毒素协同菌毛(TCP)，它们都受同一调控基因 *toxR* 的控制。霍乱弧菌的三套 QS 调控体系都共同以 LuxO 作为调控蛋白，LuxO 突变株会导致严重的肠内定殖缺陷。这三套体系都包含一个 LuxR 的同源物 HapR，它能够抑制 CT、TCP 的表达和生物膜的形成以及激活 Hap 蛋白酶的表达。经磷酸化后被激活的 LuxO 会接着激活由 Hfq 介导的对 *hapR* mRNA 的降解，阻断 *hapR* 转录后表达。但在高细菌浓度时，因为无法被磷酸化，LuxO 的不表达导致 HapR 被表达，从而通过抑制 *aphA* 而间接抑制了 CT 和 TCP 的表达，并直接抑制了生物膜的形成，激活了 Hap 蛋白酶的表达。

4.5.3　群体感应系统的调节机制

1. 革兰氏阴性菌的 LuxI/LuxR 调控系统

费氏弧菌的 LuxI/LuxR 双组分系统被视为革兰氏阴性菌群体感应的模式调控系统。在该系统中主要有两种组分参与：LuxI 蛋白和 LuxR 蛋白。

LuxI 型蛋白是最广泛的一类 AHLs 合成酶，目前已经在 50 余种 G^- 细菌中发现 LuxI 型蛋白。LuxI 型蛋白的氨基端保守性残基为酶活性中心，而羰基端保守性氨基酸序列为合成反应中底物酰基载体蛋白(acyl-ACP)的特异结合位点。LuxI 型蛋白以 s-腺苷甲硫氨酸（s-adenosylmethionin，SAM）和酰基化酰基载体蛋白(acyl-carrier proteins，ACP)携带的不同长度酰基侧链为原料，催化二者间氨基键的形成(amidebond formation)，中间产物内酯化，伴随甲硫腺苷(MTA)的释放，合成 AHL。合成酶对酰基链长度的特异性因菌株而异。不同细菌的 AHLs 的酰基链长度不同，而一种细菌也可产生酰基链长度不同的 AHLs。因此细菌通常有多种 AHL 合成酶，每种合成酶负责一定长度范围的 AHLs 的合成。同时在其他细菌中还发现了与 LuxI 蛋白承担相同功能的 LuxM/AinS 类蛋白和 HtdS 类蛋白等。LuxM/AinS 类蛋白与 LuxI 蛋白最显著的差异是可利用 acyl-ACP 或 acyl-CoA 作为酰基供体合成 AHLs。HtdS 类蛋白与 LuxI 蛋白和 LuxM/AinS 类蛋白无同源性，属于酰基转移酶，能够将酰基转移到底物(如 SAM)上产生 AHLs。

LuxR 型蛋白位于细胞质中，负责识别信号分子并进而激活下游的靶基因的转录。LuxR 型蛋白约有 250 个氨基酸，含有 2 个功能域，氨基端为信号分子 AHLs 的结合区域，占整个蛋白的 2/3 区域；羰基端含有保守的螺旋-转角-螺旋(helix-turn-helix，HTH)结构和 DNA 结合位点，调控基因的转录。目标基因上与 LuxR 结合的特异位点称为“lux box”，该位点位于目标基因的转录起始位点的上游，为 20 bp 的反向重复序列。*P. fischeri* 中 LuxR 调控着荧光素酶操纵子，进而发光。在细菌生长初期，LuxI 蛋白以 SAM 和 acyl-ACP 为底物合成自身诱导物 AHLs。随着细菌群体密度的增加，AHLs 浓度逐渐增大。AHLs 自由穿越或通过特定的转运机制透过细胞膜，在细胞外积累到一定浓度(通常达到微摩)时，AHLs 进入细胞与 LuxR 蛋白的氨基端结合，形成特定的构象，而受体蛋白 LuxR 的羧基端与目标基因启动子上的靶 DNA 序列相结合，激活其转录，引发相应的生物表型产生。

2. 革兰氏阳性菌的双组分调控系统

与革兰氏阴性细菌一样，每一种革兰氏阳性细菌都分泌有别于其他细菌的信号分子,并且都有特有的信号识别因子。因此,由寡肽介导的群体感应系统是一种细菌种内交流的方式。这种寡肽不能自由穿透细胞壁,需要 ABC 转运系统或其他膜通道蛋白作用到达胞外行使功能。多数寡肽介导的群体感应,其信号分子是由前肽加工而来,然后再进一步加工成含有内酯、硫代酯环、羊毛硫氨酸类的物质。许多革兰氏阳性细菌通过多肽与其他类型的信号分子结合进行交流。

3. 群体感应的复合调控系统

(1) 平行型复合调控这类调控系统的典型例子来自哈氏弧菌。哈氏弧菌在群体感应系统包括三种不同的信号受体,能够平行地与各自的信号分子相互作用,然后又进入相同的调控途径。哈氏弧菌分泌的第一类信号分子与其他革兰氏阴性菌的 AHL 分子相似,被称为 HAI-I。HAI-I 由 LuxM 合成,但是与 LuxIR 型群体感应的自体诱导物没有同源性。HAI-I 与信号接受因子 LuxN 结合;第二种信号是一种呋喃硼酸二酯,称为 AI-2,由 LuxS 酶催化合成。AI-2 通过 LuxP 结合到外周胞质上,LuxP 和 AI-2 复合物与另一个膜结合传感组氨酸酶 LuxQ 相互作用;第三种信号分子目前还没有鉴定,定名为 CAII,由 CqsA 酶合成,它能与膜结合传感组氨酸激酶 CqsS 相互作用。在细胞密度较低时,自体诱导物的数量较少,三种信号受体 LuxN、LuxQ 和 CqsS 作为激酶通过对 LuxU 蛋白的磷酸化将磷酸根基团输送到调节蛋白 LuxO,活化后的 LuxO 与转录因子 sigma54 结合,激活五个编码 sRNA 基因 Qrr1-5。Qrr sRNA 与参与 mRNA 的剪辑的 RNA 分子伴侣 Hfr 一起结合到转录激活因子 LuxR 上并将其激活。LuxR 能激活荧光素操纵子 *luxCDABE* 转录,还控制下游多个基因的表达。

(2) 串联型复合调控革兰氏阴性菌 QS 系统信号传导途径多样,目前以铜绿假单胞菌研究最为成熟。在发现的四套铜绿假单胞菌 QS 体系中,其中的 LasI/R 和 RhlI/R 两条途径表现出串联型的调控方式。LasI/R 由转录激活因子 LasR 和乙酰高丝氨酸内酯合成酶 LasI 蛋白组成,lasI 能指导 AI N-3-氧代十二烷酰-高丝氨酸内酯(3-OXO-C-HSL)的合成,并以主动转运的方式分泌到胞外,达到一定的阈浓度时可结合 LasR,并激活转录,增强包括碱性蛋白酶、外毒素 A、弹性蛋白酶在内的毒力因子的基因转录,可以使铜绿假单胞菌毒力基因的表达增高。RhlI/R 系统中 RhlR 是转录调节子,RhlI 是信号分子 AHLC-4 高丝氨酸内酯的合成酶,该系统产生的一种结构为 C4HSL 的高丝氨酸内酯类自体诱导物,可自由通过细胞膜,调控大量基因的表达,如指导鼠李糖脂溶血素、几丁质酶、氰化物、绿脓菌素等物质的产生。LasI 合成的 AHL 信号分子与 LasR 作用,LasR-AHL 复合物在激活目标基因(其中包括 lasI 的表达)的同时也能激活控制 rhlI 和 rhlR 的表达。随着密度的增加,信号分子与 RhlR 相互作用激活下游一系列相关基因的表达。更重要的是,因为 LasIR 能诱导 RhlI 和 RhlR 的表达,所以 RhlIR 调控表达的基因也在

LasIR系统的调控之下。基因芯片的结果表明，铜绿假单孢菌中受群体感应调控的基因表达处于在细菌不同的生长阶段，足以证明这种前后串联型的调控机制使得基因可以进行时序表达，对细菌的成功侵染具有关键作用。

4.5.4　群体感应的应用

从发现QS现象到现在，QS的这种细菌之间赖以交流和联系及其在侵染真核细胞过程中发挥重要作用的机制已被越来越多的人所重视。掌握并有效地利用这种机制在农业、医药等方面具有广阔的应用前景。

很多植物细菌利用群体感应来控制一些特殊的病原性或者是共生的表现型，利用这一现象能够为控制植物病毒或者是植物增产提供新的方法。有研究结果表明，通过让植物产生AHL分子来控制植物和细菌之间的某些联系是可行的。将小肠结肠炎耶尔森氏菌的*yenI*基因整合到烟草的叶绿体中，能以1∶1的比率指导C6-HSL和3-Oxo-C6-HSL的合成，这些物质是植物共生菌金色假单胞菌和植物病原菌软腐欧氏杆菌的AHLs类似物。软腐欧氏杆菌是一种通过群体感应控制其植物降解酶的典型病源菌，金色假单胞菌30-84是一种植物共生菌，能够产生一种三吩嗪类抗生素，保护小麦免受*Gaeumannomyces graminis* var. *tritici*的影响。Fray发现，AHLs能从植物的叶绿体和根部等部位扩散出来，并能够诱导具有AHL活性lux受体的大肠杆菌发光，这些AHLs能使不能分泌抗生素的*P. aureofaciens*30-84phzI菌种重新产生抗生物质，还能够使缺失*carI*的软腐欧氏杆菌重新具有侵略植物的能力。这些试验证据表明，植物分泌的AHLs与细菌分泌的AHLs在某些方面具有相似性。利用植物产生的AHLs物质来改变某些共生菌的性状有很多好处。例如，这些AHLs可以用于增加金色假单胞菌抗生物质的分泌，或者用来增强某些根瘤菌的固氮作用。对于病原菌来说，如软腐欧氏杆菌等，则可用于诱导病菌在低浓度时就产生其病原性，从而刺激植物本身的防御机制，达到消灭病菌的目的。

在医学上，通过干扰群体感应来干扰病原菌生物膜的形成可能是控制病原菌的新方法。细菌的生物膜除了起包覆和支持的作用之外，还允许水分和营养物质的进出，同时排出有害物质。细菌在生物膜的保护下生长能够抵御人体的防御体系，如噬菌细胞、抗体等。更进一步说就是这些生物体将产生抗性，致使抗生药剂失效。人们普遍认为QS系统的AHL信号对生物膜的起始、黏附和增生阶段影响不大，但参与其分化阶段。就铜绿假单胞菌而言，对缺失las信号分子3-Oxo-C12-HSL的铜绿假单胞菌变异株分析表明，其生物膜与亲代相比明显变薄。进一步试验表明，亲代形成的生物膜能够抵抗清洁剂十二烷基硫酸钠(SDS)，而变异株形成的生物膜在接触到 SDS 之后马上被分解。向变异株中加入 3-Oxo-C12-HSL 之后,变异株再次形成的生物膜则能够抵抗 SDS。变形链球菌作为人类龋病主要致病菌和致龋生物膜形成的必需细菌,具备了多种在牙表面定植的特性成为致龋生物膜中数量显著的细菌。QS 信号分子可调节口腔生物膜中细菌种属间的信息交流,可调节生物膜的形成、糖代谢、耐酸能力以及多种毒力因子的分泌。因此进一步明确群体感应系统在变形链球菌中的介导机制,对降低口腔生物膜的致病性和对治疗措施的抵抗性有着重要意义。

由于细菌的群体感应现象可替代抗生素药物以避免抗药性突变株出现的潜在应用前景,有关群体感应与群体淬灭研究日益受到人们的广泛关注,相关研究表明群体淬灭机制作为新药开发具有巨大价值。感应在协调细菌群体基因同步表达和细菌生物学功能上起着非常重要的作用。但在自然界中,原核生物之间和原核生物与真核生物之间的相互作用普遍存在,如果某种细菌通过 QS 介导的群体活动提高其在自然环境中的竞争力,那么其竞争对手很有可能利用某个特殊的机制来破坏这些细菌的群体感应,从而在竞争中占得先机。人们已经从一些原核生物和真核生物中鉴定出一些群体感应淬灭酶和抑制剂,这些群体感应淬灭酶可能降解细菌 QS 系统的信号分子 AHL,干扰细菌 QS 系统,破坏其参与调控的生物学功能。细菌群体感应淬灭酶的发现和研究为生物防治依赖 QS 细菌侵染提供了可能的途径,也对研究它们在宿主中的作用和对生态系统的潜在影响提出挑战。通过控制病原菌的 QS 体系进而调控毒素、致病基因的产生等侵染过程,为解决目前因传统抗生素的滥用而日趋严重的细菌耐药性问题提供了新靶点。

(郑继平)

下篇　真核基因表达调控

第5章 真核细胞染色质结构与基因活化

真核生物每一个个体的所有细胞的遗传物质完全相同，但是，不同的组织、器官和系统，其形态、结构与功能千差万别，究其原因，是由于基因的选择性表达，即生命体自身有一套精密的机制选择性地决定特定的基因在特定的部位活化表达。转录是基因表达的必需环节，是DNA与各种转录因子以及DNA聚合酶等相互作用合成RNA的过程，启动子的识别和激活是成功转录的关键。

真核生物的DNA与组蛋白密切结合在一起构成核小体，进而与多种蛋白质相互作用并折叠形成染色质或者染色体。一般而言，每一个基因的启动子被包裹在核小体中，阻碍了转录因子和RNA聚合酶等与启动子的相互识别作用，不能够激活基因转录。基因的转录激活需要染色质局部结构的改变，使染色质和染色体解螺旋，DNA与组蛋白分离，启动子得以暴露并与转录元件结合，活化基因表达。因此，染色质的结构在一定程度上参与了基因的活化和表达调控。

染色质结构的变化受许多因素的影响：① 染色质中的组蛋白结构变化会改变其与DNA的结合状态。在一些基因的转录激活剂的作用下，核小体组蛋白可能进行乙酰化与磷酸化修饰，或者在去乙酰化酶及磷酸酶的作用下去乙酰化和去磷酸化，通过这些修饰和去修饰，调整DNA与组蛋白的结合状态。② 非组蛋白也可能影响染色质的结构。③ DNA的甲基化和去甲基化也会导致染色质结构的动态变化。

5.1 真核细胞遗传物质的组成与结构

5.1.1 真核细胞染色质的组成

细胞核的有无是真核细胞与原核细胞间最显著的不同，并由此出现了细胞分裂方式上的巨大差异。这些差异与它们之间遗传物质组成结构上的巨大差别密不可分。作为细胞遗传信息的承载体，染色质在原核细胞中基本上彼此相连，形成一个连续的整体，裸露而没有组蛋白结合，然而在真核细胞中，染色质则形成几个至数百个数量不等的独立单位，并在细胞分裂时凝缩变粗以染色体的形式出现。

1. 真核细胞染色质的基本组成

真核细胞的染色质除了DNA外，还含有大量的组蛋白和少量的非组蛋白。DNA与组蛋白质量之比约为1∶1，非组蛋白变化较大。

(1) 组蛋白

组蛋白是1834年由德国科学家Albrecht Kossel发现的，染色质中的蛋白质基本上是组蛋白，一般可以用2 mol/L的NaCl或者0.25 mol/L的HCl/H_2SO_4使组蛋白与DNA分离。染色质中的组蛋白主要有H2A、H2B、H3、H4和H1五种，其中H2A、H2B、H3、H4各两个，构成组蛋白八聚体(图5-1)，是DNA缠绕附着的骨架，H1起着连接作用，将核小体彼此相连。

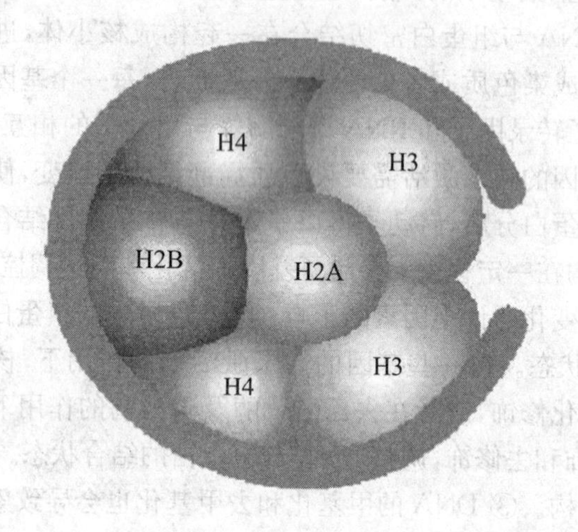

图5-1 组蛋白八聚体和DNA的相对空间位置模式图

真核细胞染色质结合的组蛋白具有与其他蛋白质显著不同的特征(表5-1)包括：① 组蛋白进化上很保守，没有组织特异性。构成八聚体的核心组蛋白较小，分别由102～135个氨基酸组成，H1组蛋白约由220个氨基酸残基构成。各种真核生物组蛋白的氨基酸构成十分相似，主要由H2A、H2B、H3、H4和H1组成，其中H3和H4最保守，在牛和大鼠等动物中氨基酸序列甚至完全相同；H2A和H2B次之；H1氨基酸序列在物种间的差异相对较大。② 无组织特异性。任何一个物种的所有组织的染色质中的组蛋白基本相同。目前仅在两栖类、鱼类和鸟类的红细胞中发现H5取代H1，精细胞染色质中的组蛋白是鱼精蛋白。H5中富含赖氨酸(24%)、丙氨酸(16%)、丝氨酸(13%)和精氨酸(11%)，与H1无显著同源性，具有物种特异性，H5的磷酸化可能在染色质失活过程中起重要作用。③ 氨基酸分布不对称，赖氨酸和精氨酸等碱性氨基酸集中分布在N端，大部分疏水基团分布在C端。碱性的N端易于DNA的负电荷区结合，C端则往往与蛋白质结合。④ 磷酸化、甲基化、乙酰化等修饰作用。在细胞周期特定的时间和组蛋白特定的位点上进行修饰，其中H3、H4的修饰较为普遍。

表5-1　真核细胞染色质组蛋白组成

特征	H2A	H2B	H3	H4	H1
氨基酸数目	129	125	135	102	223
分子量(千道尔顿，kDa)	14.5	13.8	15.3	11.8	21.0
保守性	保守	保守	很保守	很保守	较保守
组蛋白中精氨酸含量	9.3%	6.4%	13.3%	13.7%	1.3%
组蛋白中赖氨酸含量	10.9%	16.0%	9.6%	10.8%	29.5%
分离难易程度	难	难	很难	很难	容易
核小体中位置	核心	核心	核心	核心	接头

(2) 非组蛋白

与组蛋白相比，非组蛋白的分子量一般较大，而且种类很多，有几十至数百种之多，存在物种差异性，在不同的HeLa细胞中表达的非组蛋白达450种，常见的约有20种。非组蛋白包括DNA结合蛋白(如肌球蛋白、肌动蛋白)和酶类，非组蛋白酶类有RNA聚合酶等以DNA作为底物的酶类，还有一些作用于组蛋白的酶，如组蛋白甲基化酶。非组蛋白至少有3个方面的作用：① 辅助DNA正确折叠，促进特异性结构域的形成，以便于复制和转录。② 辅助DNA复制的起始。③ 调控基因的选择性表达。

高迁移率蛋白(high mobility group protein，HMG)是细胞核非组蛋白中富含电荷的一类蛋白，较为丰富但不均一，它们的相对分子质量不大，一般小于等于3.0×10^4，因其在聚丙烯酰胺凝胶电泳中迁移率很高而得名。高迁移率蛋白富含天冬氨酸、谷氨酸等酸性氨基酸，能够与DNA或者组蛋白H1结合，它们与染色质其他组分的结合较松弛，有可能与DNA的超螺旋结构有关。

高等真核生物中的HMG蛋白可以分为3大类：HMG-1/2、HMG-I(Y)和HMG-14/17。在低盐条件下高迁移率蛋白容易洗脱分离出来，DNA酶Ⅰ处理鸡红细胞染色质时，优先释放出HMG14和HMG17这2种非组蛋白。对β-血红蛋白的研究发现：HMG14和HMG17缺乏时，染色质中正在转录的基因组序列失去了对DNA酶Ⅰ的优先敏感性，而当HMG14和HMG17重组到没有HMG的染色质时，又重新具有了DNA酶Ⅰ的优先敏感性。

除了 HMG 外，非组蛋白还包括多种与 DNA 紧密结合的蛋白质，约占染色质的 8%，非组蛋白的 20%，主要原因可能是参与 DNA 复制和转录等代谢的酶类种类繁多，但是每种在细胞中的含量很少。用 2 mol/L NaCl 和 5mol/L 尿素的高盐处理可以将它们与 DNA 分离开。

2. 真核细胞染色质的基本结构

真核细胞的 DNA 长度可能有几厘米，但是，有丝分裂中最凝缩时染色体长度仅有 2～10 μm，很显然，染色质到染色体经历了多级折叠压缩。

核小体是真核细胞染色质的基本结构单位。首先，组蛋白 H3 和 H4 各 2 个亚基构成的 2 对异源二聚体与约 120 对碱基的 DNA 相结合，随后 2 对 H2A/H2B 异源二聚体分别在结合了$(H3/H4)_2$的 DNA 上、下游，这 8 个组蛋白分子构成组蛋白八聚体；再加上约 26 个碱基，形成了组蛋白八聚体外缠绕 146 个碱基对的双螺旋 DNA 的核小体核心，高约 3 nm，直径约 10 nm，DNA 约绕 1.75 圈。核小体核心组蛋白 H3/H4 的 2 对异源二聚体是核小体亚颗粒的核心，它能与 DNA 稳定地结合，H2A/H2B 二聚体是核小体核心中较不稳定的成分。核心连接另外的 19 个左右碱基，形成 165 个碱基的修剪了的核小体(trimmed nucleosome)。在此基础上，加上约 35 个碱基，形成了由组蛋白八聚体、组蛋白 H1 以及 200 个碱基构成的核小体，这就是染色质 DNA 的基本组成单位(图 5-2)。染色质的这种逐级构成特征可以通过控制非特异性核酸酶Ⅰ(DNase Ⅰ)酶切染色质的时间得到证实。此外，解链温度(melting temperature，Tm)比较、染色质铺展的电镜观察以及 X 射线衍射、中子散射和电镜三维重建技术等也证实核小体结构的存在。染色质 DNA 的 Tm 值比自由 DNA 的 Tm 值高，说明染色质 DNA 极有可能与蛋白质分子相互作用；电镜观察结果显示，未经处理的染色质自然结构为 30 nm 的纤丝，经盐溶液处理后解聚的染色质呈现 10 nm 串珠状结构；X 射线衍射等研究发现核小体颗粒是直径约 11 nm、高约 6 nm 的扁圆柱体，二分对称。从双螺旋 DNA 到核小体，长度约 68 nm 的 DNA 被压缩为 10 nm。

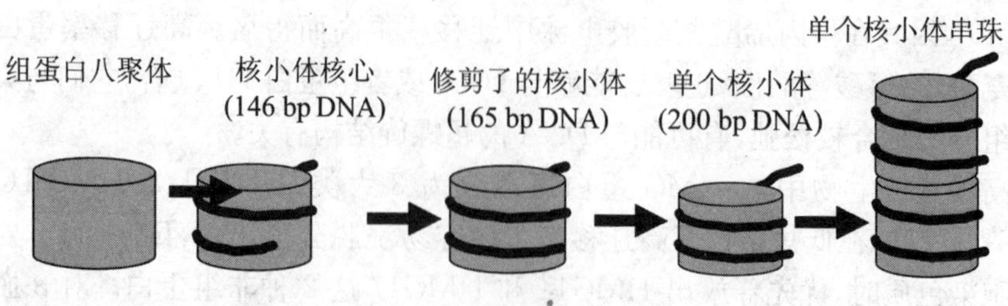

图 5-2 核小体的组装过程

注：组蛋白八聚体外缠绕 DNA 逐渐形成核小体，是外切核酸酶降解的可逆过程。

核小体的直径为 10 nm，这些核小体像串珠一样前后连接，每 6 个核小体一圈，形成高度有序的直径约 30 nm 的螺线管，进一步压缩，压缩比为 6。

30 nm 的螺线管进而形成类似小肠绒毛膜模式的折叠，折叠长度约 300 nm 超螺线管，依附在核基质(nuclear matrix)上，在有丝分裂中期，300 nm 长的染色质进一步折叠，形成约 700 nm 的更高级折叠的染色质，压缩比为 40。

将经横向压缩的约 700 nm 的高级折叠染色质进一步纵向压缩，形成高度凝缩的染色体，此阶段，压缩比为 5。因此，有丝分裂中期的染色体长度是双螺旋 DNA 通过逐级压缩形成的，总的压缩比为 7×6×40×5(图 5-3)。

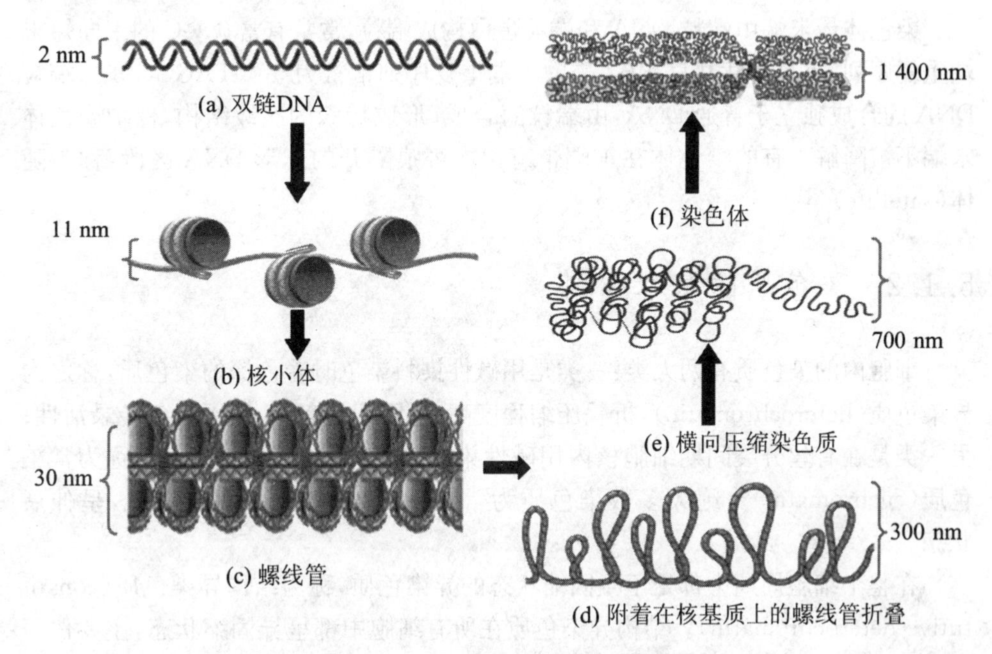

图 5-3　从 DNA 到染色体的包装过程

人类 46 条染色体中最小的是 Y 染色体，DNA 双链由 1.9×10^7 个左右碱基对组成，长度约 14 000 μm，但是在有丝分裂中期最致密时长度仅有约 2 μm，直径约 1 μm，压缩了 7 000～10 000 倍。

3. 染色体的基本结构

染色体一般被着丝粒分为 2 个部分：长臂(q)和短臂(p)。染色体在着丝粒处缢缩，称为主缢痕。有丝分裂中期姊妹染色体着丝粒的外表为着丝点结构域(kinetochore domain)，是细胞分裂时纺锤丝附着的部位；内表面为配对结构域(pairing domain)，是姊妹染色单体相互作用的区域，存在染色单体连接蛋白和内部着丝粒蛋白；着丝点和配对区域间的染色体内部结构为中央结构域(central domain)，能够与着丝粒蛋白结合，富含 AT 碱基和高度重复序列，例如，酵母着丝粒中央的 88 个碱基中 93%为 AT，两侧的 2 个保守元件分别为 5′-ATAAGTCACATGAT-3′和

5′-TGATTTCCGAA-3′。根据长臂和短臂的长度比可以将染色体分为中着丝粒(1.00～1.67)、亚中着丝粒(1.68～3.00)、亚端着丝粒(3.00～7.00)和端着丝粒(=7.01)4类。

主缢痕之外染色体的缢缩部位为次缢痕，是某些染色体的形态特征之一。部分次缢痕是除5S RNA基因外的核糖体RNA基因所在的位置，与rRNA前体的加工、核糖体亚单位的组装和间期核仁的形成有关，又被称为核仁组织者(nucleolar organizer regions，NORs)。

染色体最末端由端粒DNA和端粒蛋白构成端粒，常常有富含GC的正向短末端重复序列，重复可达几百次(人类的末端重复序列常常为5′-TTAGGG-3′)；端粒DNA的合成独立于普通DNA，由端粒酶合成，形成特殊的次级结构，保护染色体末端不被降解。有的染色体在末端带有由次缢痕隔开的球形DNA区段，称为随体(satellite)。

5.1.2 染色质的基本类别

细胞内的染色质有两大类：一类是用碱性染料染色时着色深的染色质，称之为异染色质(heterochromatin)，折叠压缩程度高，呈固缩状态，一般不具备转录活性；另一类是在有丝分裂间期细胞核内用碱性染料染色时着色浅的染色质，称为常染色质(euchromatin)。绝大多数染色质为常染色质，折叠压缩程度较低，呈伸展状态。

在整个细胞周期中都处于凝固缩状态的异染色质，称为结构异染色质(constitutive heterochromatin)。结构异染色质在所有细胞中都呈异固缩状态，主要位于着丝粒结构域、次缢痕、端粒等部位，由简单、高度重复的序列组成。还有一类异染色质是原本具有转录活性的染色质在发育的某些阶段或者某些类群的细胞中丧失转录活性，由非凝缩状态转化为凝缩状态，这类异染色质称为兼性异染色质(facultative heterochromatin)。哺乳类动物雌性个体中的X染色体就是特殊的兼性异染色质。雌性哺乳动物细胞内的两个X染色体中的一个常常在胚胎发育早期异固缩，丧失活性，称为巴氏小体(barr body)。X染色体的异染色质化是随机的。人的胚胎发育到第16天以后，形成特殊的“鼓槌”结构，通过检查羊水中胚胎细胞的巴氏小体可进行胎儿的性别预测。

常染色质中的DNA包装比为1 000～2 000。常染色质区域的DNA主要是单一序列DNA和中度重复序列DNA，是转录活跃的部位，电镜下呈疏松的环状。具有转录活性的染色质必然是常染色质，但是，并非所有常染色质都必定具有转录活性。

5.1.3　真核生物基因的结构

原来认为真核基因的长度和对应编码的蛋白质长度之间存在一定的线性关系，然而，在真核生物的分子图谱完成之后发现，转录产物只有部分参与蛋白质编码，还有长度不等的非编码区域。

1. 真核细胞基因的基本组成

真核基因基本上由三个部分组成：转录区、5′上游区和3′下游区。5′上游区是转录起始点上游的DNA序列，包括启动子区和增强子区。启动子区紧邻转录区，一般位于转录起点上游数百个碱基之内；增强子区则可能位于远达几千个碱基的上游区域。3′下游区往往也是增强子区。增强子与启动子根本的区别在于增强子没有特定的方向性，而启动子则只是作用于紧邻的基因(图5-4)。

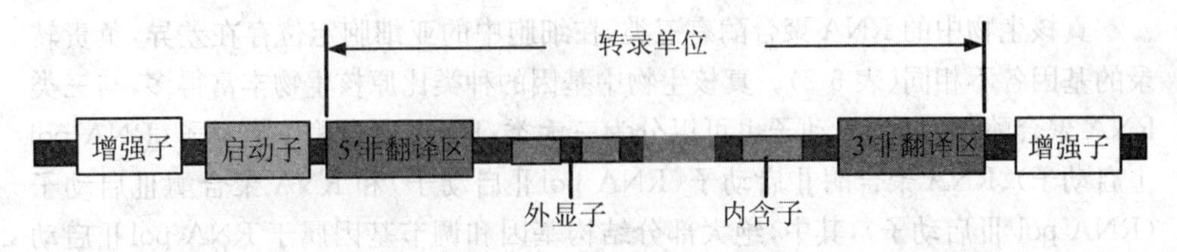

图5-4　真核生物基因基本结构

真核生物转录区的转录初产物——前体mRNA并非全部序列均参与编码蛋白质，其中部分序列编码蛋白质，对应的DNA序列称为外显子(exon)，将外显子彼此隔离开的不编码蛋白质的DNA序列被称为内含子(intron)，内含子和外显子在基因中相间排列，彼此割裂开来。因此，真核生物的基因是断裂基因，即编码蛋白质的外显子被不编码的内含子插入而断裂开来。前体mRNA内含子转录后的前体mRNA随后需要进行内含子的剪除和外显子的拼接，才能指导蛋白质的合成。mRNA中剪切去除内含子后余下的编码蛋白质的外显子序列，即编码区。

少数低等真核生物的基因结构与多数原核生物相似，大多数基因没有内含子，是非断裂基因，例如，酿酒酵母(*S. cerevisiae*)96%以上的基因是非断裂基因，不仅如此，为数很少的断裂基因中的内含子数量不多，而且内含子较短。高等真核生物中的基因绝大多数是断裂基因，不同物种、不同基因中内含子的数目和长度可能千差万别。外显子数超过10的哺乳动物基因达50%，有的基因含有数十个外显子，例如，小鼠杜兴氏肌肉营养不良症(duchenne muscular dystrophy，DMD)基因由60多个外显子组成。目前已知最大的蛋白质titin由27 000个氨基酸组成，由178个外显子编码，也是目前已知外显子数量最多的基因，而且拥有最长的单个外显子，达17 000 bp。此外，在低等真核生物的线粒体和叶绿体基因中也发现了断裂基因，在细菌和噬菌体等原核生物基因组中也发现了极少量的断裂基因。

不同种类生物同源基因的内含子位置通常是保守的，但是内含子的长度变化却很大，内含子长度的差异是基因长度变化的决定性因素。已知的鸟类、蛙类和哺乳动物活性珠蛋白内含子所处的位置相似，第一个内含子较短而第二个内含子很长。小鼠的α-珠蛋白基因的第二个内含子仅为150 bp，基因总长为850 bp；β-珠蛋白的第二个内含子长度为585 bp，基因总长为1 382 bp。

已有的研究表明，与内含子相比，外显子的序列通常比较保守，可能的原因是编码蛋白质的外显子处于较大的选择压力之下，因此，在亲缘关系很远的物种间编码区保持很高的序列相似性。内含子不编码蛋白质，因而没有什么选择压力，序列保守性程度低，进化速度明显高于外显子，以至于在比较分析外显子相同的不同物种的同一基因时，因为内含子变化太大而难以判断序列的同源性。

2. 真核细胞启动子的结构

真核生物中的RNA聚合酶有三类，在细胞中的亚细胞定位存在差异，负责转录的基因各不相同(表5-2)。真核生物中基因的种类比原核生物丰富得多，与三类RNA聚合酶相对应，启动子也可以分为三大类：RNA聚合酶Ⅰ启动子(RNA pol Ⅰ启动子)、RNA聚合酶Ⅱ启动子(RNA pol Ⅱ启动子)和RNA聚合酶Ⅲ启动子(RNA pol Ⅲ启动子)，其中，绝大部分结构基因和调节基因属于RNA pol Ⅱ启动子，这类启动子最复杂。

表5-2 真核生物RNA聚合酶的类别与特征

RNA聚合酶类别	转录的基因	相对活性	细胞内定位	对α-鹅膏蕈的敏感性
RNA聚合酶Ⅰ	28S、18S和5.8S rRNA基因	50%～70%	核仁	不敏感
RNA聚合酶Ⅱ	非rRNA、tRNA基因和某些snRNA基因	20%～40%	核质	高度敏感
RNA聚合酶Ⅲ	tRNA、5S rRNA及某些SnRNA基因	10%	核质	中等敏感，物种特异性

注：RNA聚合酶Ⅰ对放射线素D敏感，放射线素D与DNA结合，阻止转录延伸。

(1) RNA pol Ⅰ启动子

RNA pol Ⅰ启动子又称rRNA基因启动子或Ⅰ型启动子。不同真核生物Ⅰ型启动子序列有较大的差异，缺乏保守性。主要存在于核糖体28S、18S和5.8S RNA基因中，基因种类最少。

人类细胞中RNA pol Ⅰ启动子研究结果表明，它包括两部分：富含GC(GC含量达 85%)的核心元件(core element)和上游控制元件(upstream control element, UCE)。核心元件位于转录起始点上游 45 碱基(−45)至下游 20 碱基(+20)区段,主要负责转录的精确起始,这段序列的全部或部分缺失、被同样长度的寡聚核苷酸替代或者在选择性位点作单个碱基突变等变化,都会消除或强烈降低 rDNA 的转录能力。上游控制元件位于转录起始点上游 180 碱基(−180)至 107 碱基(−107)区段,其主要作用是提高核心元件转录起始频率,如果对这段序列进行缺失、置换、插入等破坏,可能使转录效率下降约 100 倍。

与人类不同,非洲爪蟾的 RNA pol Ⅰ 启动子位于转录起始点上游 141 碱基(−141)至转录起始点(+1)区段,没有区分为核心元件和上游控制元件,具有高度的物种特异性。

上游结合因子 1(upstream binding factor 1, UBF1)和选择性因子 1(selectivity factor 1, SL1)是 RNA pol Ⅰ 启动转录所必需的两种辅助因子。UBF1 仅由一个亚基构成,能够与核心元件和上游控制元件中富含 GC 的序列相结合,没有启动子特异性,例如,鼠的 UBF1 和 RNA pol Ⅰ 能够与人类的相应基因相互识别,不过,只有在 UBF1 与启动子结合后,RNA pol Ⅰ 才能与核心启动子结合,启动转录。UBF1 有可能与核心启动子结合后和 RNA pol Ⅰ 直接发生相互作用。目前还不清楚 UBF1 如何在上游控制元件中发挥作用。

选择性因子由四个亚基组成,其中的一个亚基是 TATA 结合蛋白(TATA binding protein, TBP),其余三个亚基是 TBP 结合因子。上游结合因子同时与核心元件和上游控制元件结合,拉近了这两个元件,然后选择性因子与 UBF1 结合,进而与 RNA pol Ⅰ 结合,形成起始复合物,启动转录。与 UBF1 没有启动子特异性不同,SL1 在起始转录时具有种的特异性,而且单独不能与启动子特异性结合,不过,它一旦与其他因子结合就可以与启动子的特定区域结合。

(2) RNA pol Ⅱ 启动子和调控区

RNA pol Ⅱ 启动子又称蛋白质基因启动子或 Ⅱ 型启动子,由核心元件、上游元件和远端调控区构成(图 5-5)。绝大部分编码蛋白质的结构基因和调节基因的启动子都是 RNA pol Ⅱ 类基因启动子,与原核生物基因的启动子有很大差异:① 存在 TATA box、GC box 和 CATT box 等多种元件(但是并非每个基因均含有所有的元件,例如,SV40 早期转录蛋白只有 TATA box 和 GC box);② 存在远距离的调控元件增强子,参与调控转录起始位点和效率;③ 不直接和 RNA 聚合酶结合,而是先与转录激活因子结合,再与聚合酶结合。Ⅱ 型启动子有四个区域对转录起始和活性起着调控作用,是真核基因转录必不可少的。

转录起始位点又称为起始子(initiator),其碱基大多为腺嘌呤,两侧各有若干个嘧啶核苷酸,一般由 $P_{Y2}CAP_{Y5}$ 构成,位于 −3～+5 bp 处,该序列在启动子强度

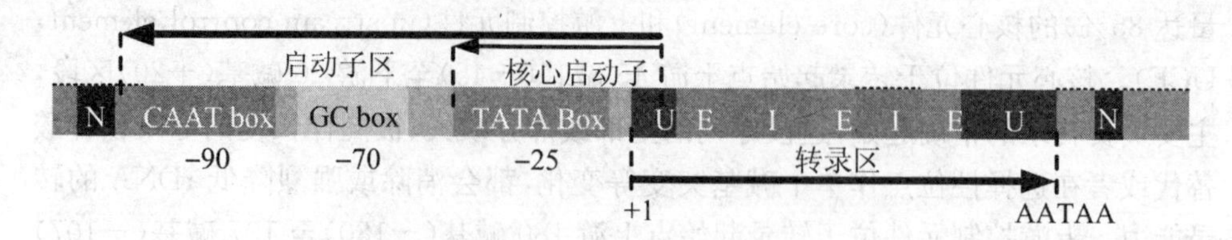

图 5-5 RNA pol Ⅱ启动子和转录区结构图

注：U——非翻译区(untranslated region)，E——外显子(exon)，I——内含子(intron)，N——增强子。

和起始位点的确定等方面起重要作用。

TATA 框(TATA Box)又称 Hogness box，Goldberg-Hogness box。它常常位于－30～－25 bp 处，是核心序列，其保守的核心序列为 $T_{85}A_{97}T_{93}A_{85}(A_{63}/T_{37})A_{83}(A_{50}/T_{37})$，基本上由 AT 组成，极少数启动子中有 GC，类似于原核生物的－10 区。腺病毒 DNA 结合蛋白和鼠的脱氨核苷转移酶基因等少数真核生物 RNA pol Ⅱ启动子没有TATA 框，但是，对原核生物而言，－10 区是必不可少的。

TATA 框主要作用在于决定转录的精确起始，因此也被称为选择子(selector)。TATA 序列的改变会使转录位点发生偏移，例如，TATA 框缺失，转录将在许多位点上开始。此外，TATA 框还影响转录效率。TATA 框的保守序列一般是由 AT 组成的，当发生突变或者缺失而改变序列时，其与酶的结合能力可能受到严重影响，导致转录效率大大降低。例如，兔珠蛋白中 TATA 框是 ATAAAA，如果人工突变为 ATGTAA 后，其转录效率将降低 80%；人的β-珠蛋白基因 TATA 框的 ATAAAA 序列如果突变为 ATGAAA、ATACAA 或 ATAGAA，β-珠蛋白的产量大大降低，导致地中海贫血症。

CAAT box、GC box。除了核心的 TATA 框外，还存在上游启动子元件(upstream promoter element，UPE)，包括 CAAT box、GC box、八碱基区等。CAAT box 一般位于起始位点上游 70～80 bp 处，保守序列为 CCAAT；GC box 位于 CAAT box 邻近(－90 左右处)，保守序列为 GGGCGG，常以多拷贝形式存在，例如，组蛋白 H2B，没有 GC box，但是有两个 CAAT box。CAAT box 和 GC box 的功能主要是为转录调控因子提供结合位点，调控转录起始频率，在转录起始位点的确定上基本不起作用。

远端调控区。在一些Ⅱ型启动子基因中远离启动子的序列对基因的转录具有很强的调控作用，在基因表达中起促进或者抑制作用，称为增强子(enhancer)和衰减子(dehancer)。Julian Banerji，Sandro Rusconi 和 Walter Schaffner 于 1981 年最早发现了病毒 SV40 的增强子，又称远上游区(far upstream sequence)，由位于转录起始点上游约－200 bp 处的两个 72 bp 重复序列组成，每个重复单元都含有 A、B 两个结构域，两个重复序列共含有五个元件 GTⅠ、GTⅡ、SphⅠ、SphⅡ和 P，对转录来说十分重要。

增强子有许多特征：① 位置不固定，变动很大。增强子大多数在上游－200 bp 处，但是有的增强子即使在几万碱基的远距离也可增强启动子的转录。转基因构建表达载体时，插入的启动子序列长度常常要求 1 000 个碱基以上，这是因为增强子离编码区较远的缘故。② 增强作用的双方向性。增强子无论在目标基因的上游与下游，还是在目标基因的内部都能够发挥增强转录的作用。增强子并不是只能够促进某个特定启动子的转录，许多启动子可以作用于邻近的任一启动子，即可以增强紧邻的上游和下游基因的转录，具有双向性。③ 没有基因和物种特异性。例如，将病毒 SV40 的增强子重组至兔 β-珠蛋白基因前，再导入 LeLa 细胞中，与没有加入 SV40 增强子时相比，重组珠蛋白基因转录效率提高了 200 倍。④ 部分增强子具有应激性。有的增强子只有在特定的外界因子参与时才能够提高基因的转率效率。例如，金属硫蛋白基因负责编码重金属蛋白，只有在镉和锌存在时其增强子才能发挥作用；热休克基因只有在高温刺激时增强子才被激活，该基因的表达水平大大提高。⑤ 顺式调节作用。增强子只对位于同一染色体上的基因具有增强作用，对同一细胞中其他染色体上的基因不起作用。

增强子与启动子既有一定相似性，又存在较大的差异。二者都是一段 DNA 序列，均能被反式作用因子（transacting factors）识别，参与基因表达调控，但是，增强子与启动子特征也有很大的不同（表 5-3），启动子是基因表达所必不可少的，没有启动子，基因就丧失了活性，增强子则提高了基因的表达水平，没有增强子基因仍然可以表达，但是表达水平一般较低。

表 5-3　启动子与增强子的区别

特征	增强子	启动子
表达中的作用	增强表达水平，提高表达效率	基础表达，基因表达中必不可少
位置	不固定	固定的独立区域
作用方向	双向	单向
作用范畴	广谱性	特定基因
距离	较远，甚至可达几万碱基	较近，一般在上游 100 bp 内

有些基因的上游或者下游具有与增强子的作用相反的序列，抑制基因的表达，称为沉默子（silencer）或衰减子（dehancer）。除了负调节之外，衰减子所处位置、作用距离和方向性等其他特征与增强子基本相同。已有的研究表明，*C-mos* 基因上游 0.8 kbp（或 1.8 kbp）处有一段序列，抑制反转录病毒的长末端重复序列（long terminal repeat，LTR）对 *C-mos* 的激活作用，此外，*C-myc* 基因的 3′端也存在起类似作用的序列。

在低等真核生物酵母中存在与增强子作用类似的上游激活序列（upstream

activating sequences,UASs),它能够提高转录效率,但是没有转录起始点选择作用。不过,与增强子的双向作用不同,酵母中的上游激活序列具有方向性,只能对下游的启动子发挥作用。

转录因子。真核生物RNA polⅡ启动子调控基因表达作用的实现离不开转录因子,多种蛋白质辅助因子参与调控基因表达,不同的转录因子在转录启动时起始复合物形成中具有不同的作用(表5-4)。

表5-4 调控人类RNA polⅡ启动子激活的转录因子

辅助因子	相对分子量(kDa)	功能
TFⅡA	12,19,35	使TBP以及TBP和DNA的结合稳定
TFⅡB	33	结合模板链(−10～+10 bp),启动PolⅡ和TFⅡF结合到启动子区
TFⅡD(TBP)	30	识别结合启动子的TATA区,将聚合酶组入复合体中
TFⅡE	34(β),57(α)	结合在PolⅡ的前部,吸引TFⅡH,使复合体的保护区延伸到下游,有ATP酶和解链酶活性
TFⅡF	38,74	大亚基具解旋酶活性,小亚基和PolⅡ结合,阻止RNA聚合酶与非特异DNA序列结合
TFⅡH	6	解开启动子区DNA双链,具有激酶活性,可以磷酸化PolⅡC端的CTD,接纳核苷酸切除修复体系
TFⅡI	120	识别Inr,起始TFⅡF/D结合

(3) RNA polⅢ启动子和调控区

RNA polⅢ启动子总体上可以分成基因外启动子和基因内启动子(intragenic promoter)两种,不同的启动子由不同的转录因子识别。基因外启动子和常规的启动子一样,位于起始位点上游,snRNA基因的启动子就属于RNA pol Ⅲ启动子的基因外启动子。基因内启动子的位置比较特殊,位于转录起始位点下游的转录区内,又被称为下游启动子(downstream promoter)或者内部控制区(internal control region,ICR)。5S RNA和tRNA基因的启动子是基因内启动子,在tRNA基因中,启动子由A、B两部分组成,A段位于+8～+30 bp之间,B段位于+51～+72 bp之间,二者均位于基因内部,必须同时存在,否则不能启动转录。

缺失和突变是分析基因功能的常用方法。有关非洲爪蟾5S RNA基因的缺失研究结果显示:当切除5S RNA基因上游的所有序列时,5S RNA基因的产物仍然照样合成;当5S RNA基因内发生缺失时,如果缺失区在+55～+80 bp之外,转录可以进行,但是,转录产物会缺少一段;如果缺失区在+55～+80 bp之间时,基因就不能够启动转录。因此,非洲爪蟾的5S RNA基因启动子起始点为+55 bp,终止点为＋80 bp，启动子位于＋55～＋80 bp 之间。

突变研究结果表明基因内启动子有两种类型：Ⅰ型内部启动子和Ⅱ型内部启动子。Ⅰ型内部启动子含有两个框：box A 和 box C，其保守序列分别为 TGGCNNAGT(－)GG 和 CGGTCGANNCC。在 box A 与 box C 之间有一个序列可变区。Ⅱ型内部启动子也含有两个框：box A 和 box B，box A 和 box B 之间的距离较宽。通常此类有活性的启动子中的两个 box 不能紧紧连在一起。

如果改变转录起点邻近的上游序列会导致转录效率的变化，基因内启动子起识别定位作用，决定转录起始，起始位点则能够在一定程度上控制转录效率。

基因外 pol Ⅲ启动子有三个上游元件，这些上游元件在一定程度上与 pol Ⅱ的启动子有些相似，含有 TATA 框，位于上游序列中邻近转录起点的区段。近端序列元件(proximal sequence element，PSE)和八聚体 OCT 元件起着提高转录效率的作用。

RNA polⅢ启动子没有序列内在亲和性，它主要通过与位于起始点上游的一些转录起始因子结合而正确定位。在Ⅰ型和Ⅱ型内部启动子中，转录因子 TF ⅢB 含有 TBP 亚基，提供了位置信息，辅助 RNA pol Ⅲ正确定位。pol Ⅲ基因外启动子的起始，转录因子识别 TATA 框上形成的含有 TBP 的复合体。

此外，与真核生物 RNA polⅡ启动子一样，RNA pol Ⅲ启动子在基因表达调控时也需要多种蛋白质因子的参与(表 5-5)。

表 5-5　RNA pol Ⅲ启动子的辅助转录因子的结构和功能

转录因子	结构	功能
TF Ⅲ A	38 kDa，九个锌指	与Ⅰ型内部启动子(如 5S RNA 基因)的 C 框结合，促进 TF Ⅲ C 与 C 框的下游序列结合，辅助 TF Ⅲ B 定位
TF Ⅲ B	含 TBP 及其他两种蛋白质	定位因子，使 Pol Ⅲ与转录起始点准确结合
TF Ⅲ C	有五个亚基，包括 τA 和 τB	τA 结合 A 框，辅助 TF Ⅲ B 定位结合起启动子的作用；τB 与Ⅱ型基因内启动子(tRNA 基因)的 B 框结合，增强表达
PBP	次近端结合蛋白	可能与 TF ⅡD 一道辅助 TF Ⅲ B 定位结合

3. 真核基因的基本类型

一种生物单倍体基因组 DNA 的总量就是该物种的 *C* 值(C-value)。真核生物细胞的 *C* 值在不同物种间存在很大差异，从真菌(Fungi)类的 10^7～10^8 个碱基对到两栖类(Amphibian)类的 10^{10}～10^{11} 个碱基对，有的显花植物甚至超过 10^{11} 个碱基对。人类的 C 值约为 3×10^9 个碱基对,最初,有的科学家估计人类基因的数量高达 10 万个,随着人类基因组测序的完成和相关生物信息学分析研究,结果表明人类的基因数量为 2 万~2.5 万个。线虫的基因数量大约为 1.95 万个,拟南芥的基因数量近 2.7 万个。人类的基因数量与小蠕虫和微小的开花植物的基因数量基本相近,这就导致一个问题:不同生物物种间基因组大小差异如此巨大,为何它们编码的蛋白质数量基本相似呢?人们目前还无法用已知的功能来解释高等动植物基因组如此巨大的 DNA 含量,这就是 C 值矛盾(C-value paradox)。研究表明,许多最初被计算成基因的 DNA 序列,事实上只是基因没有任何功能的"拷贝",或者同一个基因被重复计数。基因组中大部分区段为非编码蛋白质的区域,存在大量的重复序列。根据 DNA 的复性动力学(reassociation kinetics)可以鉴定出基因组中的重复 DNA(repetitive DNA)序列和非重复 DNA(nonrepetitive DNA)序列。

(1) 非重复 DNA 序列

非重复 DNA 序列又称为单拷贝序列或者低度重复序列,它们在单倍体基因组中出现的频率很低,仅有一至数次,其中储存了巨大的遗传信息,指导编码各种不同功能的蛋白质。非重复 DNA 序列的复性速度很慢。与原核生物只含有非重复 DNA 序列不同,真核生物存在或多或少的重复 DNA 序列,各种真核生物的非重复 DNA 序列所占的比例变化很大(表 5-6)。一般而言,非重复 DNA 序列含量在 50%~70%之间变动,物种的复杂性与非重复 DNA 序列的比例间存在一定的相关性。低等真核生物非重复 DNA 序列含量较低,两栖类动物和植物的基因组极其庞大,重复 DNA 序列比例很高,非重复 DNA 序列甚至不足 20%。人基因组中,有 60%~65%的序列属于非重复 DNA 序列。

表 5-6 部分真核模式生物基因组中各种 DNA 的比例

物种	非重复 DNA 序列	中等重复 DNA 序列	高度重复 DNA 序列
秀丽线虫(*Caenorhabditis elegans*)	83%	14%	3%
果蝇(*Drosophila melanogaster*)	70%	12%	17%
小鼠(*Mus musculus*)	58%	25%	10%
爪蟾(*Xenopus laevis*)	54%	41%	5%
烟草(*Nicotiana tabacum*)	33%	65%	7%

（2）重复DNA序列

在高等动植物中，有很大比例的DNA序列重复次数在十次以上，这些序列就是重复DNA序列。根据重复次数的差异，重复DNA序列又可以进一步分为中度重复DNA（moderately repetitive DNA）序列和高度重复DNA（highly repetitive DNA）序列。

中度重复DNA序列是指在真核生物基因组中重复次数为数十次到数万次的重复DNA序列。它们一般由相对较小的核心序列组成，复性速度比单拷贝序列快、比高度重复DNA序列慢。中度重复DNA序列一般具有物种特异性，因此，可以作为区分不同种哺乳动物细胞的DNA探针。

中度重复DNA序列大多不编码蛋白质，遍布整个基因组，常常与非重复DNA序列相间排列，在结构基因之间、基因簇中以及内含子内部都可能有中度重复DNA序列，也有少数成串排列在基因组某些局部区域。中度重复DNA序列在基因组中所占比例在10%～40%变动，人类基因组的中度重复DNA序列约占12%，可能参与前体mRNA剪接时二级结构的形成。

根据核心重复元件的长度差异，中度重复DNA序列可以分为两大类：短分散片段（short interspersed repeated segments，SINES）和长分散片段（long interspersed repeated segments，LINES）。

短分散片段也称短分散元件，一般长300～500 bp，分散在平均长度1 000 bp左右的非重复DNA序列间，与非重复DNA序列相间排列。该类型的中度重复序列有Alu家族、Hinf家族等。

Alu家族的每个Alu核心重复序列中具有一个限制性内切酶*Alu*I的识别位点（AG↓CT），可在该处将Alu序列切割成长度为170 bp和130 bp的两个小片段。Alu家族的3′端序列富含脱氧腺苷酸残基，而且在不同成员间DNA序列变化较大，5′端序列则比较保守。Alu家族是哺乳动物基因组中含量最丰富的中度重复DNA家族，人类基因组中Alu家族长约300 bp，重复次数高达30～50万，平均每5 kbp DNA就有一个Alu序列。Alu序列广泛散布的原因与其形成机制有关：Alu序列可能先由RNA聚合酶转录为RNA，然后在逆转录酶作用下生成为cDNA，再插入基因组中。Alu序列的两侧存在短的重复序列，类似于转座子，这可能也是它们极其丰富、分布广泛的另一个原因。Alu家族可能与基因转录的调节、hnRNA的加工以及DNA的复制有关。

长分散片段也称长分散元件，长度大于1 000 bp，为3 500～7 000 bp，它们与平均长度为13 000 bp（个别长几万碱基）的单拷贝序列间隔排列。长分散片段主要位于异染色质的G/Q带，绝大部分是非表达序列，如KpnⅠ家族，少数是编码蛋白质或rRNA的结构基因，如rRNA基因、tRNA基因和组蛋白基因等。

KpnⅠ家族是第二大中度重复序列家族，用限制性内切酶 *Kpn*Ⅰ对该家族的DNA进行酶切，可以获得四种长度分别为1.2 kbp、1.5 kbp、1.5 kbp和1.9 kbp的DNA片段。与Alu家族相比，KpnⅠ家族更长、更不均一，遍布于整个基因组DNA中。虽然长度相差较大的KpnⅠ亚家族之间的同源性较低，但是，它们3′端的序列普遍具有同源性。

rRNA基因中的核心重复序列都相同，一般以成簇方式集中分布于染色体的核仁组织区(nucleolus organizer region)。低等真核生物中5S rRNA、18S rRNA和28S rRNA基因一般位于同一个转录单位，但在高等生物中却不同，5S rRNA基因往往是单独转录的，重复的次数比18S rRNA和28S rRNA基因高。在哺乳类和两栖类动物中，转录的18S rRNA和28S rRNA之间的间隔区段被加工为5.8S rRNA。每个rRNA基因簇含有多个转录单位，间隔区是长度为21～100 bp的DNA片段构成串联重复序列，不同间隔区的重复次数存在差异(图5-6)。转录单位之间的间隔区并不转录。人类的18S rRNA和28S rRNA基因位于第13、14、15、21和22号染色体的核仁组织区，每个核仁组织区中rRNA基因平均重复约50次；人类的5S rRNA基因可能全部位于第1号染色体上，单倍体基因组中5S rRNA基因可能重复约1 000次。

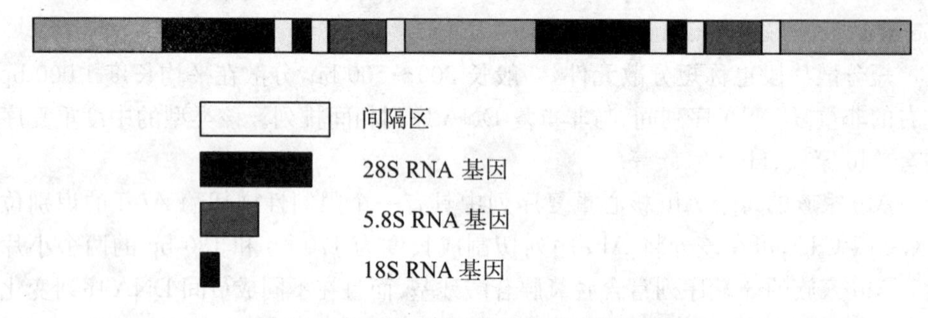

图5-6 非洲爪蟾rRNA基因长度分散片段

组蛋白基因都没有内含子，组蛋白基因的重复次数因物种而异，一般来说，同一种生物中各种组蛋白基因的拷贝数基本是相同的：海胆的达300～600拷贝，非洲爪蟾为40拷贝，哺乳动物为20拷贝。基因组中组蛋白基因存在多拷贝的重复序列具有重要意义：DNA复制时，每合成一小段DNA后，需要组蛋白立刻与这些DNA相结合，这就要求在很短的时间内合成大量的组蛋白，而高拷贝组蛋白基因能够满足这种需求。组蛋白基因在基因组中的排列和分布在不同生物之间存在差异。在组蛋白基因拷贝数较高的生物中，组蛋白基因大部分以串联的基因簇形式存在。在果蝇和非洲爪蟾中，五种组蛋白基因排列成重复核心单位，多个重复核心再以串联重复的形式排列。进化到哺乳动物，组蛋白基因一般疏散分布或集成一小群。

高度重复DNA序列是指在基因组中重复次数很高的DNA序列，重复次数在10^6以上。这些DNA的复性速度很快，在基因组中所占比例为10%～60%。人类基因组中高度重复DNA序列约占20%。同一物种不同个体其核心序列的重复次数可能不同，因此，高度重复DNA序列可以作为区分个体的标记。

高度重复DNA序列在生物体中扮演多种角色：① 调控复制。DNA复制起点区附近常常存在高度重复DNA序列，很多反向重复序列是酶等复制相关的蛋白质的结合位点。② 调控基因表达。高度重复DNA序列可以被转录，有的可以形成发夹结构，稳定RNA分子。③ 转座作用。绝大多数的转座子的末端都有反向重复序列，它们既可以与非同源序列连接，又能够被参与转座的特异酶类所识别。④ 参与减数分裂时染色体的同源配对。在染色体着丝粒附近常常有成簇分布的卫星DNA，它们可能具有染色体专一性，同源染色体之间的联会对这些特定的卫星DNA序列有一定的依赖性。

根据结构特点的差异，高度重复序列可以细分为三类：反向重复序列、卫星DNA(satellite DNA)和较复杂的重复单位组成的重复序列。反向重复序列又称倒位重复序列，复性速度非常快，因此又被称为零时复性部分。反向重复序列的每一条链内都存在反向互补的区段，复性过程中，不仅两条单链间可以互补，而且单链内部的反向互补区段的碱基间也能够配对，从而形成发夹结构或"+"字形结构。人类反向重复序列约占5%，反向重复区段长约300 bp，一般分散在基因组中。卫星DNA又称随体DNA，核心重复序列一般由2～10个碱基组成，以可用密度梯度离心法加以分离。人类卫星DNA占基因组的5%～6%。较复杂的重复单位组成的重复序列是灵长类特有的高度重复序列。核酸限制性内切酶*Hind*Ⅲ消化非洲绿猴的基因组DNA，可以得到重复核心为172 bp的高度重复序列，大部分由交替变化的嘌呤和嘧啶组成。

多基因家族(multigene family)。多基因家族指同一生物体内来源相同的一组基因。它们是由相同的始祖基因经过重复和突变等逐渐演变为功能上密切相关的一类基因。多基因家族的分布方式有两大类：一类是家族成员全部成簇地分布在某一条染色体上，例如，人类组蛋白基因家族，它们成簇地集中分布于第7号染色体上；另一类是一个基因家族的不同成员成簇地分布在多条染色体上，如珠蛋白基因家族。

假基因(pseudo gene)。假基因不能指导编码有功能的蛋白质产物的多基因家族成员。假基因与有功能的基因同源，但由于缺失、倒位、点突变等原因，使基因丧失活性，不再指导编码有活性的蛋白质合成，或者是基因转录剪接后的成熟mRNA经过逆转录产生cDNA，再整合到染色体DNA中，成为假基因。一般而言，假基因没有正常基因的内含子，内含子在基因的转录激活和修饰中可能起着重要作用。

自私DNA(selfish DNA)。哺乳动物的高度重复序列和内含子等非编码序列绝大部分只是维持自身的复制,目前尚未有证据表明其有特殊功能。虽然这些DNA序列中积累了大量的缺失、重复等变异,但是,基本上不影响生物的正常功能,这类DNA序列被称为自私DNA或寄生DNA(parasite DNA)。

5.2 染色质水平上的基因活化调节

真核生物的遗传物质比原核生物复杂得多,其基因的转录不仅需要反式作用因子与顺式作用元件相互作用,还受染色质效应的影响。顺式作用元件在染色质中的状态对真核生物基因的转录活化和转录效率至关重要。真核细胞的DNA与组蛋白结合,形成以核小体为基本单位的染色质结构,存在于由核膜隔开的细胞核内。基因如果处于核小体或者30 nm直径以上的高级结构甚至异染色质中,就不可能启动转录。

天然双链DNA的构象大多是负超螺旋的,当基因活跃转录时,RNA聚合酶转录方向前方DNA的构象是正超螺旋,RNA聚合酶后面的DNA为负超螺旋,正超螺旋会将核小体拆开,而负超螺旋则有利于核小体的再组装,形成了真核生物基因转录前在染色体水平上的独特调控机制,是基因表达调控的有机组成部分,也就是说,真核生物基因的转录激活是以染色质结构的一系列重要变化为前提的。染色质按其伸展程度可以分为活化染色质和非活化染色质,并且有不同的中间状态,非活化的染色质DNA不能被转录。

基因的活化需要DNA与组蛋白解离,转录因子和DNA聚合酶才能够与启动子结合,开启基因转录。组蛋白是染色质结构的有机组分,组蛋白的乙酰化和去乙酰化等修饰作用能够影响组蛋白和染色质的结合能力,改变染色质的状态,参与基因的活化调控。此外,如果基因和它的启动子、增强子等重要转录元件被特定的染色质结构隔离开,则它们一般也不具有转录活性。

5.2.1 染色质结构的动态变化

1. 染色质是动态变化的

核小体是真核生物染色质的基本结构单位,在活体中其组装和解离是诸多蛋白质因子参与的一个动态变化过程。核小体的结构变化决定了染色质也是处于动态变化之中的。染色质动态变化的状态总体上有两种：其一，“串珠状”核小体与螺线管、超螺线管等染色质高级构象状态，基因没有活化，不能够进行转录表达；其二，局部的染色质去阻遏，反式作用因子与染色质结合，染色质结构发生变化，使染色质成为活化状态，启动转录。染色质的动态变化与基因的活化和非活化状态相关。

2. 活化基因对 DNase Ⅰ敏感性高

DNase Ⅰ没有明显的序列特异性，可以均一地切割纯化的 DNA。DNase Ⅰ处理与 Southern 印迹技术结合的研究结果表明，活化的基因对 DNase Ⅰ的敏感性显著增加。来自不同组织的染色质对 DNase Ⅰ的敏感性不同。例如，在红细胞前体的细胞核中，珠蛋白基因的 DNA 序列对 DNase Ⅰ的敏感性比其他序列更高，在鸡的输卵管细胞的核中，卵白蛋白的 DNA 序列比珠蛋白序列对 DNase Ⅰ敏感性更高。

3. 基因中的 DNase Ⅰ高敏感位点

活化的转录单位的 DNase Ⅰ敏感性增高，聚合酶结合位点等对酶的敏感性也会增高。高敏感位点是首先受到 DNase Ⅰ消化的位点，可用 DNase Ⅰ处理全核 DNA 后进行 Southern 印迹检测。高敏位点主要在5′端，许多 DNase Ⅰ高敏位点位于临近转录起始的区段。

染色质中 DNase Ⅰ的高敏感位点可能是由这些部位的蛋白质与 DNA 的相互作用决定的。转录时特异的活化区域失去了蛋白质的保护作用，或者是由于蛋白质改变了与 DNA 的结合方式，导致容易受 DNase Ⅰ的攻击。雏鸡珠蛋白基因起始位点上游约200个核苷酸处有 DNase Ⅰ高敏感位点，雏鸡成红细胞核的 DNA 特异性结合蛋白先于组蛋白与这个位点结合，因而该位点对 DNase Ⅰ的作用就变得很敏感。

5.2.2　异染色质化

细胞分裂间期时，核内的染色体大部分结构松开分散，称为常染色质（euchromatin），松散的染色质中的基因可以启动转录。昆虫的多线染色体的研究表明，基因的活跃转录是在常染色质上进行的，转录发生之前，染色质常常会在特定的区域变得很疏松。用 DNA 酶Ⅰ处理染色质可以得到酸溶性的 DNA 片段，并且，处理时间越长，产生的酸溶性 DNA 的比例就越大，直到全部染色质都被降解掉。真核生物染色体中的某些区段在分裂期后仍保持紧凑折叠的结构，并不解旋松开，在间期核中可以看到其浓集的斑块，称为异染色质（heterochromatin），不具有转录活性。异染色质中的兼性异染色质是在某些特定的细胞中，或者在特定的发育时期或生理条件下由常染色质凝缩而成的，这一异染色质化的过程是真核生物基因转录活性的调控途径之一。

哺乳动物虽然雌、雄个体间X染色体的数量不同，但是雌性动物两条X染色体中的一条会异染色质化，使得X染色体上的基因产物剂量平衡，这一过程称为剂量补偿(dosage compensation)。人类正常女性的细胞核核膜附近有一团高度凝聚的染色质，这就是异染色质化的X染色体，称为巴尔小体(Barr body)，而在正常男性的细胞核中都没有。巴尔小体的数目为X染色体的条数减1。关于巴尔小体的来源，1961年Mary Lyon提出了一个假说(Lyon hypothesis)：① 巴尔小体是一条部分或者完全失活的X染色体；② 一般而言，哺乳动物X染色体在受精后的第16天左右失活；③ X染色体失活是随机的，没有事先指定；④ 失活X染色体在后续的有丝分裂产生的子细胞中均保持失活状态；⑤ 减数分裂产生的性细胞中失活的X染色体可以恢复活性。Lyon假说的有力证据之一是X染色体连锁的6-磷酸葡糖脱氧酶(G-6-PD)的测定研究：女性虽然有两条X染色体，但其G-6-PD活性与男性的相同，表明其X染色体的总量有一半是失活的，这正好说明了剂量补偿作用。G-6-PD有A、B两种类型，二者之间只有一个氨基酸的差异，但电泳带的迁移率不同，A带比B带移动得快一点。它们分别由一对等位基因*GdA*和*GdB*编码。*GdA*/*GdB*纯合的女人从各种组织取样进行电泳分析都只出现一条电泳带。*GdA*/*GdB*杂合的女人电泳的结果却会出A、B两条带。但用胰酶处理杂合体的皮肤细胞，使其分成单个细胞，然后进行克隆培养，每个克隆都来自一个单细胞，再从各个克隆中取样进行电泳发现，每个克隆只出现一条电泳带或A或B，而绝不出现两条带。表明细胞中虽有一对等位基因*GdA*/*GdB*的存在，但由于有一条X染色体失活，使其上的等位基因不能表达，所以只出现一条带。但是既然女人只有一条X染色体是有活性的，那么XXX和XO的女性也只有一条X染色体有活性，那么为什么会出现异常呢？1974年Lyon进行了完善，认为X染色体的失活是部分片段的失活，这就能很好地解释以上的矛盾。现在已经查明在失活的X染色体上决定一种Xg血型的基因仍然保持着活性。

5.2.3 组蛋白和非组蛋白的修饰限制

原核生物的DNA是裸露的，而真核生物的DNA与组蛋白紧密结合，构成染色质的基本组成单位核小体，还与多种组蛋白以紧密或者松弛的方式结合，组蛋白或者非组蛋白的任何组成结构上的变化必然会导致DNA状态的改变，从而间接影响基因的活性。组蛋白有抑制基因转录的作用，非组蛋白则可以解除组蛋白对基因的抑制作用。

从表观遗传信息的产生与运作方式的角度讲，与染色质相关的蛋白因子可分三类:① 特异性地进行组蛋白修饰的酶,包括组蛋白乙酰化酶和甲基化酶;② 去除组蛋白修饰的去甲基化酶和去乙酰化酶等酶类;③ 特异地识别组蛋白修饰并与其结合的蛋白,例如,识别并与组蛋白 H3 末端的甲基化 K9 结合的异染色质蛋白 HP1。

1. 组蛋白的修饰限制对基因活性的调控

核小体是真核生物的染色质的基本组成单位,大部分 DNA 缠绕在组蛋白八聚体上,连接 DNA 也需要与组蛋白 H1 连接。构成核小体的组蛋白并不与特定的 DNA 序列专一结合,在不同物种、不同组织细胞的染色质中,其数量、类型以及氨基酸序列也都没有多大差异,无功能性的分化,而且组蛋白种类少,进化中很保守,因而,组蛋白在染色质结构中起作用,以非特异的方式抑制 DNA 的转录,可以被称为 DNA 转录的非特异性抑制剂,是染色质活化的抑制者。组蛋白修饰作用一般是在细胞周期的某一时刻发生,而在另一时刻消失。所有这些修饰作用的共同特点,就是降低组蛋白所携带的正电荷,临时性地松弛它们与 DNA 的结合,使染色质活化,便于基因转录。

与其他类型的蛋白质一样,组蛋白也可能在一定的条件下将一些小化学基团,如乙酰基、甲基和磷酸基加到氨基酸侧链或蛋白质的氨基端或羧基端上,进行共价修饰,包括乙酰化、磷酸化、甲基化、泛素化、ADP 核糖基化、羰基化等,使组蛋白和与其结合的 DNA 由紧密结合的状态变得松散,由此,DNA 才能与转录因子以及 RNA 聚合酶等相互作用(表 5-7)。因此,组蛋白与 DNA 的结合起着负控制作用。这种修饰的方式是特异的,同一蛋白质的不同拷贝具有完全相同的修饰。这些修饰绝大部分可以逆转。

表 5-7　组蛋白修饰对染色质结构和功能的影响

组蛋白名称	被修饰氨基酸	修饰类别	作用
H3	Lys-4	甲基化	
H3	Lys-9	甲基化	染色质凝集,DNA 甲基化需要
H3	Lys-9	乙酰化	
H3	Ser-10	磷酸化	
H3	Lys-14	乙酰化	阻止 Lys-9 的甲基化
H3	Lys-79	甲基化	端粒沉默
H4	Arg-3	甲基化	
H4	Lys-5	乙酰化	
H4	Lys-12	乙酰化	
H4	Lys-16	乙酰化	核小体装配,flyX 激活

如果启动子序列已经组装成了核小体，转录因子和 RNA 聚合酶就不能与启动子结合；如果转录因子和 RNA 聚合酶在启动子上已建立了稳定的起始复合体，那么组蛋白将被排除在外。基因是否具有活性的决定性因素是转录因子和组蛋白谁先与转录调控区结合。当染色质上 5S rRNA 基因的转录调控区有组蛋白结合时，转录因子 TF Ⅲ A 不能激活此基因，而且，TF Ⅲ A 与游离的 5S rRNA 基因结合后，再加入组蛋白，此时不能使该基因失活。

(1) 组蛋白的乙酰化和去乙酰化调控基因活性

组蛋白乙酰化导致染色质结构和基因转录活性改变可能是通过组蛋白羧基端的赖氨酸残基乙酰化，氨基上的正电荷被消除，减少携带正电荷量，降低与 DNA 链的亲和性，DNA 分子自身携带的负电荷有利于 DNA 构象的展开，引起核小体的局部松弛，有利于转录因子和协同转录因子与 DNA 分子的接触，转录等与 DNA 启动子区结合，启动基因转录，因此，组蛋白乙酰化可以激活特定基因的转录过程。组蛋白 H3、H4 是蛋白酶修饰的主要靶点，其乙酰化具有促旋酶(gyrase)活性。

组蛋白的乙酰化与组蛋白乙酰基转移酶的作用有关，并存在一定的特异性。例如，重组的 Gcn5 只能使组蛋白 H3 和 H4 乙酰化，SAGA 优先乙酰化组蛋白 H3，而 NuA4 则选择性地使 H4 乙酰化。维甲酸受体和甲状腺素受体等在没有配体结合时也存在于细胞核内，此时核受体的单独存在对靶基因有负调控作用；当对应的配体与其结合后，可以诱导基因转录水平的上升。研究表明，甾体激素类辅助激活因子 SRC-1 和 ACTR 都具有一定的 HAT 活性，可能是一类新的 HAT。核受体超家族是一类特异的 DNA 结合蛋白，一般以二聚体形式识别并且与甾体激素应答元件(hormone response element，HRE)结合，进而调控靶基因的转录。

组蛋白的乙酰化状态除了受组蛋白乙酰基转移酶影响外，还受组蛋白去乙酰基酶(histone deacetylases，HDACs)的制约。组蛋白去乙酰基酶能够移去组蛋白 Lys 残基上的乙酰基，组蛋白恢复正电性，与 DNA 分子的电性相反，DNA 与组蛋白之间的吸引力增加，结合紧密，启动子不容易接近转录调控元件，进而抑制转录。在真核细胞中，组蛋白去乙酰基酶极其保守。HDAC/Rpd3 家族的各种组蛋白去乙酰基酶的 C 末端都含有三个富含组氨酸、天冬氨酸及甘氨酸的高度保守的区域，如果将其中的天冬氨酸和组氨酸突变为天冬酰胺或丙氨酸，该去乙酰基酶的去乙酰基作用就会丧失(或全部消失)。去乙酰化是染色质凝聚和失活的前提，与基因活性的阻遏有关。雌性哺乳动物组蛋白 H4 的去乙酰化是导致其中一条 X 染色体失活的内在原因之一。能使组蛋白乙酰化的酶是组蛋白乙酰化转移酶(histone acetytransferases，HATs)。在酵母中，Rpd3 具有 HDACs 活性，SIN3 和 Rpd3 与 DNA 结合蛋白 Ume6 形成复合物，进而阻遏由 Ume6 结合的上游阻遏序列 1 (URS1)元件的启动子转录。

组蛋白乙酰基转移酶和去乙酰基酶共同作用，维持组蛋白乙酰化可逆性动态平衡。肿瘤细胞的形态变化与组蛋白乙酰化和去乙酰化变化有关，而且，组蛋白乙酰基转移酶(例如，p300/CBP、pCAF、ACTR 等)和组蛋白去乙酰基酶能够与一些癌基因或者抑癌基因产物相互作用，参与调控与细胞分化及增殖相关基因的转录。E1a 原癌蛋白通过干扰 p300/CBP 和 p/CAF 的生长抑制作用而刺激增殖。丁酸盐和 TSA 等去乙酰基酶抑制剂，能在体外诱导胃癌、结肠癌、前列腺癌、乳腺癌、卵巢癌和黑色素瘤等多种肿瘤细胞的生长停滞、分化或凋亡。

(2) 组蛋白的磷酸化和去磷酸化与基因活化

组蛋白磷酸化主要影响信号传导通路中相关基因的转录。组蛋白 $H3^{10}$ Ser 磷酸化在真核生物的基因转录活化中起重要作用，能够磷酸化组蛋白 $H3^{10}$ Ser 的激酶的丧失对染色质的结构会产生灾难性影响。黑腹果蝇 JIL1 激酶的缺失会导致幼虫死亡。Mahadevan 等 1991 年研究发现，组蛋白 H3 的快速磷酸化常伴有 c-fos 和 c-jun 早期即时反应基因的活化。刺激 ERK-MAPK 信号传导途径后，c-fos 基因的活化与 H3 的磷酸化有关，磷酸化 H3 可能参与了 ERK-MAPK 信号途径引起的基因快速转录活化。

活化的染色质对 H1 的亲和力极低，而 H1 的磷酸化也直接影响染色质的活性。H1 的磷酸化主要发生在有丝分裂期，每个 H1 分子中可有 5～6 个丝氨酸磷酸化，但到分裂后则下降至峰值的 20%，H1 在有丝分裂中的磷酸化可导致其对 DNA 的亲和性下降，组蛋白 H1 磷酸化后能够引起染色体解凝聚。与组蛋白乙酰化相似，组蛋白的磷酸化也是可逆的。

(3) 组蛋白糖基化

组蛋白的糖基化(glycosylation)是一种复杂修饰作用，主要是糖基转移酶将一些大分子量的碳水化合物直接加到多肽链上，主要的形式有两种：O-连接的糖基化和 N-连接的糖基化。O-连接的糖基化是糖分子连接到丝氨酸或苏氨酸的羧基上形成侧链的糖基化方式，N-连接的糖基化是糖分子与天冬酰胺的氨基连接的糖基化。

(4) 组蛋白甲基化与基因活化

组蛋白甲基化修饰比乙酰化修饰复杂得多。一般认为，组蛋白乙酰化修饰是暂时的，能选择性地使特定的染色质区域的结构由紧密变松散，启动基因的转录活性，而组蛋白甲基化修饰则比较稳固，特别是三甲基化修饰，能较长期地保持表观遗传信息。

组蛋白被甲基化的位点是赖氨酸和精氨酸。赖氨酸可以分别被一、二、三甲基化，精氨酸只能被一、二甲基化。组蛋白 H3 的五个 Lys(K4、K9、K27、K36、K79)和 H4 的一个 Lys(K20)可被甲基化，其中 H3-K9、H3-K27、H4-K20 甲基化可以抑制基因表达；而 H3-K4、H3-K36、H3-K79 甲基化则具有激活效应。

组蛋白去甲基化酶是可以脱去组蛋白的甲基化修饰的酶类，组蛋白的甲基化曾被认为是一个不可逆的过程，但是，后来的研究推翻了组蛋白甲基化稳定维持的理论。研究发现在黄素腺嘌呤二核苷酸(flavin adenine dinucleotide，FAD)的参与下，LSD1(lysine specific demethylase 1)在体外可以特异性去掉 H3 的 K4 的二甲基和一甲基修饰，在体内则可以去掉 H3 的 K9 的二甲基和一甲基修饰，这是第一个发现的组蛋白去甲基化酶。LSD1 是氨基氧化酶家族成员，单胺氧化酶反应的过程中需要 ε-N 原子上一个额外的质子参与，因而，LSD1 去甲基的活性受到底物的限制，不能去掉赖氨酸的三甲基修饰。此外，还发现了另一类包含 Jumonji 结构域的去甲基化酶：JmjC 家族去甲基化酶。JmjC 家族去甲基化酶需要二价亚铁离子(Fe^{2+})和 a-酮戊二酸作为辅助因子，利用羟基化反应去除甲基，可以去掉赖氨酸的三甲基修饰。组蛋白去甲基化酶在胚胎发育、肿瘤形成、炎症反应等众多生理过程中都有重要作用。去甲基化酶的发现，充分证明了组蛋白甲基化也是动态变化的。

组蛋白甲基化根据修饰位点和状态的不同既可抑制也可增强基因的表达。各种不同的修饰之间存在着相关或排斥关系，如乙酰化和甲基化往往是相互排斥的。组蛋白甲基化和 DNA 甲基化可联合作用共同参与基因沉默，并通过 DNA 复制而传递下去。

2. 非组蛋白修饰限制对基因活性的调控

除组蛋白外，细胞核内还有数量多达数百种的非组蛋白，在不同组织细胞里的种类和数量各不相同，因而具有组织特异性，与 DNA 结合有差异性。

非组蛋白是染色质结构的有机组分，主要是参与核酸代谢和修饰的酶类，还有一些非组蛋白是具有重要调控作用的反式作用因子。活化的染色质中有两种高丰度的高泳动率非组蛋白 HMG14 和 HMG17，它们的分子量较小，仅有约 30 kDa，在每个核小体上有两个高亲和力的结合位点，可能在染色质高级结构的解离以及解离后的维持中起作用，是目前已知的唯一直接与核小体核心颗粒结合的核蛋白。此外，高泳动率蛋白还能够使 DNA 成环，这种构象与 DNA 多种活性有关。大约每十个核小体中有一个结合有 HMG14 和 HMG17。

一般而言，组蛋白在基因表达中起抑制作用，非组蛋白则具有特异调节作用。染色质重建实验结果表明：在具有转录活性细胞中的非组蛋白同没有转录活性的细胞中的 DNA 及组蛋白混合，能够重新组装为具有转录活性的染色质。例如，在爪蟾卵提取物体系中，HMG14 可以直接参与 RNA 聚合酶Ⅱ对染色质中基因的转录，HMG17 掺入新组装的染色质中，能够促进 RNA 聚合酶Ⅲ的基因转录等。

“基因活化的组蛋白转位模型”可以用于解释非组蛋白解除组蛋白抑制作用的

机理。DNA 是负电性的，组蛋白是正电性的，正电性的组蛋白与负电性的 DNA 相互结合，阻抑了基因的转录；组织特异性的非组蛋白原先被连接在组蛋白所抑制的一个特定的 DNA 位置上，然后非组蛋白在磷酸化酶作用下被磷酸化，带上的负电荷更多，在与负电性的 DNA 相互排斥的同时，与正电性的组蛋白紧密结合，随后，组蛋白-非组蛋白复合体从 DNA 上脱离下来，DNA 没有组蛋白的结合而处于活化的裸露状态，可以在转录因子等反式作用因子的共同作用下被 RNA 聚合酶识别，启动转录。

5.2.4　基因重排、扩增、丢失与基因活性的调节

在个体发育过程中，真核生物细胞分化时，可能通过基因重排、基因扩增和基因丢失等方式，使基因本身或其拷贝数发生了永久性的改变，也可能参与调控基因表达和生物体的发育，它是另一类 DNA 水平上进行的基因活性调节方式。与组蛋白和非组蛋白对基因活性的调控不同，基因的重排、扩增和丢失等是从根本上改变细胞的遗传组成，也与转录和翻译水平上的调控有显著差别。

1. 基因重排

在生长发育的不同阶段，有的真核生物能够有序地根据需要进行 DNA 片段重排，将原本远离启动子的序列移到距启动子很近的位点，以便快捷地启动转录。典型的例子是哺乳动物的免疫球蛋白基因。编码免疫球蛋白的基因有三个：编码恒定区肽链的 *C* 基因、编码可变区肽链的 *V* 基因和编码将恒定区和可变区连接起来的肽链的 *J* 基因。它们虽然位于同一条染色体上，然而彼此间相距很远。在编码产生免疫球蛋白的细胞发育分化时，这三个基因通过染色体内 DNA 重排而连接在一起，一道被转录，指导编码有活性的免疫球蛋白抗体分子（图 5-7）。

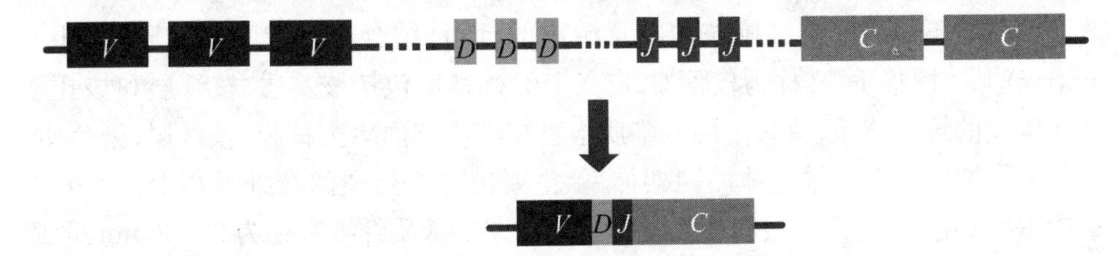

图 5-7　哺乳动物免疫球蛋白基因的重排

注：*V*——可变区，*J*——连接区，*C*——恒定区。

2. 染色质丢失

在发育过程中，体细胞染色体全部或者部分区段丢失，导致某些基因丢失而永远不能够产生相应蛋白质的现象称为基因丢失（gene elimination），这是一种极端

的不可逆的基因调控。原生动物、昆虫及甲壳动物等一些低等真核生物在发育早期体细胞有部分染色体丢失，例如，马蛔虫的一个变种染色体为 $2n=4$，当其个体发育到一定阶段时，除了将来发育成生殖细胞的细胞外，其余的注定要分化为体细胞的那些早期细胞中，均出现染色体断裂现象，产生许多小染色体或者染色体碎片，其中有的拥有着丝粒，能够在此后的细胞分裂中保存下来，更多的却没有着丝粒，在分裂过程中丢失，致使最终约有 85%的基因被丢失。又如，小麦瘿蚊受精卵卵裂时，只在形成卵一端的细胞保持全部 40 条染色体，这些细胞将来形成生殖细胞，而其他部位的细胞则丢失了 32 条染色，仅仅保留 8 条染色体，将来分化为体细胞。

3. 基因扩增

为了满足某个阶段生长发育的需要，细胞内一些基因的拷贝数专一性地大量增加的现象，称为基因扩增。基因扩增能够改变基因数量，短期内，细胞内大量产生特定基因拷贝数，从而调节基因表达水平。例如，在减数分裂Ⅰ时，非洲爪蟾卵母细胞中核糖体 RNA 基因 rDNA 的拷贝数急剧扩增，从原有的约 500 个拷贝迅速增加到双线期的 200 万个，以满足卵裂期和胚胎期大量合成蛋白质时对核糖体的需求。核仁的数量也大大增加，每个核中可以有几百个小核仁。果蝇卵巢成熟前，卵巢颗粒细胞的卵壳蛋白基因也进行了扩增，以利于合成丰富的营养物质，为卵细胞的形成提供足够的蛋白质等营养物质。

5.3 核基质与基因活化

染色质不是漂浮在细胞核内随意游离的，而是结合在特定的核基质(nuclear matrix)上。核基质，又称为核骨架，广义上的核基质包括核基质、核纤层和核孔复合体构成的统一体系；狭义上的核基质指真核细胞核内除去核膜、核纤层、染色质、核仁后存留的一个三维立体的网架体系，主要由非组蛋白的纤维丝和少量大分子量的 RNA 组成，与核纤层和核孔复合体相连。核基质纤维直径为 3～30 nm，形成纤维网络。

核基质为细胞核内染色质提供了一个可靠的附着支撑结构。通过特定的区域，DNA 与网架体系中的蛋白质纤维发生联系，调整染色质的空间分布和形态。因此，核基质可能借助与其直接联系的 DNA 参与调控染色质结构的动态变化，从而实现对基因活性的影响。

核基质与染色质的结合可能具有组织特异性，例如，卵清蛋白基因与鸡卵巢的细胞核基质结合,而不与鸡肝脏的细胞核基质结合。

5.3.1 染色质的边界元件类别

真核生物的染色质经螺旋折叠后形成了许多超螺线管染色质环,每一个染色质环可能是一个高度有序的结构和功能上独立的染色质结构域,有机地结合在核基质上,可能与独立功能区域的形成有关。染色质环与核基质的结合可能是由环的端部可能存在的一些边界元件所决定,还有某些特殊的核蛋白参与其中。

核基质的大多数蛋白质可以与潜在的DNA复制起始点相结合,使染色质锚定在核基质上,一方面为染色质提供固着点,防止其自由转动,另一方面可能促进DNA解链,此外,核基质还将DNA分隔成许多拓扑学限制性的染色质环。每个染色质环是一个功能区域,其DNA长度相差较大,小的不足1 kbp,而大的可达300 kbp。每个染色质环的DNA既是一个复制单位和染色体包装单位,也是一个转录单位。已发现的边界元件有三种:核基质结合区(matrix attachment region, MAR),座位控制区(locus control region, LCR)和隔离子(insulator)

1. 核基质结合区

核基质结合区(MAR)又称核骨架附着区(scaffold attachment region, SAR),是真核生物基因组DNA序列中能够与核基质特异性地紧密结合的区域。它广泛存在于从酵母到人类的所有真核生物的基因组中。核基质结合区位于DNA上各转录单位的交界处,DNA正是通过这些特定的结合区与核基质密切联系的。

核基质结合区一般长300～1 000 bp,富含A/T,A/T含量可能高达70%。DNA核基质结合区由多个高度保守的特征序列组成,主要包括A框(A-box, AATAAAT/CAAA)、T框(T-box, TTATTT/ATTT/ATT)、ATATTT(T)序列和GTNA/TAT/CATTNAT-NNG/A(与果蝇拓扑异构酶Ⅱ位点相似)等。由于核基质结合区富含A/T,因此,其二级结构有一个狭窄的DNA小沟,具有碱基不配对性,且易弯曲和解链。借助自身的解链在DNA环中引入负超螺旋,促进转录因子与启动子的结合,实现对转录起始的正调控。在特定的发育时期的特异组织中,只有一部分核基质结合区分子与核基质紧密结合,这些MAR一般位于组织特异表达基因的侧翼。对基因在不同发育阶段的正确有序的表达可能起正调控作用。这些DNA序列以及它们与核基质之间的相互作用都是高度保守的。

核基质结合区独立地存在于非编码区,往往与启动子、增强子等转录调控序列相邻。它与真核基因中其他调控元件和因子一起调节DNA复制、RNA合成和hnRNA加工等过程,在基因表达调控中起重要作用。核基质结合区对增强子最有效地发挥功能是必需的，但是作为一个顺式调控元件，核基质结合区与经典的增强子不同，它对内源基因的表达没有增强作用，不能增强自身细胞基因的转录，而对稳定整合到宿主细胞染色体上的外源基因却表现出显著的转录增强作用。

2. 座位控制区

座位控制区(LCR)是调控一群相邻基因表达的边界序列。例如，鸡和哺乳动物β-珠蛋白基因簇远端上游的座位控制区 HS5 元件是由位于基因簇 5′端的多个 DNA 酶高度敏感位点组成的，在发育过程中能够调控该基因簇中所有基因的正确有序表达。

3. 隔离子

隔离子(insulator)是新近发现的一类能阻止邻近的调控元件对其所界定的基因启动子起增强和抑制作用的边界序列。隔离子首先是在黑腹果蝇中找到的，包括特化染色质结构(specislized chromatin structures)SCS 和 SCS′，位于果蝇多线染色体 87A7 座位的 18 kbp 区域中编码分子量为 70 kDa 的热休克蛋白的基因旁侧，长度分别为 350 bp 和 200 bp。SCS 和 SCS′特化染色质结构对 Dnase I 有高度的抗性，而在其两侧却存在 Dnase I 的高度敏感位点。在两个 *hsp70* 基因之间存在一个核基质结合区，由 MAR 将染色体锚定在核基质上，并通过 SCS 和 SCS′界定形成一个特定的 DNA 环。两个隔离子单位在控制基因表达中起阻隔作用，阻断转录作用因子功能的进一步延伸。特化染色质结构单位在基因组中的任何区域都能起阻隔作用，甚至置于异染区也能够发挥作用。

5.3.2 核基质结合区结合的核基质蛋白

核基质与核基质结合区之间存在相互作用，主要是核基质中的蛋白质分子与核基质结合区的 DNA 序列以及其他蛋白质组分相互作用，在真核基因的复制和表达调控及染色体的包装构建等方面发挥重要作用。与核基质结合区结合的蛋白主要包括组蛋白、拓扑异构酶 Ⅰ 和酶 Ⅱ、HMGI/Y、Laminβ 和 Matrin 等构成染色质或核基质的结构蛋白以及 SATB 和骨钙蛋白基因启动子结合因子等一些组织特异性基因表达控制蛋白。目前已经纯化和鉴定多种与核基质结合区作用的核基质蛋白。根据这些蛋白质在核基质中的含量，可以分为核基质富含组分、核基质稀有组分。

1. 高丰度蛋白质

Matrin 和 Lamin 是核基质中含量最丰富的两种蛋白质，其中 Matrin 蛋白中的 Matrin 3、Matrin 4、Matrin 12、Matrin 13 和 Matrin D-G 都能够与核基质结合

区DNA结合；Lamin位于核基质外围靠近核膜的区域，只有Lamin B1可以与核基质结合区特异结合，而且Lamin B1与核基质结合区之间的相互作用在进化上是高度保守的，Latrin蛋白可能为核内染色体DNA的包装提供大量而准确的支点。

核基质中的拓扑异构酶Ⅱ是另一种较丰富的核基质结合区结合蛋白。它与核基质结合区上的拓扑异构酶Ⅱ位点特异性结合后，使核基质结合区发生DNA解旋而引入负超螺旋，有利于转录因子和启动复合物结合，促进转录和起始。

2. 稀有蛋白质

核基质结合区DNA结合的蛋白质组分中有一些源自核基质，在核基质中的含量很低。在多种组织中分离得到了这类稀有的蛋白质组分，多是一些启动子结合因子。

特异性AT富含区结合蛋白(special AT-rich binding protein，SATB)1存在于动物胸腺中，是一种组织特异性蛋白，能特异地识别ATC序列。核基质结合区DNA的小沟是SATB1的结合区，SATB1以较小的面积与DNA小沟结合后，结合区表现出稳定的不配对现象。

核基质蛋白(nuclear matrix protein)1(NMP-1)和2(NMP-2)是从成骨细胞中中分离得到的两种MAR结合蛋白质因子。NMP-1同时存在于核基质和非核基质部分，是一种受细胞生长调控的蛋白；NMP-2则是一种细胞特异性(cell-type specific)的启动子结合因子。在骨细胞内，NMP-1和NMP-2能够特异地与骨钙蛋白(osteocalcin)基因的启动子结合，调控骨钙蛋白基因的活性。

此外，在HeLa细胞中还发现了两种核基质中含量稀少的核基质结合区结合蛋白SAFA和SAFB。它们既是一类结构蛋白，也是一类重要的功能蛋白，一方面，它们是核基质的重要结构蛋白，另一方面，它们还能通过与染色质核基质结合区DNA的特异结合，调控染色质的包装构建和基因的活化。

5.4　DNA甲基化与真核基因表达

真核生物DNA中普遍存在甲基化和去甲基化现象，通过动态的甲基化变化过程，改变了染色质的状态。在这种受调控的有序的染色质结构变化中，特定基因的启动子区适时地裸露或者隐藏，调节与反式作用的转录因子间的结合能力，进而活化或者关闭基因的表达。

5.4.1 DNA甲基化和去甲基化

1. DNA甲基化

DNA甲基化是指在DNA甲基转移酶的作用下，基因组5′端CpG二核苷酸的胞嘧啶共价结合一个甲基基团。DNA甲基化修饰现象广泛存在于高等生物中，主要是胞嘧啶的第五位碳原子甲基化，形成5-甲基胞嘧啶(5-ᵐC)，还有少量的N6-甲基腺嘌呤(N6-ᵐA)及7-甲基鸟嘌呤(7-ᵐG)(图5-8)。绝大多数的甲基化胞嘧啶都

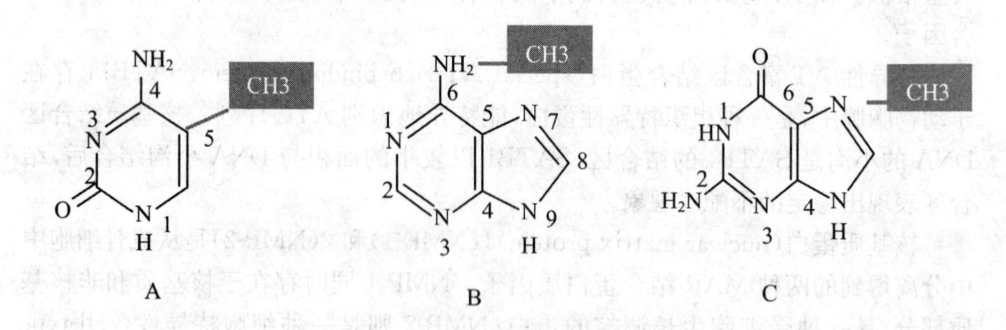

图5-8 DNA甲基化主要方式

注：A——5-甲基胞嘧啶(5-ᵐC)，B——N6-甲基腺嘌呤(N6-ᵐA)，C——7-甲基鸟嘌呤(7-ᵐG)。

出现在CpG双核苷酸对上，其中只有一个C是甲基化的，这种CG对则称为半甲基化；有时甚至CG二核苷酸对上的两个胞嘧啶都被基化，这种甲基化现象称为完全甲基化。真核生物DNA中20%～70%的胞嘧啶被甲基化修饰，其中，卫星序列的甲基程度最高。在同一个体相同组织的不同细胞中，DNA甲基化的位置是一致的，由于互补作用，双链DNA中CG在两条单链上是成对出现的，当DNA上某一个CG对完全甲基化时，DNA复制所产生的子链就会各有一个半甲基化的CG碱基对，细胞内的维持甲基化酶就可以识别半甲基化CG对，并使之完全甲基化。

DNA序列的甲基化研究常常使用Ⅱ型限制性内切酶，如限制性内切酶*Hpa*Ⅱ能够识别并切割未甲基化的CCGG序列，但是对甲基化的CG对则不起作用；不论CCGG是否甲基化，限制性内切酶*Msp*Ⅰ可以识别并切割所有的CCGG序列，结合这两种限制性内切酶可以用*Msp*Ⅰ来识别CCGG序列的存在与否，用*Hpa*Ⅱ来鉴别这些CCGG序列是否甲基化。采用这两类限制性内切酶不同的DNA序列(如蛋白质编码序列、rDNA和病毒DNA等)进行研究，结果显示：在DNA序列的CCGG位置上，有的在同一生物所有的组织中都被甲基化；有的在所有组织中都未甲基化；还发现有一小部分CCGG在该基因不表达的组织中是甲基

化的，而在该基因活跃表达的组织中则未被甲基化。

真核生物基因的末端通常存在一些富含“CG”的区域，称为“CpG 岛”（CpG island）。人类基因组中，有近 29 000 个 CpG 岛（56%的人类基因上游有 CpG 岛），在大多数染色体上，平均每 100 万碱基含有 5～15 个 CpG 岛，其中有 1.8 万多个 CpG 岛的 GC 含量为 60%～70%，大大高于染色体一般的 GC 含量水平（40%）。生理情况下，CpG 岛多为非甲基化，大部分散在的 CpG 二核苷酸则为甲基化状态。细胞分裂复制的 DNA 子链必须进行适当的甲基化修饰，否则其遗传性不稳定、易变异，其染色体脆性增加、易断裂。

5-^{m}C 水平在不同种属动物之间的变化很大。一般而言，脊椎动物（尤其是哺乳动物）DNA 甲基化程度较高，无脊椎动物 DNA 甲基化水平要低得多。哺乳动物体细胞中的基因能够以高度甲基化的非活化状态存在（如雌性个体两条 X 染色体中的一条），也可以在特定的组织或发育阶段特异诱导下去甲基化（demethylation），或者始终保持低水平甲基化而维持转录活性（如管家基因）。在酵母、果蝇和其他双翅目昆虫低等真核生物中，还没有发现 DNA 的甲基化。因此，甲基化可能是真核生物在进化过程中逐渐演化产生的一种适应性，随着进化程度的提高而甲基化水平逐步增强。

DNA 甲基化在基因表达调控、基因组中的可转移元件的沉默、基因印迹以及 X 染色体的失活等重要生理过程中起着至关重要的作用。DNA 甲基化可能抑制基因的活化。把甲基化和未甲基化的病毒 DNA 或细胞核基因分别引入细胞，已甲基化的不表现活性，而未甲基化的显示出基因活性。在特异性表达某些基因的组织中，活性基因内部及其附近的 5-^{m}CCGG 比例较该基因处于非活化状态的组织中降低 30%左右。在哺乳动物细胞核中，80%的甲基化 CG 对存在于结构紧密的核小体中。因而 DNA 甲基化可能抑制了基因的表达。

DNA 甲基化对基因活性的抑制作用主要取决于两个因素：甲基化 CG 对的密度和启动子强度。5-甲基胞嘧啶在 DNA 中的分布并不是均匀或者随机的，基因的 5′端和 3′端往往富含甲基化位点，启动子附近甲基化 CG 对的密度与基因转录受抑制的程度密切相关。启动子附近稀少的 DNA 甲基化可以完全抑制弱启动子的转录活性，但是，如果重组入额外合适的增强子，即使不去甲基化也可以恢复其转录活性。如果启动子 DNA 的甲基化密度进一步提高，即使增强后转录仍然会完全停止。说明转录与否取决于甲基化 CpG 的密度和启动子强度之间是否平衡。

2. DNA 去甲基化

DNA 甲基化关闭某些基因的活性，去甲基化则诱导基因重新活化和表达。甲基化寡核苷酸诱导 ERβ 基因启动子区和外显子区 CpG 岛特异性甲基化研究发现，在前列腺癌细胞中，ERβ 基因启动子区而非外显子区的 CpG 岛的高甲基化导致了该基因转录失活。去甲基化试剂作用前列腺癌细胞后，ERβ重新恢复活性。DNA甲基化能引起染色质结构、DNA构象、DNA稳定性及DNA与蛋白质相互作用方式的改变，从而控制基因表达，参与细胞的生长、发育过程及X染色体失活等调控。至于去甲基化的途径，或者是由去甲基酶去除，或者是DNA复制时由于某种原因甲基化酶未能在半甲基化处催化甲基化，于是在以后的DNA复制中产生完全去甲基化的DNA分子(图5-9)。

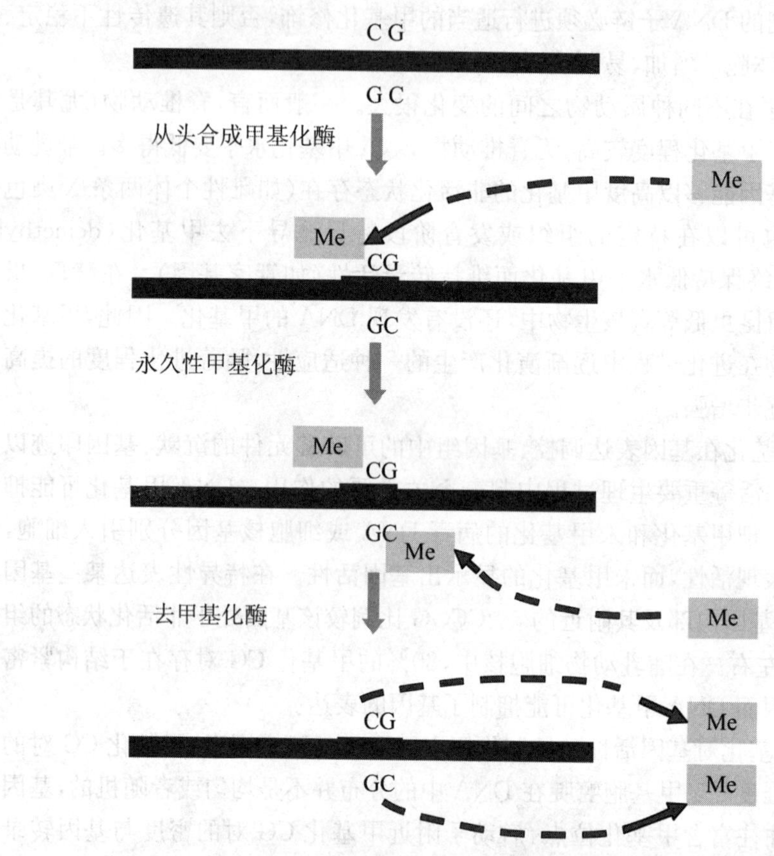

图5-9　三种类型的甲基化酶对DNA甲基化的控制作用

DNA的甲基化和去甲基化与基因活性间的关系并非绝对一致，甲基化或去甲基化对基因表达调控的作用在不同种类的生物中存在一定的差异，甚至在同一物种的同一个体内，甲基化对不同基因的活性调控效应也有所不同。对大部分基因而言，通过甲基化不足或去甲基化的方式来调节转录活性，但是，核糖体rDNA等部分基因具有一定的甲基化耐受性，在维持较高甲基化水平的情况下能够进行转录。

3. 甲基化 CpG 结合蛋白

20世纪90年代初期 Bird 实验室发现了两种甲基化 CpG 结合蛋白(methyl CpG binding protein):MeCP1 和 MeCP2,它们是特异性识别甲基化 CpG 的转录阻遏蛋白。MeCP1 和 MeCP2 的结合特性存在差异,前者与高丰度甲基化 CpG 区域的 CpG 结合,后者只能结合散在的甲基化 CpG。MeCP2 有一个甲基化 CpG 结合结构域和一个阻遏子结构域,与染色质中甲基化 CpG 的亲和力较与裸露的甲基化 DNA 的亲和力大得多,是一种染色质结合蛋白,可参与调整远端染色质结构。

MeCP2 的作用机理:MeCP2 与单个散在的甲基化 CpG 结合后募集组蛋白去乙酰基酶(HDAC)等共阻遏蛋白(Co-repressor),促使染色质凝缩,进而,染色质分子间的相互作用加强了 MeCP2 的凝缩效应,使距离较远的染色质非甲基化区域也被压缩,导致转录因子难以稳定结合,阻遏基因的转录。

4. DNA 甲基化和去甲基化机制

DNA 甲基化修饰由甲基转移酶(DNA methyltransferase)完成,甲基转移酶主要包括 DNMT1、DNMT3A 和 DNMT3B。DNMT3A 和 DNMT3B 属于从头合成型 DNA 甲基转移酶,在胚胎着床前后负责建立整个基因组的甲基化模式,催化未甲基化的 CpG 为 ^{m}CpG,无需甲基化母链的指导,不过甲基化速度很慢;DNMT1 属于维持性的 DNA 甲基转移酶,在细胞分裂时与 DNA 复制复合体结合,负责在 S 期将亲本链上的甲基化拷贝给子链。该酶对半甲基化的 DNA 有较高的亲和力,具有很强的催化特异性,可以使新产生的半甲基化 DNA 迅速甲基化。如果小鼠的维持甲基化酶(DNMT1)基因遭到损坏,小鼠的胚胎就不能正常发育而死亡。甲基化胞嘧啶的第五位 C—C 键很稳定,而且 DNMT1 在 DNA 复制时能够准确地将甲基化拷贝给子链,因此,DNA 甲基化是一种较稳定的修饰。

DNA 甲基化谱式也并非一成不变的,在生物个体发育的特定阶段以及细胞分化时会发生去甲基化。根据发生机制的不同,去甲基化可以分为主动去甲基化(active demethylation)和被动去甲基化(passive demethylation)两种。主动去甲基化是指不依赖于 DNA 复制,在酶的参与下将甲基化 DNA 序列修饰的甲基去除的过程;被动去甲基化则是因为维持性甲基转移酶不表达,DNA 甲基化没有随着 DNA 复制出现,导致 DNA 甲基化逐渐丢失、淡化的过程。因此它是依赖于 DNA 复制的。

5. DNA 甲基化与癌变

已有的研究表明,肿瘤细胞和组织中存在 DNA 甲基化异常:原癌基因甲基化程度低,使原癌基因活化,导致重新开放或异常表达;抑癌基因过度甲基化而导致表达失活;组织特异性基因的启动子区域甲基化而被关闭。这些因素综合起来导致基因表达异常,从而导致肿瘤的发生。

DNA 的甲基化会导致基因的突变。真核生物中 5-^{m}C 脱掉氨基后，生成胸腺嘧啶(T)，难以识别和校正，导致在 DNA 分子中引入可遗传的颠换突变(C→T)。如果这种点突变发生在 DNA 编码区，有可能导致编码的蛋白质序列发生改变，影响蛋白质的空间构象和性质，导致包括肿瘤在内病理过程的发生。例如，已发现在多种癌细胞中，*p53* 基因的第 273 位密码子的 CGT 常突变为 CAT 或 TGT，编码的氨基酸则由精氨酸(Arg)突变为组氨酸(His)或者半胱氨酸(Cys)。

5.4.2 DNA 甲基化抑制基因转录的机理

DNA 甲基化修饰导致某些区域的构象变化，影响蛋白质因子与 DNA 的相互作用，阻碍启动子与转录因子以及 RNA 聚合酶的结合。甲基化达到一定程度时，常规的 B-DNA 会逐渐变构为 Z-DNA，而 Z-DNA 属于左手螺旋构象，结构收缩，螺旋变窄，没有大沟，使许多蛋白质因子赖以结合的元件内缩，进而影响参与转录的蛋白质因子与启动子区 DNA 序列的相互作用；此外，该构象还有助于甲基胞嘧啶结合蛋白、转录辅阻遏蛋白、DNA 甲基转移酶等抑制转录的蛋白因子与启动子区结合，使启动子失去功能。含甲基化或非甲基化 CCGG 的 DNA 序列与组蛋白 H1 结合能力研究结果显示：甲基化与非甲基化 DNA 构型存在着很大的差别，组蛋白 H1 和二者的结合能力存在显著差别。体外 RNA 聚合酶转录活性研究表明，甲基的引入不利于模板 DNA 与 RNA 聚合酶的结合，降低了基因的转录活性。

（石耀华）

第 6 章　真核基因转录水平的调控

6.1　真核基因的基础转录

真核生物的转录机制与原核生物相似，然而与真核生物转录机制相关的大量多肽的参与使真核生物 RNA 聚合酶显得复杂。三种不同的 RNA 聚合酶复合体负责不同类型真核生物基因的转录，即 RNA 聚合酶Ⅰ、RNA 聚合酶Ⅱ、RNA 聚合酶Ⅲ。这些名称最早是根据它们从 DEAE-纤维素柱上洗脱的先后顺序而定出来的。后来发现不同的生物的三种 RNA 聚合酶的洗脱顺序并不相同，因而改用三种不同的 RNA 聚合酶对于 α-鹅膏蕈碱（α-amanitine）的敏感性不同来进行区别。RNA 聚合酶Ⅰ基本不受 α-鹅膏蕈碱的抑制，在大于 10^{-3} mol/L 时才表现出轻微的抑制作用；RNA 聚合酶Ⅱ对于 α-鹅膏蕈碱最为敏感，在 10^{-9}～10^{-8} mol/L 浓度下就会被抑制；RNA 聚合酶Ⅲ的敏感性介于Ⅰ、Ⅱ之间，在 10^{-5}～10^{-4} mol/L 时表现抑制作用。

6.1.1　RNA 聚合酶Ⅰ与核糖体 RNA 的合成

RNA 聚合酶Ⅰ负责 rRNA 在分裂间期的连续合成，包括 5.8S rRNA、18S rRNA 和 28S rRNA。人类细胞在不同染色体上分布有 5 簇 rRNA 重复基因，每簇大约有 40 个拷贝的 rRNA 基因（图 6-1）。每一 rRNA 基因产生 1 个 45S 的 rRNA 转录物，长约 13 000 nt。这一转录物随后被切成 28S（5 000 nt）、18S（2 000 nt）和 5.8S（160 nt）rRNA 各 1 个。这种 RNA 多基因拷贝的连续转录是产生足够量且加工的 rRNA，进而包装进核糖体所必需的。

RNA 聚合酶Ⅰ存在于核仁中，每一 rRNA 簇被称为 1 个核组织区域，因为核仁内含有与该基因簇相对应的 DNA 的大环，经有丝分裂形成 1 个细胞后，重新开始合成 rRNA，并在 rRNA 基因所在的染色体部位出现小核仁。在 rRNA 合成的活跃阶段,前 rRNA 转录物与 rRNA 基因捆扎在一起,可在电子显微镜下看到“圣诞树”样的结构。在这些结构中,RNA 转录物与 DNA 被紧密地裹在一起,并从 DNA 上垂直突出。可以在基因起始处观察到短的转录物,它逐渐伸长直至转录单元末端,这可以从 RNA 转录物消失的现象中得到暗示。

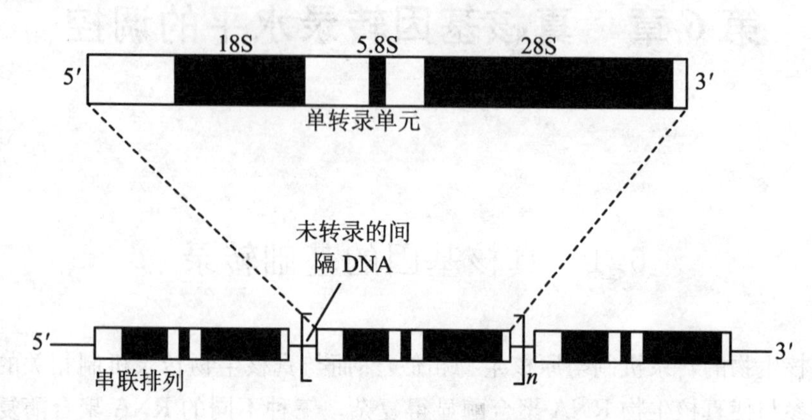

图 6-1 核糖体 RNA 转录单元

哺乳动物的前 rRNA 基因启动子由 2 部分的转录控制区域构成(图 6-2)。核心元件包括转录起始位点,跨越－31～＋6 bp 区域。这一序列为转录所必需的。另一大约 50～80 个碱基区域称做上游控制元件(UCE),从起始上游大约 100 bp 处(－100)起始。与核心元件单独作用相比,UCE 的存在使转录效率提高了10～100倍。

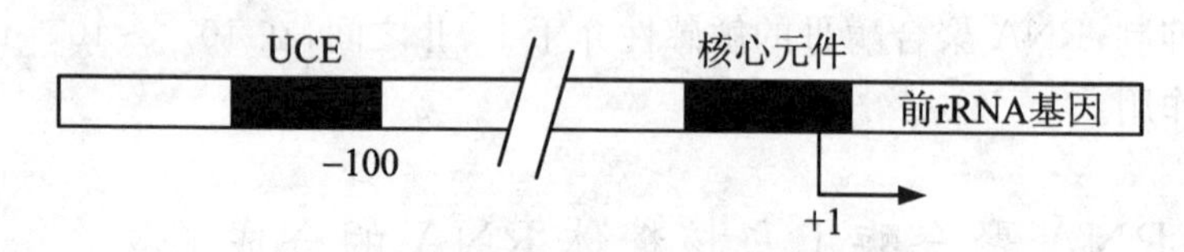

图 6-2 哺乳动物前 rRNA 启动子的结构

上游结合因子或 UBF 是一种特异 DNA 结合蛋白,可以与 UCE 结合。除了与 UCE 结合外,UBF 还可以与核心元件上游的一段序列结合。2 个 UBF 结合位点的序列间没有明显的相似性。一般认为 UBF 的 1 个分子结合 1 个序列元件。随后 2 个 UBF 分子可通过蛋白-蛋白相互作用而相互结合,导致在 2 个结合位点间的 DNA 形成一个环状结构(图 6-3)。当 UBF 缺乏时可以观察到低水平的本底转录,而在 UBF 存在下,转录速率会大大提高。

选择因子(SL1)为 RNA 聚合酶 Ⅰ 转录所必需的。SL1 结合并稳定 UBF-DNA 复合物,且与核心元件游离的下游部分相互作用。SL1 的结合使得 RNA 聚合酶 Ⅰ 能与上述复合物结合并起始转录,对 rRNA 转录非常重要。研究发现 SL1 含有多

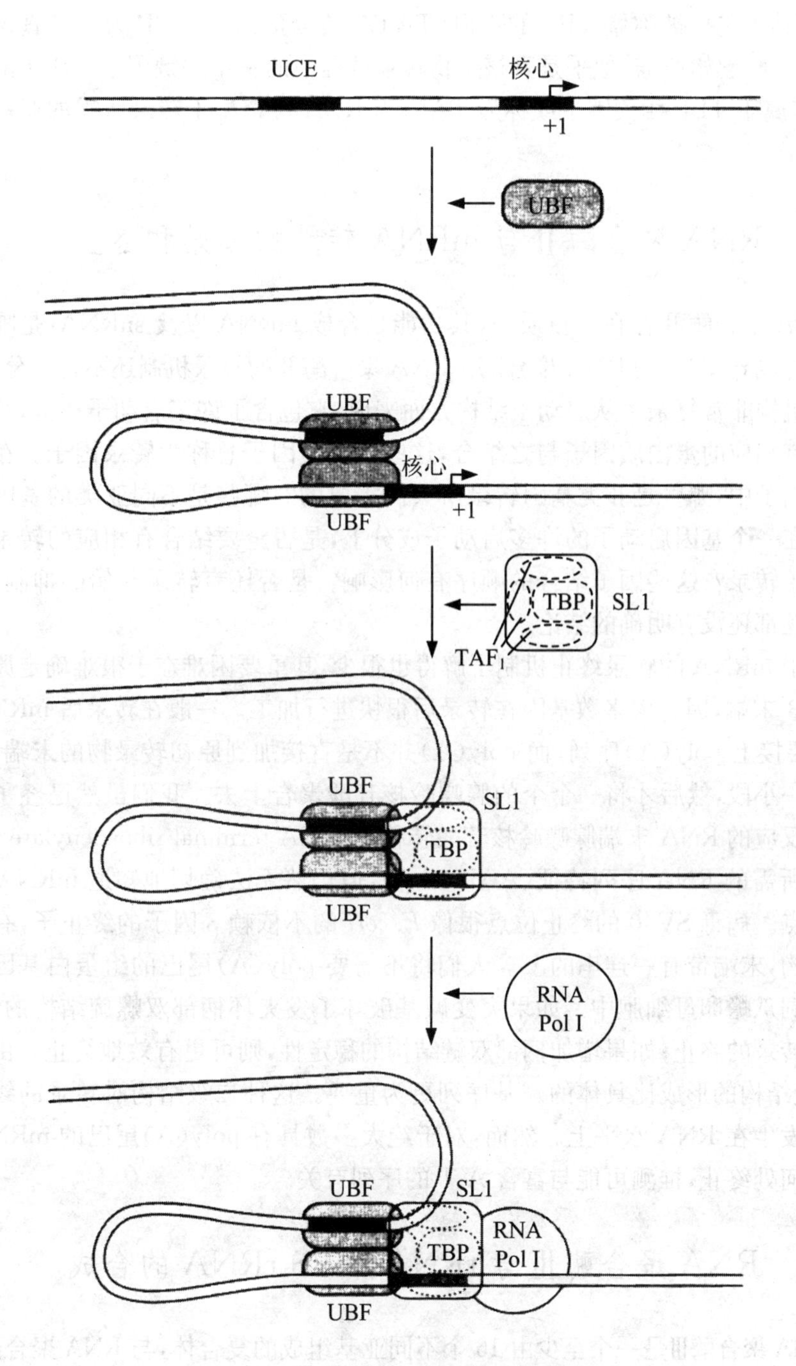

图 6-3　rRNA 转录起始的图解模型

个亚基,其中包括被称做 TBP 的蛋白(TATA 结合蛋白)。TBP 为 3 种真核生物 RNA 聚合酶起始所需,似乎是真核生物转录过程中的一个关键因子。SL1 的其他 3 个亚基属于 TBP 相关因子或称为 TAF,为 RNA 聚合酶Ⅰ转录所需的亚基被称为 TAF_{I}。

6.1.2 RNA 聚合酶Ⅱ与 mRNA 转录的起始和终止

RNA 聚合酶Ⅱ存在于核质中,其功能是合成 mRNA 以及 snRNA,是唯一一种能够合成 mRNA 的 RNA 聚合酶。RNA 聚合酶Ⅱ的转录机制还不是十分清楚,其转录机构非常复杂。从启动子结构方面来说,它包含了许多启动子成分,每一种成分都有相应的蛋白质因子与之结合,这些蛋白质因子总称为转录因子。在众多的转录因子中,哪些是Ⅱ类基因转录所共同需要的?哪些是不同亚类的基因所特有的?在一个基因启动子的许多启动子成分上,是否全要结合有相应的转录因子才能起始转录?这些因子结合的顺序有何影响?是否还有转录起始的抑制因子?这些问题都还没有明确的结论。

对于 mRNA 的转录终止机制了解得也很少,其重要困难在于很难确定原初转录物的 3′末端,因为大多数基因在转录后很快进行加工。一般在转录后 mRNA 的 3′末端要接上 poly(A)序列,而 poly(A)并不是直接加到原初转录物的末端,而是要删除一小段,然后才将一个个的腺嘌呤核苷酸聚合上去。我们虽然已经了解产生这个反应的 RNA 末端腺嘌呤核苷酸转移酶(RNA terminal riboadenylate transferase)所需的 RNA 序列特征(AAUAAA),但仍然无法确切地知道 mRNA 转录的终止点。病毒 SV40 的终止位点很像 *E. coli* 的不依赖 ρ 因子的终止子,有一个发夹结构,末端带有一连串的 U。人们将不需要 poly(A)尾巴的组蛋白基因突变后注射到爪蟾卵母细胞中。如果突变碱基破坏了发夹环柄部双螺旋结构的形成,则妨碍转录的终止;如果增加柄部双链结构的稳定性,则可更有效地终止。由此可见,二级结构的形成比具体的碱基序列更为重要。这种二级结构对转录的终止作用同样发生在 RNA 水平上。然而,对于绝大多数具有 poly(A)尾巴的 mRNA 的转录在何处终止,推测可能与富含 A-T 的序列有关。

6.1.3 RNA 聚合酶Ⅲ与 tRNA 及 5S rRNA 的合成

RNA 聚合酶Ⅲ是一个至少由 16 个不同亚基组成的复合体,与 RNA 聚合酶Ⅱ相同,位于核质中。RNA 聚合酶Ⅲ负责 5S rRNA 的前体、tRNA 以及其他 snRNA 和胞质 RNA 的转录。

来自 tRNA 基因的最初转录物是被加工成成熟的前 RNA 分子。tRNA 基因的转录控制区位于转录单元内的转录起始位点之后。在 DNA 编码的 tRNA 的 DNA 中有 2 个高度保守的序列，即 A 框（5′-TGGCNNAGTGG-3′）和 B 框（5′-GGTTCGANNCC-3′）。该序列同时也是编码 tRNA 自身的重要序列，即编码 tRNA 的 D 环和 TψC 环。这意味着 tRNA 内的高度保守序列同时也是高度保守的启动子 DNA 序列。

由 DNA 聚合酶Ⅲ起始 tRNA 基因转录所需的 2 个复杂 DNA 结合因子已被鉴定出来，即 TFⅢB 和 TFⅢC（图 6-4）。TFⅢC 可与 tRNA 启动子的 A 框和 B 框结合，TFⅢB 则可与 A 框 50 bp 上游序列结合。TFⅢB 由 3 个亚基组成，其中 1 个是 TBP，为 3 种 RNA 聚合酶所需。第 2 个亚基被称做 BRF（TFⅡB 相关因子，与 RNA 聚合酶Ⅱ起始因子 TFⅡB 同源）。第 3 个亚基称做 B″。TFⅢB 没有序列特异性，因此它的结合位点似乎由 TFⅢC 与 DNA 结合的位置所决定。TFⅢB 可使 RNA 聚合酶Ⅲ结合起来并起始转录。一旦 TFⅢB 结合后，TFⅢC 可在不影响转录的情况下解离出去。因此 TFⅢC 是 1 个为起始因子 TFⅢB 定位的装配因子。

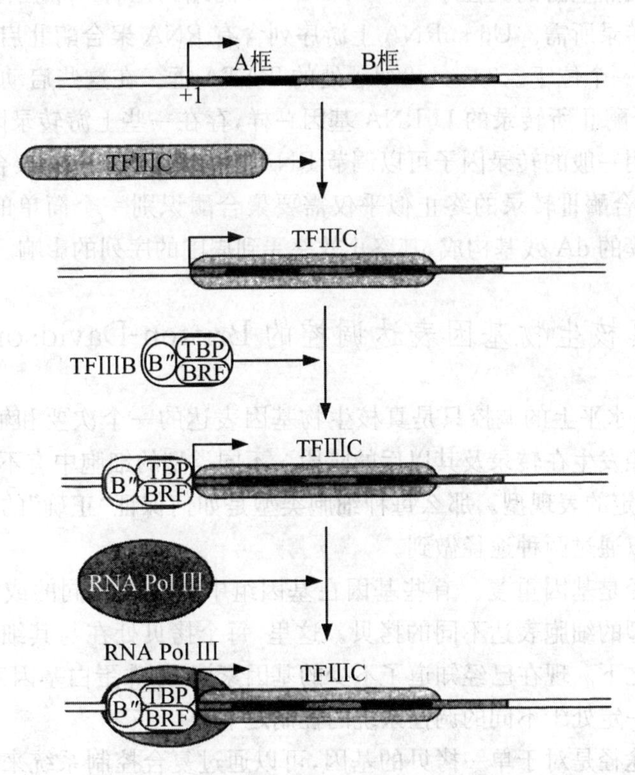

图 6-4　真核生物 tRNA 启动子转录的起始

RNA 聚合酶Ⅲ转录核糖体大亚基的 5S rRNA 部分，是唯一单独被转录的 rRNA 亚基。与 RNA 聚合酶Ⅰ转录的另一些 rRNA 基因一样，5S rRNA 基因也是串联排列在基因簇中的。在人类基因组中，有 1 个大约由 2 000 个碱基组成的基因簇。5S rRNA 基因的启动子上含有 1 个称为 C 框的内部控制区域，它位于转录起始点下游 81～99 bp 处，而另一个位于＋50～＋65 bp 间的称为 A 框的序列也非常重要。

5S rRNA 启动子的 C 框是一个特异 DNA 结合蛋白 TFⅢA 的结合位点（图 6-5）。TFⅢA 作为装配因子使得 TFⅢC 可与 5S rRNA 启动子相互作用。A 框也可能稳定 TFⅢC 的结合。在一个相对于 tRNA 启动子起始位点的等同位置，TFⅢC 与 DNA 结合。一旦 TFⅢC 结合，TFⅢB 就能与复合体起作用并促使 RNA 聚合酶Ⅲ的结合而起始转录。

许多 RNA 聚合酶Ⅲ基因也受上游序列作用来调控其自身转录。一些启动子诸如 U6 小核 RNA（U6 snRNA）和来自非洲淋巴瘤病毒中的小 RNA 基因只使用其转录起始位点上游的调控序列。U6 snRNA 的编码区有一个独特的 A 框，但该序列并不为转录所需。U6 snRNA 上游序列含有 RNA 聚合酶Ⅱ启动子的典型序列，其中包括一个位于－30～－23 bp 处的 TATA 框。在这些启动子中也与许多由 RNA 聚合酶Ⅱ所转录的 U RNA 基因一样，存在一些上游转录因子结合序列。这些现象表明一般的转录因子可以调节 RNA 聚合酶Ⅱ和 RNA 聚合酶Ⅲ基因。

RNA 聚合酶Ⅲ转录的终止似乎仅需要聚合酶识别一个简单的核苷酸序列。该序列由成簇的 dA 残基构成，其终止效率受到周围的序列的影响。

6.1.4 真核生物基因表达调控的 Britten-Davidson 模型

在 DNA 水平上的调控只是真核生物基因表达的一个次要和辅助的手段，更多的基因调控发生在转录及其以后的阶段。不同类型的细胞中有不同组合的基因表达，产生特定的表现型。那么每种细胞类型是如何保证“正确”的基因组合的表达呢？这可以通过两种途径做到。

一种途径是基因重复。有些基因在基因组中有几个相同的或相似的重复拷贝。不同类型的细胞表达不同的拷贝。这里，每个拷贝处在与其细胞类型相应的特异性控制之下。现在已经知道了不少的基因家族，如珠蛋白基因家族等，其不同拷贝的表达一定处于不同的调控系统的控制之下。

另一种途径是对于单一拷贝的基因，可以通过复合控制系统来调控它的转录活性。在结构基因 5′端存在着可被控制因子识别的位点，与控制因子结合后，可以以某种方式促进转录。Britten 和 Davidson 提出了这种调控机制的模型（图 6-6）。

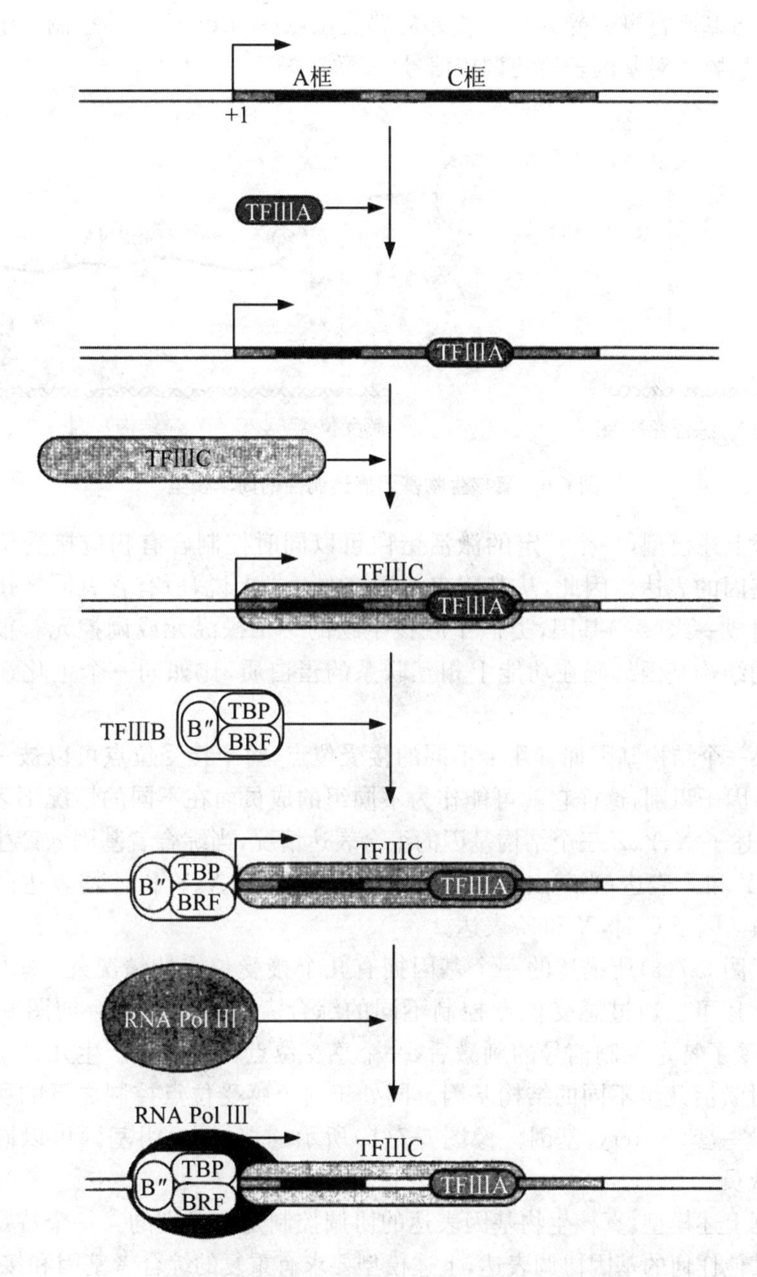

图 6-5 真核生物 5S rRNA 启动子转录的起始

在结构基因的5′端连接有一段称为接受位点(receptor site)的序列，它可被某种激活因子(可能是RNA或蛋白质)所识别。激活因子由它的综合者基因(integrator)产生。这种情况类似于细菌操纵元与其调节基因之间的关系，但不同的是，真核生物的综合者基因自身还受到与它相邻的感受位点(sensor site)的控制。感受位点负责接受生物体对基因表达的调控信号(如激素等)。

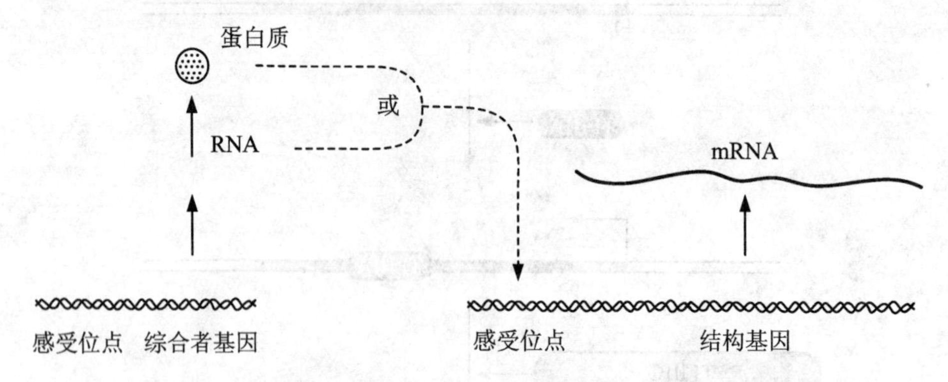

图 6-6 真核生物基因表达调控的简单模型

根据上述模型,一个特定的激活蛋白可以同时控制含有相应接受位点的许多结构基因的表达。因此,从基因表达调控的意义上说,所有含有同样接受位点的基因组成一组(set)基因,类似于原核生物的一个操纵元或调控元。很可能同属一组的结构基因编码在功能上相互联系的蛋白质,比如同一个生化途径中不同的酶。

如果一个结构基因拥有几个不同的接受位点,每个接受位点可以被一个特异性的激活因子识别,这样它就可能作为不同组的成员而在不同的情况下表达。图6-7(a)描述了 X、Y、Z 三个结构基因的组合表达情况,当综合者基因 a 产生激活因子 A 时,Y 和 Z 表达;当基因 b 产生出激活因子 B 时,X、Y 和 Z 均表达;当基因 c 产生出激活因子 C 时,X 和 Z 表达。

除了图 6-7(a)所描述的一个基因拥有几个接受位点的情况外,基因表达的协调控制还可以通过感受位点控制不同的综合者基因而达到。如图 6-7(b)所示,在接受了特定控制信号的刺激后,一个感受位点可以同时产生几种激活因子进而同时激活几组不同的结构基因。同处于一个感受位点控制之下的所有结构基因叫做一套(battery)基因。像图 6-7(b)所示的那样,一组基因可以同时是不同套的成员。

根据上述模型,真核生物基因表达的协调控制是多级别的。一个特定的基因可以与其他任何的基因协调表达,上述模型要求有重复的综合者基因和接受位点,而重复序列正是真核生物 DNA 中大量存在的。但必须指出的是,这个模型和生物体内实际存在的错综复杂的调控系统相比是过于理想化了,而且,它所提出的调控机制还必须经受实验的检验。就目前所知,已发现的激活因子基因的表达都是本底组成型表达,而非诱导合成,诱导只是使它具有促进转录的活性。

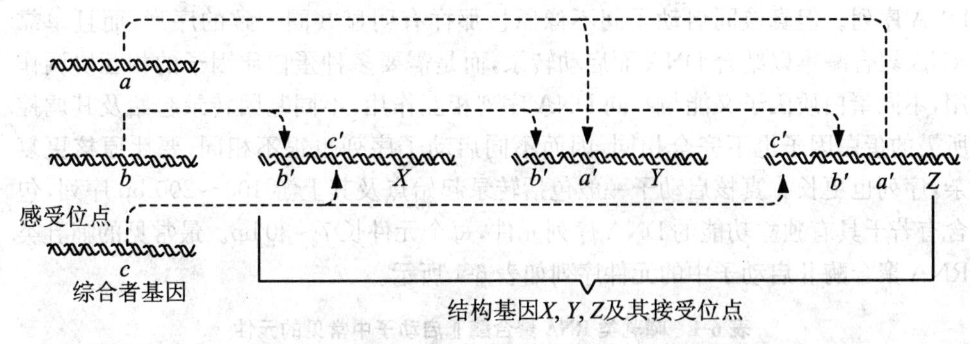

(a) 一个结构基因受不同综合者基因-接受位点系统的控制

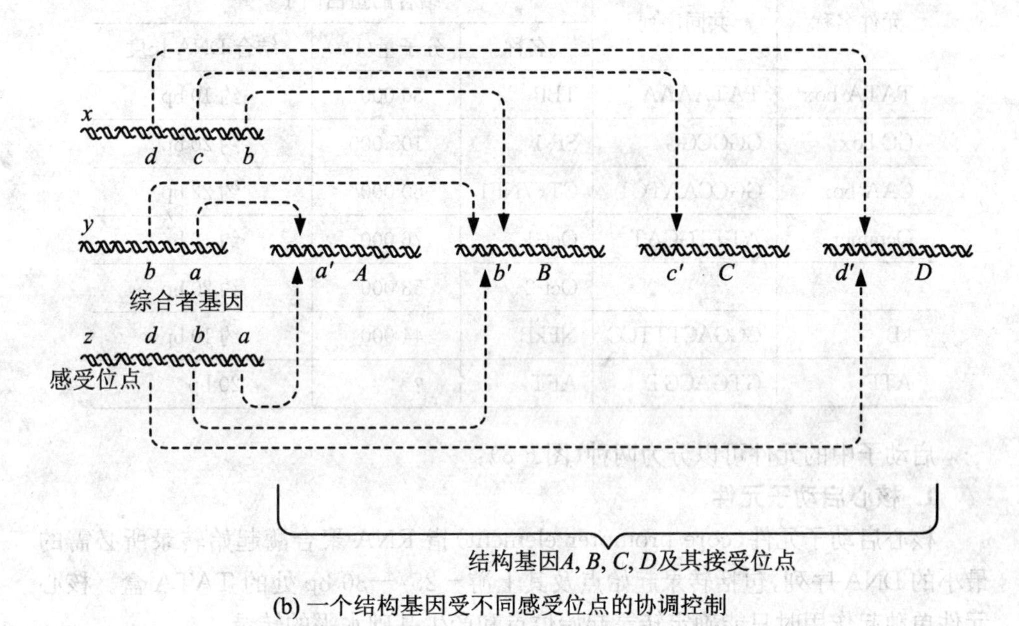

(b) 一个结构基因受不同感受位点的协调控制

图 6-7　Britten-Davidson 关于真核生物基因表达调控的模型

6.2　基因转录水平的顺式调节

真核基因的顺式调控元件是基因周围能与特异转录因子结合而影响转录的DNA序列,其中主要是起正性调控作用的顺式作用元件,包括启动子(promoter)、增强子和沉寂子等。增强子、沉寂子已在前面提及,此处不再赘述。

真核启动子与原核启动子的含义相同,是指 RNA 聚合酶结合并启动转录的

DNA 序列。但真核同启动子间不像原核那样有明显共同一致的序列,而且单靠 RNA 聚合酶难以结合 DNA 而启动转录,而是需要多种蛋白质因子的相互协调作用,不同蛋白质因子又能与不同 DNA 序列相互作用,不同基因转录起始及其调控所需的蛋白因子也不完全相同,因而不同启动子序列也很不相同,要比原核更复杂,序列也更长。真核启动子一般包括转录起始点及其上游 100～200 bp 序列,包含有若干具有独立功能的 DNA 序列元件,每个元件长 7～30 bp。最常见的哺乳类 RNA 聚合酶Ⅱ启动子中的元件序列如表 6-1 所示。

表 6-1 哺乳类 RNA 聚合酶Ⅱ启动子中常见的元件

元件名称	共同序列	结合的蛋白因子		
		名称	分子量(Da)	结合 DNA 长度
TATA box	TATAAAA	TBP	30 000	约 10 bp
GC box	GGGCGG	SP-1	105 000	约 20 bp
CAA box	GGCCAATCT	CTF/NF1	60 000	约 22 bp
Octamer	ATTTGCAT	Oct-1	76 000	约 10 bp
		Oct-2	53 000	约 20 bp
kB	GGGACTTTCC	NFkB	44 000	约 10 bp
ATF	GTGACGT	AFT	?	20 bp

启动子中的元件可以分为两种(图 6-8):

1. 核心启动子元件

核心启动子元件(core promoter element)指 RNA 聚合酶起始转录所必需的最小的 DNA 序列,包括转录起始点及其上游－25/－30 bp 处的 TATA 盒。核心元件单独起作用时只能确定转录起始位点和产生基础水平的转录。

2. 上游启动子元件

上游启动子元件(upstream promoter element)包括通常位于－70 bp 附近的 CAAT 盒和 GC 盒以及距转录起始点更远的上游元件。这些元件与相应的蛋白因子结合能提高或改变转录效率。不同基因具有不同的上游启动子元件,其位置也不相同,这使得不同的基因表达分别有不同的调控。

整个真核生物基因的顺式调控成分的组织方式如图 6-9 所示。

尽管真核生物增强子在组织方式上和作用特点方面与启动子成分有所不同,但是二者均是与反式作用因子相结合,然后通过反式作用因子的某种相互作用,从而促进了转录。在天然存在的增强子和启动子中,有些 DNA 序列及其反式作用因子是共同的,而且有些增强子元和启动子成分可以互换。例如,免疫球蛋白基因的增强子中的八核苷酸序列(ATTTGCAT)也存在于许多基因的启动子中,当然它们都是与同一种蛋白质因子(NF-A)相结合。当 SV40 的增强子连接到 β-珠蛋白基因启动子的上游 100 bp 以上时,如果确实是两个 UPE,则基本上丧失转录活性。如果以 SV40 的增强子代替两个 UPE,则很大一部分转录活性可以恢复。由此看来,启动子与增强子有很大的相似性。有趣的是,热休克基因的上游启动子成分 HSTE(CNNGAANNTTCNNG)如果放在其他启动子的远上游,则没有什么作用;如果重复放置两个这样的序列,则变为典型的增强子。然而,并不是所有的上游启动子成分都可以转变为增强子的,例如,CAAT 框的多拷贝重复就不能在远距离刺激转录。

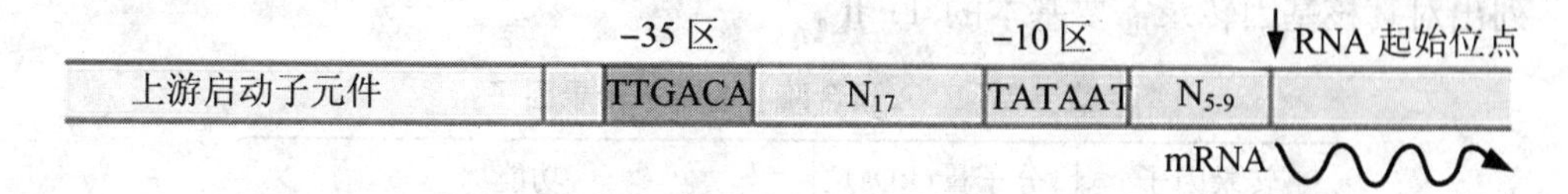

图 6-8　真核生物启动子元件结构

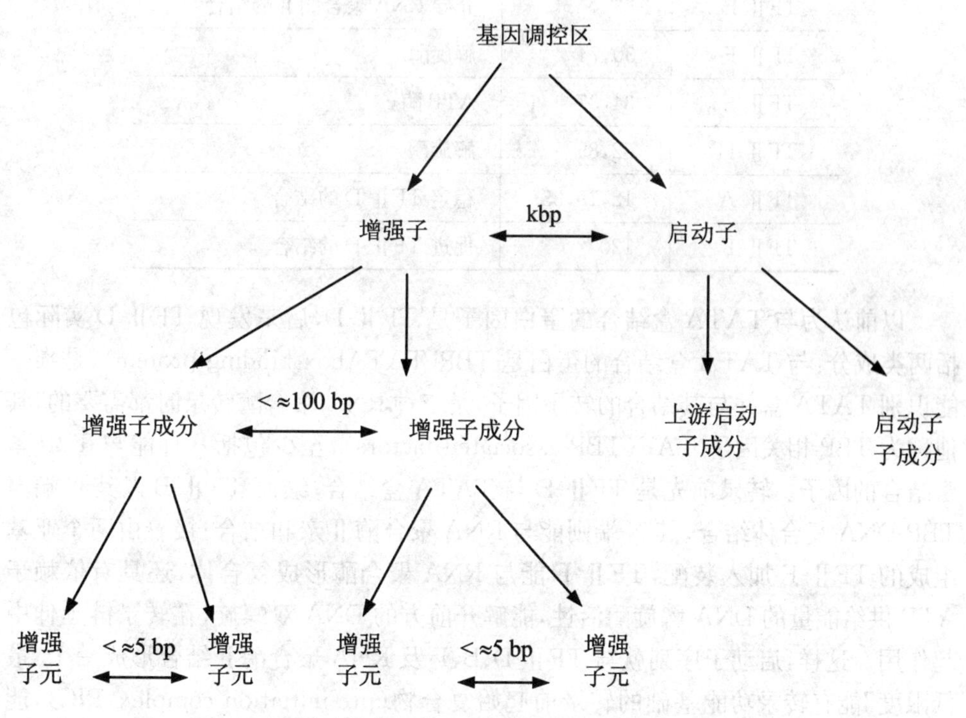

图 6-9　真核生物基因的顺式调控成分的组织方式示意图

6.3 基因转录的反式作用因子

以反式作用影响转录的因子可统称为转录因子(transcription factors,TF)。RNA 聚合酶就是一种反式作用于转录的蛋白因子。在真核细胞中 RNA 聚合酶通常不能单独发挥转录作用,而需要与其他转录因子共同协作。与 RNA 聚合酶Ⅰ、Ⅱ、Ⅲ相应的转录因子分别称为 TFⅠ、TFⅡ、TFⅢ,对 TFⅡ研究最多。表 6-2 列出对真核基因转录需要基本的 TFⅡ。

表 6-2 RNA 聚合酶Ⅱ的基本转录因子

转录因子	分子量(kDa)	功能
TBP	30	与 TATA 盒结合
TFⅡ-B	33	介导 RNA 聚合酶Ⅱ的结合
TFⅡ-F	30,74	解旋酶
TFⅡ-E	34,37	ATP 酶
TFⅡ-H	62,89	解旋酶
TFⅡ-A	12,19,35	稳定 TFⅡ-D 的结合
TFⅡ-I	120	促进 TFⅡ-D 的结合

以前认为与 TATA 盒结合的蛋白因子是 TFⅡ-D,后来发现 TFⅡ-D 实际包括两类成分:与 TATA 盒结合的蛋白是 TBP(TATAbox binding protein),是唯一能识别 TATA 盒并与其结合的转录因子,是三种 RNA 聚合酶转录时都需要的;其他称为 TBP 相关因子 TAF(TBP-associated factors),至少包括八种能与 TBP 紧密结合的因子。转录前先是 TFⅡ-D 与 TATA 盒结合;继而 TFⅡ-B 以其 C 端与 TBP-DNA 复合体结合,其 N 端则能与 RNA 聚合酶Ⅱ亲和结合;接着由两个亚基组成的 TFⅡ-F 加入装配,TFⅡ-F 能与 RNA 聚合酶形成复合体,还具有依赖于 ATP 供给能量的 DNA 解旋酶活性,能解开前方的 DNA 双螺旋,在转录链延伸中起作用。这样,启动子序列就与 TFⅡ-D、B、F 及 RNA 聚合酶Ⅱ结合形成一个“最低限度”能有转录功能基础的转录前起始复合物(pre-initiation complex,PIC),能转录 mRNA。TFⅡ-H 是多亚基蛋白复合体,具有依赖于 ATP 供给能量的 DNA 解旋酶活性,在转录链延伸中发挥作用;TFⅡ-E 是两个亚基组成的四聚体,不直接与 DNA 结合而可能是与 TFⅡ-B 联系,能提高 ATP 酶的活性;TFⅡ-E 和TFⅡ-H

的加入就形成完整的转录复合体(图 6-10),能转录延伸生成长链 RNA。TFⅡ-A 能稳定 TFⅡ-D 与 TATA 盒的结合,提高转录效率;但不是转录复合体一定需要的。

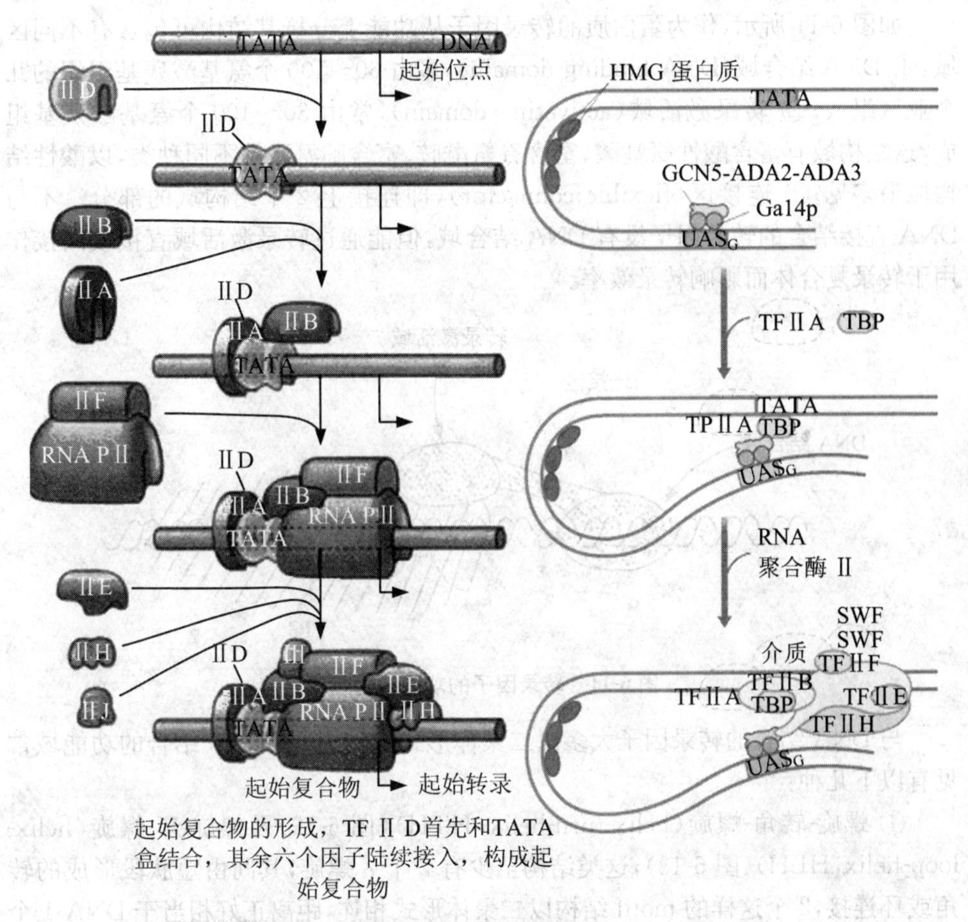

图 6-10　RNA 聚合酶Ⅱ转录复合体的形成示意图

以上所述是典型的启动子上转录复合体的形成,但有的真核启动子不含 TATA盒或不通过 TATA 盒开始转录。例如,有的无 TATA 盒的启动子是靠 TFⅡ-I和 TFⅡ-D 共同组成稳定的转录起始复合体开始转录的。由此可以看到真核转录起始的复杂性。

不同基因由不同的上游启动子元件组成,能与不同的转录因子结合,这些转录因子通过与基础的转录复合体影响转录的效率。现在已经发现有许多不同的转录因子,看到的现象是:同一 DNA 序列可被不同的蛋白因子所识别;能直接结合 DNA 序列的蛋白因子比较少,但不同的蛋白因子间可以相互作用,因而多数转录因子是通过蛋白质-蛋白质间作用与 DNA 序列联系并影响转录效率的。转录因子之间或转录因子与 DNA 的结合都会引起构象的变化,从而影响转录的效率。

如图 6-11 所示,作为蛋白质的转录因子从功能上分析其结构可包含有不同区域:① DNA 结合域(DNA binding domain),多由 60~100 个氨基酸残基组织的几个亚区组成;② 转录激活域(activating domain),常由 30~100 个氨基酸残基组成,这结构域有富含酸性氨基酸、富含谷氨酰胺、富含脯氨酸等不同种类,以酸性结构域最多见;③ 连接区(flexible connector),即连接上 2 个结构域的部分。不与 DNA 直接结合的转录因子没有 DNA 结合域,但能通过转录激活域直接或间接作用于转录复合体而影响转录效率。

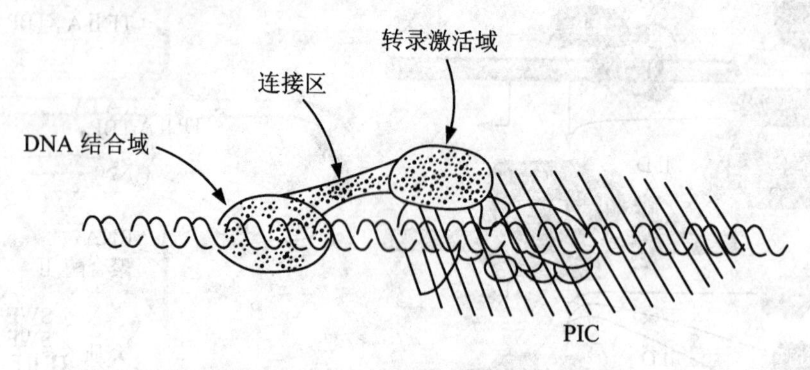

图 6-11　转录因子的功能结构区域

与 DNA 结合的转录因子大多以二聚体形式起作用,与 DNA 结合的功能域常见有以下几种:

① 螺旋-转角-螺旋(helix-turn-helix,HTH)(图 6-12)及螺旋-环-螺旋(helix-loop-helix,HLH)(图 6-13),这类结构至少有 2 个 α 螺旋,其间由短肽段形成的转角或环连接,2 个这样的 motif 结构以二聚体形式相连,距离正好相当于 DNA 1 个螺距(3.4 nm),2 个 α 螺旋刚好分别嵌入 DNA 的深沟。

② 锌指(zinc finger),其结构如图 6-14 所示,每个重复的"指"状结构约含 23 个氨基酸残基,锌以 4 个配价键与 4 个半胱氨酸或 2 个半胱氨酸和 2 个组氨酸相结合。整个蛋白质分子可有 2~9 个这样的锌指重复单位。每一个单位可以其指部伸入 DNA 双螺旋的深沟,接触 5 个核苷酸。例如,与 GC 盒结合的转录因子 SP1 中就有连续的 3 个锌指重复结构。

③ 碱性-亮氨酸拉链(basic leucine zipper,bZIP),该结构的特点是蛋白质分子的肽链上每隔 6 个氨基酸就有一个亮氨酸残基,结果就导致这些亮氨酸残基都在 α 螺旋的同一个方向出现。

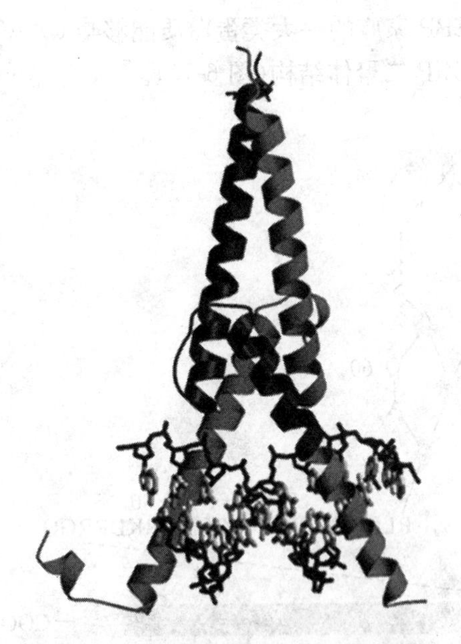

图 6-12　HTH 结构及其与 DNA 的结合

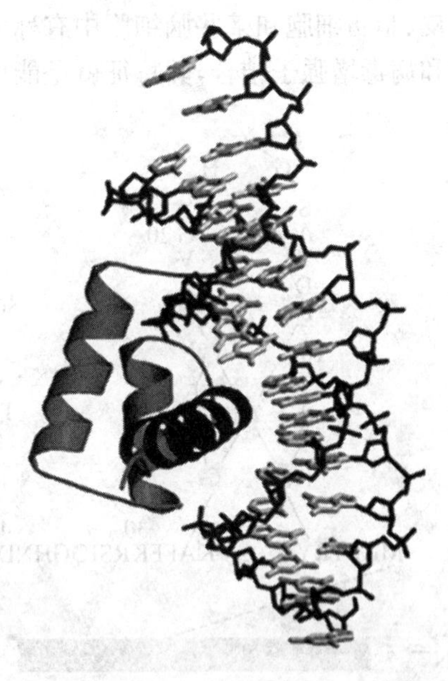

图 6-13　HLH 结构及其与 DNA 的结合

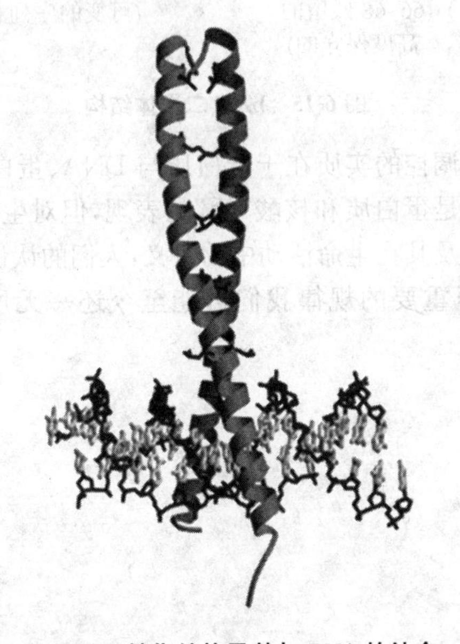

图 6-14　锌指结构及其与 DNA 的结合

2 个相同结构的 2 排亮氨酸残基就能以疏水键结合成二聚体，该二聚体的另一端的肽段富含碱性氨基酸残基，借其正电荷与 DNA 双螺旋链上带负电荷的磷酸基团结合。若不形成二聚体，则对 DNA 的亲和结合力明显降低。在肝脏、小肠上皮、脂肪细胞和某些脑细胞中有称为 C/EBP 家族的一大类蛋白质能够与 CAAT 盒和病毒增强子结合，其特征就是能形成 bZIP 二聚体结构(图 6-15)。

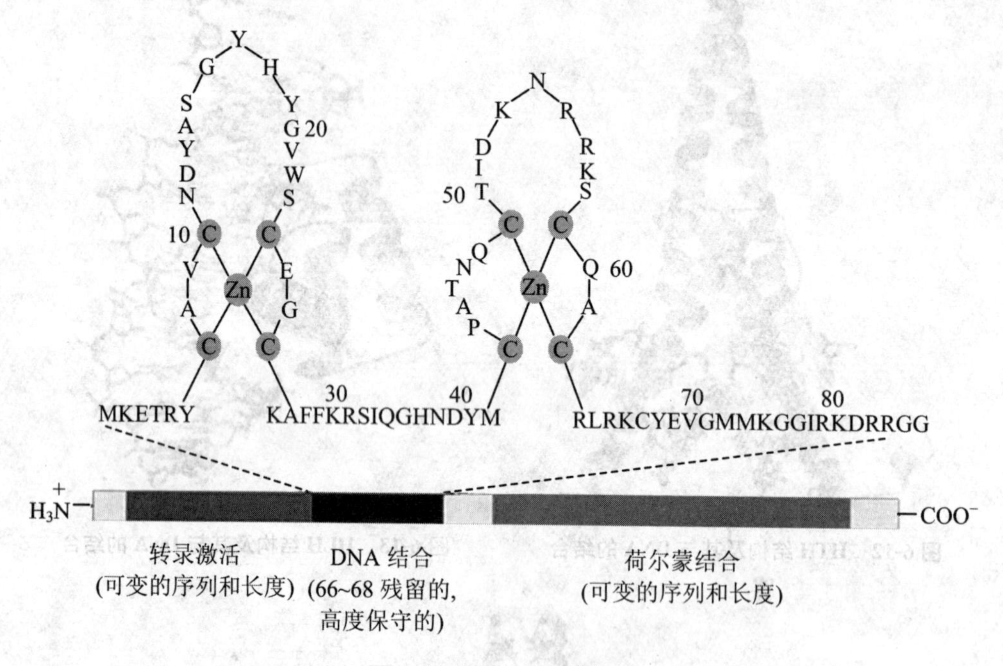

图 6-15 bZIP 二聚体结构

从上述可见，转录调控的实质在于蛋白质与 DNA、蛋白质与蛋白质之间的相互作用，构象的变化正是蛋白质和核酸“活”的表现，但对生物大分子间的辨认、相互作用、结构上的变化及其在生命活动中的意义，人们的认识和研究还只在起步阶段，其中许多内容甚至重要的规律我们可能至今还一无所知，有待于我们努力探索。

（杨　诺）

第7章　转录后遗传信息的扩展

原核生物没有细胞核，基因的转录和翻译几乎是同步进行的，RNA 转录出 5′端的一小段时即启动翻译。真核生物与此不同，基因中存在不编码蛋白质的内含子，这些内含子需要进行切除；此外，真核生物存在细胞核和细胞器，将细胞分为不同的亚细胞空间，细胞核中转录的 mRNA 初产物核不均一 mRNA（hnRNA）不具有翻译指导活性，需要运输到细胞质等特定的细胞亚结构，剪切掉内含子，并进行复杂生物修饰限制才具有翻译活性。

在多种蛋白质因子以及 RNA 等作用下，hnRNA 中的内含子被剪除，同时将外显子连接为有机的整体。这种剪接和连接不是一个被动的过程，而是主动切除，甚至选择性地进行重组的过程，有的序列在不同的剪接方式中分别起着外显子和内含子的作用，典型的例子是免疫球蛋白基因的选择性剪接。这种选择性剪接和外显子与内含子的相对性，使得一个 hnRNA 分子可以编码多条多肽链，丰富和拓展了遗传信息。除了 hnRNA 的多种剪接方式之外，mRNA 在成熟过程中可能在编码区出现突变、缺失等编辑现象，导致遗传信息的改变。在剪接和编辑等过程中，遗传信息较此前已经发生了不同程度的变化，对后续指导蛋白质的合成产生深远影响。

7.1　mRNA 前体加工的分子基础

真核生物在细胞核转录合成 mRNA 前体中含有并不编码蛋白质的内含子，需要进行剪接等加工修饰后才具有翻译指导活性。mRNA 前体中的内含子和外显子交替排列，尽管长度千差万别，但是每一个内含子的 5′端和 3′端的 2～3 个核苷酸是保守的，可能参与剪接加工。同时，外显子序列受到多种进化上的制约，蛋白质编码以及与 SR 蛋白识别序列是保守的。内含子的剪接是一个消耗能量的过程，需要消耗 ATP，多种蛋白质剪接因子（splice factor，SF）和核内小分子 RNA（snRNA）等形成剪接体（spliceosome），对前体 RNA 的内含子进行剪接加工。

7.1.1 核不均一 mRNA

真核生物的基因是单顺反子，每个基因作为一个相对独立的转录子在细胞核中转录。已有的研究结果显示，真核生物的每一个基因都是由内含子和外显子相间排列构成的，每个基因的内含子数量少的仅有两个，多的有数百个，平均每个基因约含有八个内含子；单个内含子的长度短的只有数百个核苷酸，长的有数万个碱基对。内含子在真核生物基因中所占的比例很高，例如，人类萎缩性肌强直因子基因中内含子的比例超过了 99%。

从 DNA 转录产生的信使 RNA 的原初转录产物分子量很大，在核内加工时形成大小不等的中间物，称为核不均一 RNA（heterogeneous nuclear RNA，hnRNA）。原始转录产物可称做 mRNA 前体，需要经过 hnRNA 核不均一 RNA 的阶段，最终才被加工为成熟的 mRNA。随后经过核孔复合体转运到细胞质。细胞质中的 mRNA 主要由 5′端非翻译区（5′-untranslated region，5′-UTR）、编码区和 3′端非翻译区（3′-untranslated region，3′-UTR）三部分组成，其中 5′-UTR 最前端有 m^7G 帽子结构，3′-UTR 端有多聚腺苷酸尾。编码区与外显子一道被转录的内含子序列剪除后，外显子序列彼此连接，称为连续的开放阅读框（open reading frame，ORF），此时的 RNA 才能够指导蛋白质的翻译。

mRNA 前体剪接发生在基因中特定的位置，在真核生物中具有很强的保守性。

1. 主要内含子剪接位点特征

通过比较不同生物类群同一基因以及和同一生物的不同基因的序列，发现内含子与外显子连接处的序列具有高度的相似性。高等真核生物中，内含子 5′端与相邻外显子的 3′端连接处的一致性序列为“A/CAG↓GUA/GAGU”，内含子 3′端与相邻外显子的 5′端连接处的一致性序列为“(C/U)>10N(C/T)AG↓G”(N 代表任意核苷酸)。因此，多数内含子是以 GU 开始，以 AG 收尾的，而外显子则常常是以 G 开始，以 AG 收尾。与此相比，低等的酵母的剪接位点序列更加保守(图 7-1)。

除了剪接位点的序列外，内含子中还有分支位点（branch site），在正常剪接中发挥重要作用。酵母的分支位点序列位于 3′剪接位置前第 18～40 个核苷酸处，极其保守，基本上是“UACUAAC”，可能与酵母的 mRNA 前体中内含子较少有关。高等真核生物中，分支位点的一致性序列为“YNCURAY”(A 代表分支形成点，N 代表任意核苷酸，R 代表嘌呤，Y 代表嘧啶)。脊椎动物和无脊椎动物中还有一类内含子的剪接位点更加保守，内含子的 5′和 3′边界序列分别为“AUAUCUU”和

“CAC”，其分支位点可能位于3′剪接位点前端第16～19个核苷处的保守序列“UCCUUAAC”。植物的内含子中没有保守的分支位点，但是，它含有丰富的“UA”序列。

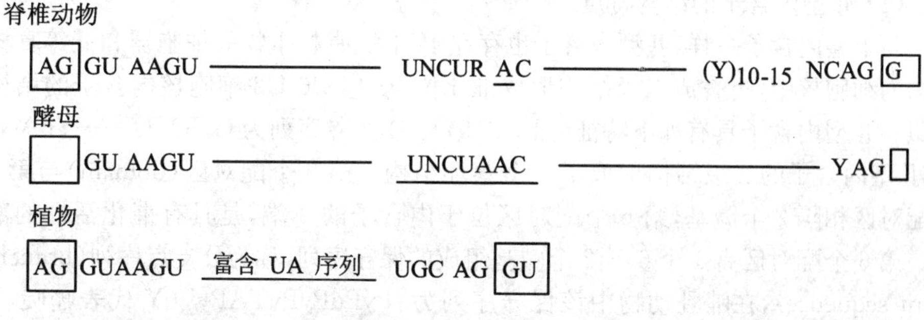

图7-1　脊椎动物、酵母和植物的mRNA前体中重要的剪接识别信号模式图

2. 次要内含子剪接位点特征

绝大多数真核生物的内含子具有GU-AG的开始和结尾的保守性特征，为剪接体提供了识别的位置，保证准确地进行剪接。不过，也有例外，先后在人、小鼠等动植物中鉴定出了非GU-AG结构的内含子。这类内含子以AU开始和以AC结尾，因而被称为AU-AC内含子，由于所占比例很少，又被称为次要内含子。含有次要内含子的基因中都还有多个GU-AG主要内含子，次要内含子在基因中没有长度和位置的保守性

3. 自我剪接型内含子特征

除了需要剪接蛋白和snRNA等参与剪接的主要内含子GU-AG型和AU-AC型外，还发现有的内含子具有自我剪接活性。这些具有自我催化活性的内含子在其初级结构反应方式、立体化学反应特异性以及剪接过程中形成的中间体与典型的内含子有相同的保守序列特征。

(1) Ⅰ型内含子的结构特点

Ⅰ型内含子在细菌、真核生物的细胞器和低等真核生物的细胞核中都已经发现。Ⅰ型内含子的结构特点(图7-2(a))是：① 边界序列为5′U-G 3′。② 具有由保守序列形成的二级结构。有10～20 bp的4个重复保守序列，保守序列为5′-P-Q-R-S-3′，其中P与Q互补、R与S互补而形成中部核心结构，距剪接点很远，在剪接中起重要作用。二级结构中还包括内含子和外显子的某一序列互补所形成的二级结构。例如，四膜虫内含子二级结构共9个配对区(P1～P9)，其中P4和P7配对区是Ⅰ型内含子共有的保守序列，P4由P和Q序列形成，长10 bp，有6～7个碱基配对；P7由R和S序列形成，长12 bp，有5个碱基配对。其他配对区保守性较差。配对区P3、P4、P6和P7是具有催化活性的核心结构区域。第Ⅰ型内含子的剪接

依赖于以上二级结构为自我剪接的进行提供活性位点。③ 具有内部引导序列(internal guide sequence,IGS),即内含子中能与 2 个剪接点边界序列配对的一段序列。

(2) Ⅱ型内含子的结构特点

与Ⅰ型内含子一样,Ⅱ型内含子也存在于细菌、真核生物的细胞器和低等真核生物的细胞核中,折叠成二级结构形成催化位点,与 U6-U2-细胞核内含子的结构相似。Ⅱ型内含子具有如下特征(图 7-2(b)):① 边界序列为 GUGCG——YnAG。② Ⅱ型内含子的二级结构形成了 6 个茎环结构。第 5 个配对区(domain)与第 6 个配对区相隔 2 个碱基,第 6 个配对区位于内含子的 3′端,是具有催化活性的部位。第 6 个配对区有 1 个 6～12 个碱基组成的保守序列,称为分支点序列(branch-point sequence),在哺乳动物中该保守序列为"PyPuPyPyTAPy"(Y 代表嘧啶,R 代表代表嘌呤,N 代表任何核苷酸)。分支点序列可以与上游序列互补,形成茎环结构,其中含有 1 个不配对 A 残基,A 残基的 2′-OH 发动第一次转酯反应。

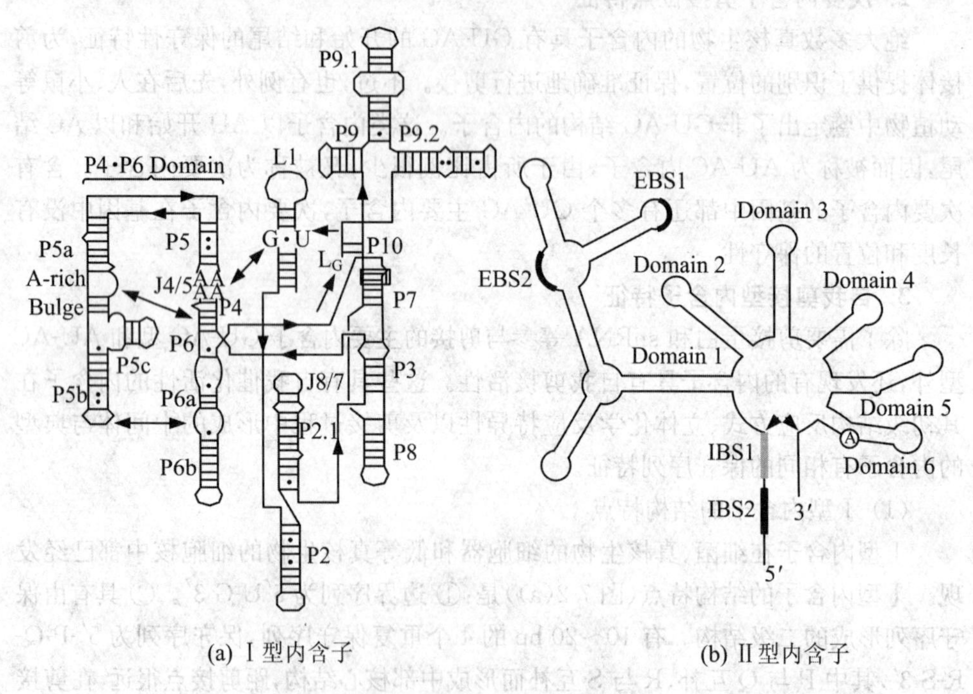

(a) Ⅰ型内含子 (b) Ⅱ型内含子

图 7-2 内含子共有二级结构

真核生物 mRNA 的内含子特点如表 7-1 所示。

表 7-1　真核生物 mRNA 的内含子特点

	Ⅰ型内含子	Ⅱ型内含子	核 mRNA 内含子	反式剪接内含子
边界顺序	5′U↓—G↓3′	↓GU—AG↓	↓GU—AG↓	—↓GU—,—A—AG↓
特殊顺序	中部核心序列(PQ)(RS),IGS	分枝顺序保守 A	分枝顺序保守 A	保守 A
参与剪接的因子	GTP,镁离子,核酶	镁离子,核酶	U_1,U_2,U_4,U_5,U_6	U_2,U_4,U_6
中间型	环状	套索	套索	Y 型分子

7.1.2　具有催化活性的小核 RNA

除了围绕蛋白质表达所必需的 mRNA、tRNA 和 rRNA 外,真核生物细胞核中还有一些 100～300 bp 的小分子 RNA,被称为小核 RNA(small nuclear RNA, snRNA)。snRNA 是由 RNA 聚合酶Ⅲ催化合成的,长为 90～220 个核苷酸,主要有 6 种:U1 snRNA、U2 snRNA、U3 snRNA、U4 snRNA、U5 snRNA 和 U6 snRNA。U4 snRNA 和 U6 snRNA 常常结合在一起,形成二联体 U4/U6 snRNA,其中 U3 位于核仁中,与 28S rRNA 的成熟有关。snRNA 是剪接体的重要组成部分,很稳定,在活细胞中,它们常常与特定的大量同属核蛋白 Sm 蛋白结合,形成 RNA 和核蛋白复合物,被称为小核核糖核蛋白颗粒(small nuclear ribonucleoprotein particles, snRNPs)。每个 snRNP 都含有一个 snRNA 和几个(少于 20 个)蛋白质。目前已经发现的 snRNP 蛋白大约有 40 种,每个 snRNP 都含有 1 个由 8 种具有保守序列的蛋白质组成的结构中心,是自身免疫抗血清 anti-Sm 的识别位点;其余蛋白质都是 snRNP 所特有的。

snRNA 的一级结构(碱基排列序列)因生物种属而异,但其二级结构高度保守。除 U6 snRNA 由 RNA 聚合酶Ⅲ转录外,U1～U5 snRNA 都由 RNA 聚合酶Ⅱ催化合成。除 U6 外,其他 4 种 snRNA 都含有共同保守序列 RAU3-6GR(R 为嘌呤核苷酸),特异核蛋白可能结合在该保守序列上。

U6 snRNA 直接在细胞核内与相应的核蛋白质结合形成 U6 snRNP,而其他 snRNAs 则不是在细胞核中组装的,它们先被转运至细胞质,随后在细胞质中与蛋白质组成 snRNPs,再运至细胞核内执行剪接功能。U6 snRNA 会将分支位点中的腺嘌呤(A)凸出,以产生 2 步剪接中的第一个羟基。

参与剪接的 snRNA 具有保守性,与高等真核生物相比,虽然在酵母中对应的 snRNA 分子要长得多,但是 snRNA 含有相似的保守区域和特征。真核生物的细胞核和细胞质中都存在着小分子 RNA。剪接体中的小核 RNA 是哺乳动物中最丰富的 snRNAs，每个细胞有 10^5～10^6 个拷贝，但是在酵母中则要少得多，可能与酵母的内含子很少有关。

基因突变研究结果表明，在酵母中有 5 个 snRNAs 基因的突变阻止了剪接的发生，是致死的。snRNA 颗粒可能参与了剪接体的装配。剪接体不仅依靠蛋白质-蛋白质间和蛋白质-RNA 间的相互作用，还需要 RNA-RNA 间的作用。snRNAs上的一些保守区域在识别并结合 mRNA 前体中起着至关重要的作用：在有 snRNP 参与的一些反应中，RNA 需要与被剪接 RNA 序列互补。U1 snRNA 二级结构 5′末端的 11 个核苷酸呈单链状态，其中 4～6 个碱基能够与 mRNA 前体内含子 5′剪接点保守序列互补；U2 snRNA 含有可与分支位点互补的碱基序列，在 5′末端附近的 A 与内含子中的分支位点序列互补。酵母中，U2 snRNA 和分支位点序列 UACUAAC 形成了 7 个碱基对。U2 snRNP 中的几个蛋白质与分支位点上游的底物 RNA 结合。其他一些反应则需要 snRNP 间或剪接体中蛋白质与其他组分间的相互识别。

剪接体中的各种 snRNA 之间以及 snRNA 与底物间的碱基配对对剪接而言非常重要，可能引起结构变化，产生催化活性中心，使参与反应的基团处于合适的位置。这种结构变化是可逆的，例如，反应后 U6 与 U2 分离，与 U4 结合参加新一轮剪接。

在核仁中也存在着一类小 RNA，称为 snRNA，它们在核糖体 RNA 的加工中起作用。在酵母中发现也有很多其他类型的 snRNA，突变后并没有对剪接产生影响，这说明很多 snRNA 是非必需的。

7.1.3 剪接蛋白

目前，通过生化和分子生物学技术从酵母中分离鉴定了 30 多种参与 RNA 剪接的蛋白质；在哺乳动物研究中，也已经克隆了 30 多个剪接蛋白基因。根据这些参与剪接的蛋白因子的组成、结构和功能特征，一般可以将其归纳为 4 大类：SR (Ser-Arg)蛋白、snRNP 联结蛋白、多聚嘧啶串结合蛋白和无共性难以归类的其他剪接蛋白。

1. SR 蛋白

SR 蛋白是一类含有丝氨酸和精氨酸(SR)二肽重复序列区段、在 mRNA 前体剪接中起重要作用的剪接因子(splicing factor)。SR 蛋白广泛存在于动物和部分植物中，最早发现的是果蝇剪接因子 su(wa)、Tra 和 Tra-2。随后鉴定了与 U1 snRNP结合的 70 kDa 蛋白质 U1 70K。采用生化方法相继分离鉴定出剪接因子 2/选择性剪接因子(splicing factor 2/alternative splicing factor，SF2/ASF)和剪接组分 SC35(splicing component 35),它们是动物体内组成性剪接(constitutive splicing)的主要成分,已经被分离纯化,分子量分别为 27.7 kDa 和 25.6 kDa。用特异显示爪蟾灯刷染色体和果蝇多线染色体中转录活性位置侧环成分的单克隆抗体 mAb104 和高盐沉淀等方法,在脊椎动物和无脊椎动物中还检出了一系列亚型 SR 蛋白,如 SRp20、SRp40、SRp55 和 SRp75 等。这些剪接因子都具有相同的 SR 重复区段(表 7-2)。

表 7-2　已经鉴定并克隆了 cDNA 的 SR 相关蛋白

SR 相关蛋白名称	结构域
U1 70K	ISR
U2AF65	ISR,3RRM
U2AF35	ISR
HCC1	类似 U2AF65
HRH1	ISR
Clk-1	多个相连的 ISR
Clk-2	与 Clk-1 类似
Clk-3	与 Clk-1 类似
Urp	ISR

2. 与多聚嘧啶串结合的蛋白

已经分离出的与多聚嘧啶串结合的蛋白至少有 4 种:2 种 U2 辅助因子(U2 auxiliary factor,U2AF),分别是分子量 35 kDa 的 U2AF35 和 65 kDa 的 U2AF65,多嘧啶串结合蛋白(polypyrimidine-tract binding protein,PTB)和 PTB 联合剪接因子(PTB-associated splicing factor,PSF)。

U2AF65 和 U2AF35 均含有一个 SR 结构域,属于 SR 相关蛋白。U2AF35 的 SR 结构域位于 C-端,但是,缺乏 RRM 结构域;U2AF65 虽然有 3 个 RRM 结构域,但是都位于 C-端,而 SR 结构域位于 N-端。U2AF65 结合的 RNA 保守区的序列 5′-UUUUUU(U/C)CC(C/U)UUUUUUUCC-3′,与真核基因内含子多嘧啶串保守序列类似。PTB 已经鉴定出 4 种亚型,其中 3 种可能是不同的 3′剪接位点差异性剪接的产物,另一种亚型比其余 3 种多了 7 个氨基酸。PTB 通过 4 个非典型的 RNA 识别结构域与尿嘧啶和胞嘧啶丰富的 mRNA 前体多嘧啶串相结合,每个结构域长约有 80 个氨基酸;第 3 个区域与第 4 个相互作用,因而结合的 RNA 是反向平行的。PTB 联合剪接因子 PSF 又称富含脯氨酸/谷氨酰胺剪接因子(splicing factor proline/glutamine rich, SFPQ),由 707～712 个氨基酸组成,分子量约 76 kDa。PSF 中部有 2 个 RRM 结构域,近 N-端有 3 个 RGG(精氨酸-甘氨酸-甘氨酸)重复序列,RRM 结构域与 RGG 重复间有一个脯氨酸含量达 33%的区域,长约 230 个氨基酸,其中的局部区段的脯氨酸/谷氨酰胺的比例甚至高达 88%。

3. snRNP 联结蛋白

snRNP 联结蛋白可以在 200~300 mmol/L 的盐溶液中从 snRNP 颗粒中分离出来。已经鉴定和克隆 cDNA 的 snRNP 联结蛋白至少有 9 种：3 种 SF3a 亚型、4 种 SF3b 亚型、p220 和热休克剪接因子（heat shock-labile splicing factor，HSLF），其中 SF3 的 7 种多肽源于 17S 颗粒的 U2 snRNP，p220 源于 20S 的 U5 snRNP 颗粒，而 HSLF 则是 25S 的 U4/U6/U5 三联 snRNP 的特异性成分。

SF3a 和 SF3b 是 snRNP 联结蛋白，可能含有 Zn 结合结构域或者 RRM 结构域，主要参与剪接体 A 的组装。p220 与 mRNA 前体结合，是 U5 snRNP 的有机组分。HSLF 是三联 snRNP 功能实现所必需的。

4. 难以归类的其他剪接蛋白

除了以上的三类外，还鉴定出了有许多其他剪接蛋白，因为无共性难以归为一大类。

(1) RNA 解旋酶类剪接因子

RNA 解旋酶大多数属于 SFⅡ超家族，通过比较保守氨基酸残基进一步分为 DEAH box 家族、DEAD box 家族及 Ski 2 家族等，其中，DEAH 家族的保守序列的氨基酸残基 D-E-A-H 的第三个残基 A 可以被Ⅰ或者Ⅴ替代，因而可以记为 DExH，Prp2、Prp5、Prp8、Prp16、Prp22、Prp28 和 Prp43 等是该家族成员。

酵母中 DEAH 家族成员可能使双链 RNA 和 RNA-蛋白复合物解离，参与 mRNA 前体的剪接过程。Prp5 对于剪接复合体的聚合至关重要，Prp2 改变剪接复合体构象以适应第一步的酯交换反应，Prp16 则抗病参与第二步酯交换反应，Prp16 在 mRNA 释放过程中起作用。RNA 解螺旋酶都依赖于 ATP，利用水解 ATP 获得能量。人类 SF2 超家族解旋酶遗传可能会引起多种遗传疾病，如 BLOOM 综合征和 WERNER 综合征。

(2) KH 结构域剪接因子

KH 结构域分子是一个蛋白质家族，高密度脂蛋白的一种相结合蛋白 vigilin 和脆性 X 智力低下 1（fragile X mental retardation 1，FMR1）蛋白均是其成员。vigilin 有五个 KH 结构域；FMR1 含有两个 KH 结构域，只与单链 RNA 结合。采用 NMR 技术研究结果显示，溶液中 FMR1 蛋白的 KH 结构域由 β 折叠和 α 螺旋交替排列而成："$-\beta_1-\alpha_1-\alpha_2-\beta_2-\beta_3-\alpha_3-$"，构成稳定的空间结构，KH1 的 β_1 与 α_1 之间形成了一个能够特异识别 RNA(poly-rG)序列的环状结构，在 FMR1 分子的 C 端含有 RGG-box 的区域可能参与了 RNA 的非特异性相互作用。

此外，具有两个与 RNA 结合的独立折叠结构域的 hnRNP A1 等 hnRNP 形成因子、帽子结合蛋白（cap-binding protein，CBP）CBP20 与 CBP80、特异于 SR 蛋白的激酶 SRPK1、催化必需的蛋白质因子 SF4 等都是参与剪接的蛋白，在 RNA 成熟中发挥重要作用。

7.1.4　剪接体

mRNA前体与小核核糖核蛋白颗粒、辅助因子等相结合，形成的超大型复合物被称为剪接体(spliceosome)。剪接体很大，可以通过甘油梯度沉降鉴定出来，沉降系数为50～60 S，结构与核糖体相似。剪接体在mRNA前体序列中移除主要内含子并将剩余的外显子连接起来，此过程称为剪接。剪接体催化核心主要由U1、U2、U4/U6和U5 snRNA等五种代谢稳定的小核RNA和大量与其结合的蛋白质组成。U4与U6 snRNA分子相互间存在广泛的碱基配对，并被包装在单个颗粒中，因而U4/U6 snRNP含有一个RNA分子，其他snRNP只含有一个RNA分子。

剪接体的各组分装配成一个大的复合体，并进行剪接点和分支位点的识别。剪接体的组装是一个高度的动态过程，在剪接发生之前，剪接体就把共有序列连到了一起，因而，任何一个位点发生的缺失都会阻止反应的起始。组装是一个复杂的多步骤过程，在剪接的过程中按一定顺序逐渐完成组装，在此过程中存在几种中间体(图7-3)。剪接体的装配一般可以分为如下四步：

第一步，U1 snRNA的5′端以碱基互补的方式识别并结合于mRNA前体内含子的保守5′剪接位点，SR蛋白、剪接辅助因子(U2 auxiliary factor，U2AF)和U1 snRNA结合蛋白也与mRNA前体结合，形成待命复合体(commitment complex)。U2AF与mRNA前体结合部位为内含子的3′剪接位点邻近的富含嘧啶区序列，无需消耗ATP。

第二步，剪接因子SFb、SFa和SF1等辅助作用下，结合在3′剪接位点上游富含嘧啶区的U2AF 65识别并引导U2 snRNP中的U2 snRNA的核苷酸序列与内含子分支位点的碱基配对，从而实现U2 snRNP与分支位点结合，形成前剪接复合体(pre-spliceosome)A。U2 snRNA与分支位点之间的碱基配对会形成一段双螺旋RNA，导致分支位点上的腺苷突出。体外实验中，缺乏U1时，SR蛋白也能促使U2AF与U2 snRNA结合，从而辅助U2AF结合至mRNA前体内含子的分支位点。

第三步，在剪接后因子(post splicing factor，PSF)一些特异蛋白的作用下，U5与U4/U6形成三联体的U4/U5/U6，进而与前剪接复合体组装为早期剪接复合体B(early splicing complex B)。此时的复合体包含所有剪接体组分。

第四步，在ATP和剪接因子4(SF4)参与下，U1 snRNP释放，早期剪接复合体B经过空间构型重排，变成具有催化活性的晚期剪接复合物C(late splicing complex C)。U1 snRNP的释放使剪接体中其他组分并列在一起，靠近剪接位点，U6 snRNP尤其如此。同时，水解ATP，U4和U6 snRNA之间原来的碱基配对被解开，U4 与 U6 分离，U4 被释放。至此，形成 60S 的剪接体(spliceosome)，转酯基作用开始，启动 RNA 前体分子的剪接。U4/U6 snRNP 二联体中，U6 snRNA 有一个 26 bp 区段与 U4 snRNA 两端序列互补，U4 的释放使 U6 snRNA 的这段序列解离，随后，其中一部分与 U2 snRNA 配对，另一部分形成单链发夹结构。因此，U4 snRNP可能起着暂时封闭 U6 snRNA 的作用。

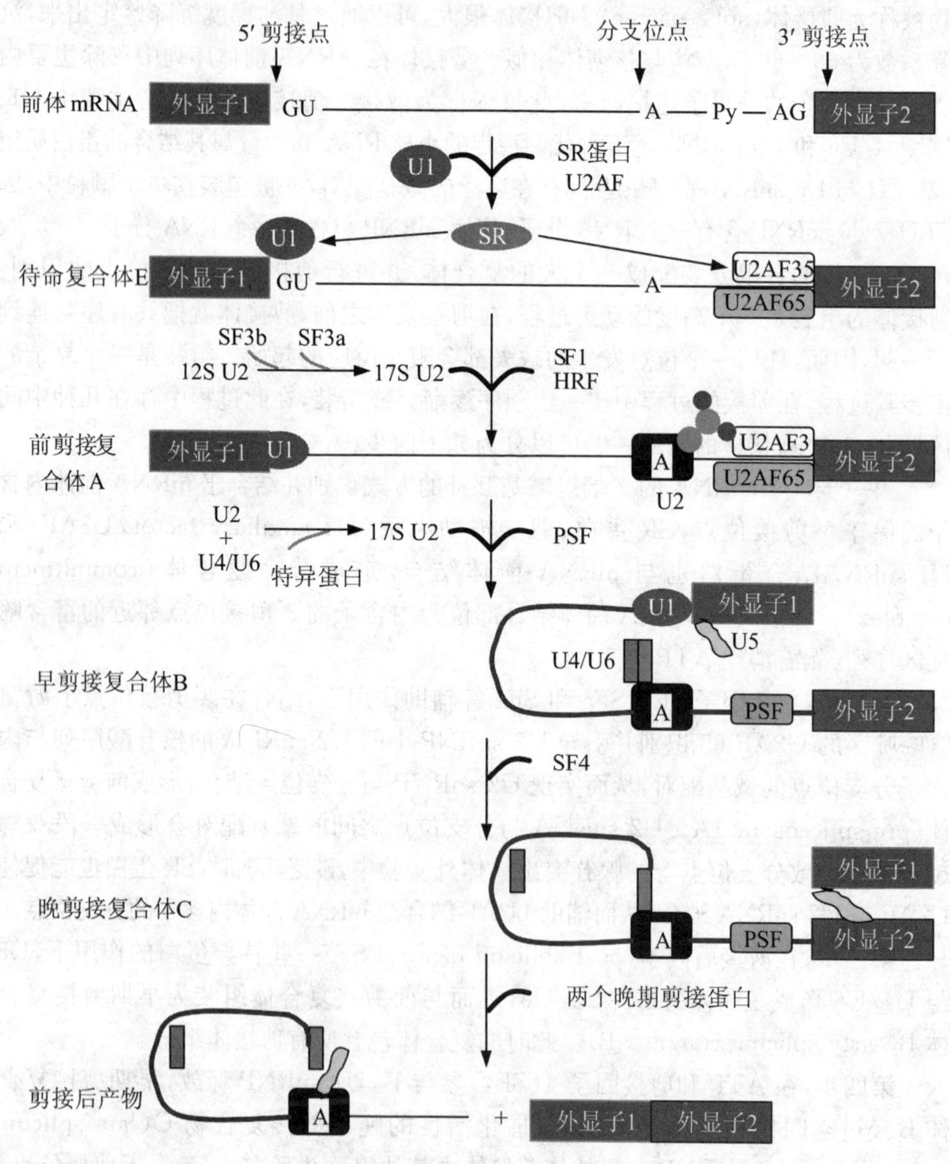

图 7-3 剪接体的组装和剪接过程

此外,细胞中还有U11、U12、U4atac、U5和U6atac snRNPs等snRNAs,它们可能形成另一类型的剪接体。U11、U12、U4atac和U6atac snRNPs可能与U1、U2、U4和U6 snRNPs的功能相当。U11、U12、U4atac和U6atac snRNPs组成的剪接体在细胞中的数量比U1、U2、U4、U5和U6 snRNPs所组成的剪接体少得多,所以前者被称为次要剪接体,后者被称为主要剪接体。

7.2　内含子的剪接

snRNP结合到上游5′端剪接位点和促进U2 snRNP结合到分支点序列,SR蛋白发挥着“跨内含子”识别功能。真核生物不同基因的外显子和内含子有很大差别,有的内含子很短,有的内含子却很长,剪接装置需要从巨大内含子RNA中识别小小的外显子。例如,人类外显子平均大小为150个核苷酸,而内含子平均约3 500个核苷酸,最长的内含子甚至可达500 000个核苷酸。内含子较短的基因,剪接因子识别内含子两端的剪接位点并形成剪接体;内含子很长的基因,剪接因子寻找外显子两侧的3′和5′剪接位点并形成剪接体。如果剪接位点突变等原因导致剪接体不能够正常形成时,可能出现外显子被剪切或者内含子被保留的现象。剪接过程的实质是自由羟基参与的磷酸二酯键的断裂和重接的转酯反应(图7-4)。

7.2.1　剪接体参与的内含子

主要剪接方式

主要剪接体和次要剪接体识别和作用的内含子不一样,主要剪接体辨识和作用于U2型内含子,次要剪接体则是作用在U12型内含子上。一般而言,U12型内含子的数量极为稀少,例如,人类基因组中,U12型内含子只有约700个,不足内含子总数的0.5%。

主要剪接体参与的剪接过程一般可以分为两个阶段:

第一阶段,共有序列的识别和复合体的组装。U1 snRNP首先识别内含子的5′端剪接位点,U2 snRNP识别分支位点(branch site),确定要被删除的内含子;随后,U4・U5・U6 snRNP三联体中的U5 snRNP取代U1 snRNP、U6 snRNP取代U2 snRNP,结果U5 snRNP结合于5′端剪接位点,U6 snRNP结合于分支位点,形成活性的60S剪接体。

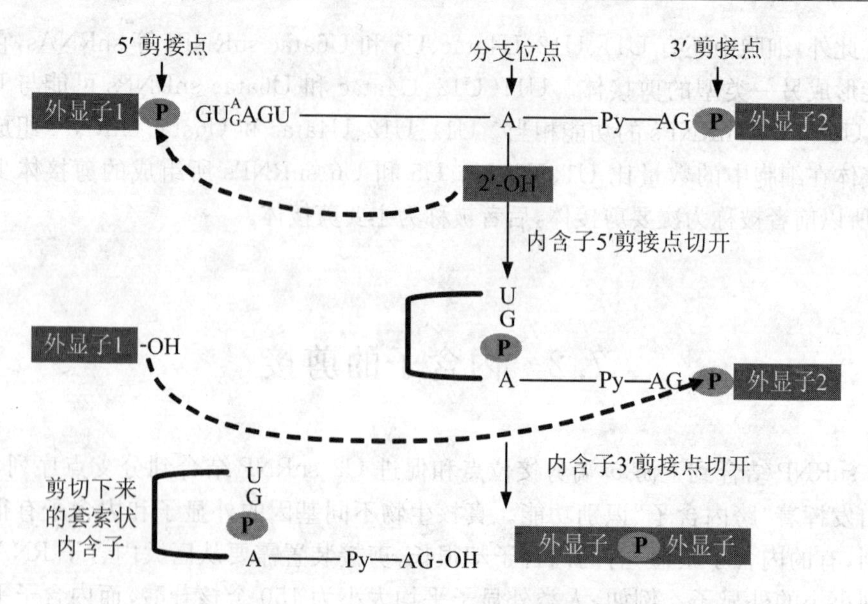

图 7-4 核前体 mRNA 的剪接步骤

注：剪接完成后将两个外显子连接在一起，同时，内含子形成套索状结构。P 指磷酸基团，虚线箭头表示自由羟基亲核性地攻击剪接点。

第二阶段，发生转酯反应，切去 RNA 前体的内含子，连接相邻外显子。

剪接体剪除内含子的过程可分为两步：第一步，分支位点上的腺苷酸(A)上的 2′-OH 以亲核的方式攻击并切断 5′剪接位点的 3′-5′磷酸二酯键，内含子 5′端首位的鸟苷酸(G)与分支位点的 A 以 2′-5′磷酸二酯键结合形成套索状结构。分支位点套索结构的功能是定位 3′剪接点。在内含子与 5′端的外显子自 5′剪接位点处断开一个磷酸二酯键，同时在内含子 5′端的第一个核苷酸 G 和分支位点的 A 间形成新的磷酸二酯键，实现第一步转酯反应，切开内含子的 5′端。第二步，内含子上游外显子与内含子断开后形成的自由羟基攻击并打断 3′端剪接位点的磷酸二酯键，进而在内含子上、下游相邻的外显子间形成新的磷酸二酯键，实现第二次转酯反应。外显子被连接起来，以低分子量复合物形式与剪接体分离；刚刚被剪切下来的内含子仍然与 U2、U5 以及 U6 snRNA 构成的剪接体相连，在剪接后因子和 ATP 参与下，内含子以套环的形式从剪接体上解离，并在脱枝酶的作用下特异地断开分枝位点上的 2′-5′磷酸二酯键，内含子套索展开成线状，最后降解。

在剪接反应完成后，U5 snRNP 和 U6 snRNP 离开 mRNA，与游离的 U4 snRNP 重新形成三联体 snRNP，参与下一轮剪接反应。

7.2.2　自我剪接机制

1. Ⅰ型内含子的剪接机制

Ⅰ型内含子的催化活性与其特殊的二级结构和三级结构有关。Ⅰ型内含子的二级结构和三级结构形成了与传统酶的激活位点类似的活性位点:鸟苷酸结合位点和底物结合位点。Ⅰ型内含子的核心结构和内部引导序列使这两个位点彼此靠近,便于相互作用。

Ⅰ型内含子的剪接总体上可以分为两步(图7-5):第一步是5′剪接位点的断裂。自由鸟苷酸进入具有催化活性的内含子的鸟苷酸结合位点,上游外显子的3′端通过和引导序列的互补配对进入底物位点。自由鸟苷酸的3′-OH被激活,并攻击上游外显子和内含子5′端交界处剪接位点的磷酸二酯键,磷酸二酯键断裂,切开内含子的5′端。与此同时,自由鸟苷酸与内含子的5′末端结合,实现第一次转酯反应,而被切下的5′外显子仍然与内含子的底物位点结合在一起,没有脱离。第二步

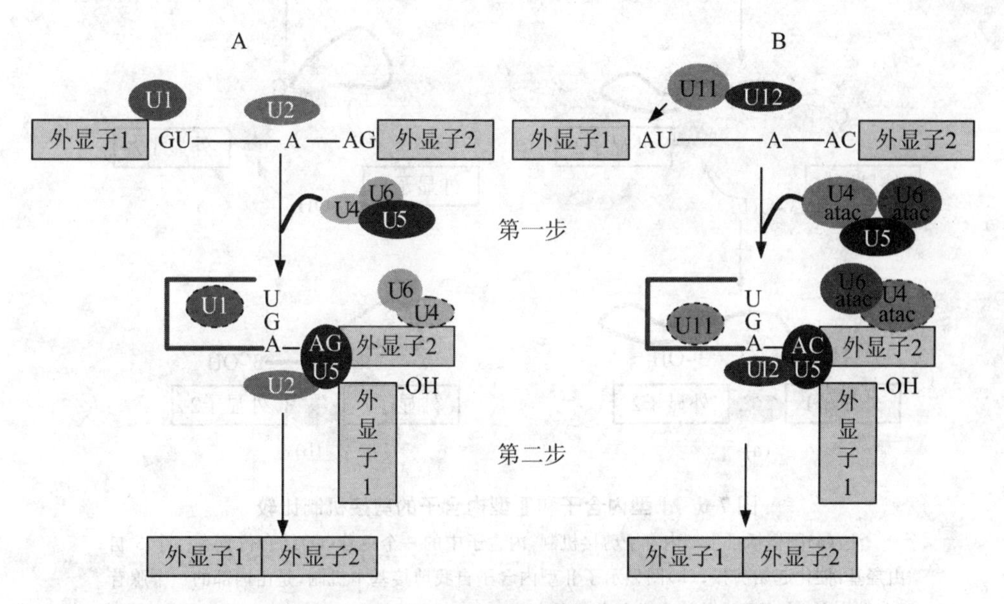

图7-5　主要剪接体(A)和次要(AT-AC)剪接体(B)snRNPs的组装和作用比较

注:图示为剪接体组装的早期阶段和第一步反应后的状况,U11和U12以二联体的形式进入剪接体。

是内含子3′位点的切割和外显子的拼接。内含子3′末端的鸟苷酸(四膜虫rRNA的Ⅰ型内含子为G^{414})进入鸟苷酸结合位点,在第一步切除了内含子的上游外显子的3′-OH是自由的羟基,此时该自由羟基亲核攻击结合于鸟苷酸结合位点上的内含子的3′末端的鸟苷酸与下游外显子之间的磷酸二酯键,断开磷酸二酯键,同时,

上游外显子的 3′-OH 和下游外显子的磷酸集团重新形成磷酸二酯键而连接起来，完成第二次转酯反应，实现内含子的剪切和外显子的连接。此时的内含子成为线性 RNA 分子，还需要经过第三步转酯反应实现被切除内含子的环化：通过引导序列互补配对，内含子 5′端邻接引导序列的区段进入底物位点，仍然留在鸟苷酸结合位点上内含子 3′末端的自由羟基攻击结合在底物位点上的内含子序列（四膜虫 rRNA 的Ⅰ型内含子攻击的是 5′端第 15 个碱基处的键），切下内含子 5′端，同时，完成第三步转酯反应，实现内含子余下部分的环化。

2. Ⅱ型内含子的剪接机制

与Ⅰ型内含子相似，mRNA 前体成熟过程中的Ⅱ型内含子剪接也是自我催化的，不需特殊的剪接装置实现内含子的剪除（图 7-6）。不过，Ⅱ型内含子的剪接不

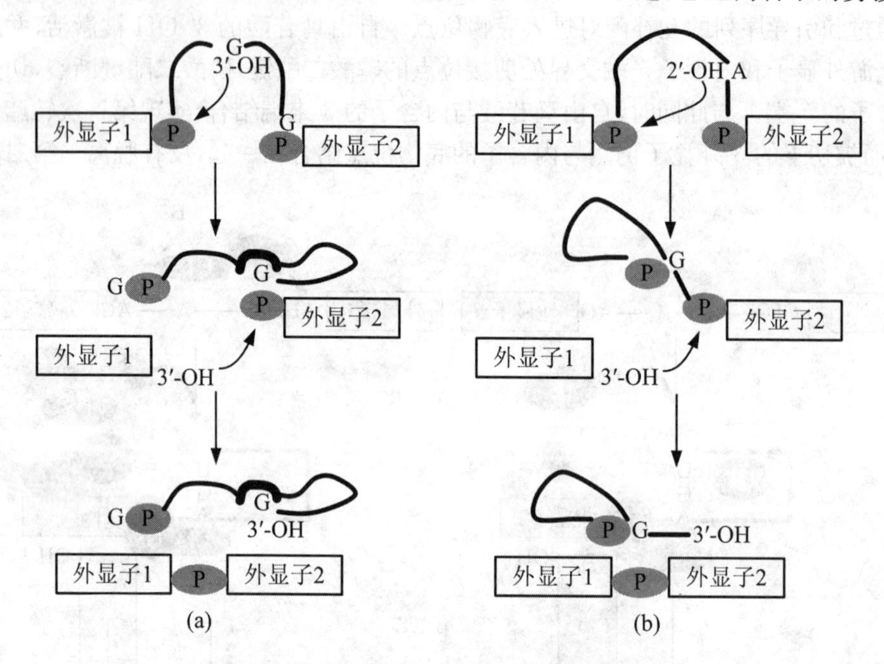

图 7-6　Ⅰ型内含子和Ⅱ型内含子的剪接机制比较

注：(a)图概括了Ⅰ型内含子剪接机制，内含子中的一个鸟苷(G)结合位置有一个 3′自由羟基，催化起始剪接；(b)图显示了Ⅱ型内含子自我剪接基本机制，是由内部的一个腺苷(A)发起的，内含子被剪接形成套索而去除。

需要自由鸟苷的辅助作用。Ⅱ型内含子的剪接基本上也可以分为两步：第一步是 5′剪接位点的断裂和套索（lariat）结构的形成。内含子第 6 配对区的分枝点中的 A 残基的 2′-OH 发动亲核攻击，切断上游外显子和内含子 5′端交界处的磷酸二酯键，上游外显子与内含子分离，随后，内含子 5′最末端鸟苷酸的磷酸和分枝点 A 残基的 2′-OH 形成磷酸二酯键，形成类似于剪接体产生的 RNA 套索结构。第二步

是内含子 3′位点的切割和外显子的拼接。在第一步中被切下的上游外显子 3′端的羟基发动亲核进攻,切断内含子 3′端与下游外显子连接的磷酸二酯键,实现内含子的切除。断开的上游外显子的羟基和下游外显子的磷酸重新形成磷酸二酯键,实现外显子的连接,同时释放出被切除的套索状内含子。

Ⅰ型内含子和Ⅱ型内含子都具有自我催化活性,实现自我内含子剪接和外显子拼接。剪接过程中,无需其他蛋白质因子参与形成剪接装置,是在一价和二价阳离子作用下的多次转酯反应过程,转酯反应是能量的转移,不需额外提供能量。

7.3　变位剪接和反式剪接

在剪接体参与下进行的主要剪接方式和内含子自我催化下的剪接都是组成型剪接,即剪接发生在内含子和外显子交汇处的固定的剪接位点,所有的内含子均被剪除,同时,所有的外显子均被连接在一起。除了常规的剪接位点外,许多内含子中还有潜在的剪接位点,一般情况下,在内含子剪接静止子和已识别外显子侧剪接位点的竞争作用下,潜在剪接位点不能形成有效剪接位点而被断开。但是,在特定的发育时期和组织中,某些基因潜在的剪接位点可能被激活,产生不同的剪接产物,这种剪接方式是变位剪接,即选择性剪接或可变剪接,它是指同一基因转录形成的 mRNA 前体可经过一种以上剪接方式产生多种不同的 mRNA 的过程。变位剪接使同一基因转录产物能够形成多种成熟的 mRNA,指导多种蛋白质的合成,有时候产生的产物数目极其惊人:果蝇的 *Dscam* 基因经变位剪接后可以产生38 000 余种产物,超过果蝇基因组全部基因数目的两倍;人类基因组所含的基因数目远少于原来的估计和细胞中蛋白质的数目,mRNA 的选择性剪接是产生如此众多蛋白质的主要机制,EST 分析发现,人类基因组中 35%～59%的基因存在选择性剪接。

除了变位剪接外,反式剪接也是蛋白质多样性的一个重要来源。生物进化过程中,蛋白质多样性使蛋白组的表现更加复杂。从酵母到人类,生物间基因数量上的差异没有想象的大,果蝇的基因数量仅是酵母菌的两倍,而且,虽然果蝇的基因数量比果蝇少,但果蝇在发育、形态和行为等方面却更复杂,变位剪接和反式剪接可能是这种基因与蛋白质数量差异的内在原因。

7.3.1　变位剪接

1. 变位剪接的基本形式

mRNA 前体的变位剪接是一个通过改变剪接位点,相同的 mRNA 前体产生多种不同成熟 mRNA 的过程。有的外显子选择性保留在成熟 mRNA 时表现出相互排斥的特性，即一个外显子的保留可能抑制其他一个或几个外显子在成熟 mRNA中的存在。

变位剪接形式包括：① 选择外显子上不同的 5′或 3′剪接位点进行选择性剪接。外显子上可能存在潜在的多个剪接位点，在不同的组织中或不同的发育阶段分别进行激活，外显子的部分区段表现出部分保留的特性；② 内含子 5′末端和 3′末端的选择性剪接。内含子内部也可能有多个潜在的剪接位点，这些剪接位点的激活具有选择性，部分区段呈现特异性保留；③ 外显子的选择保留或切除；④ 多个外显子进行不同组合的可变拼接；⑤ 内含子被选择保留在 mRNA 中等(图 7-7)。

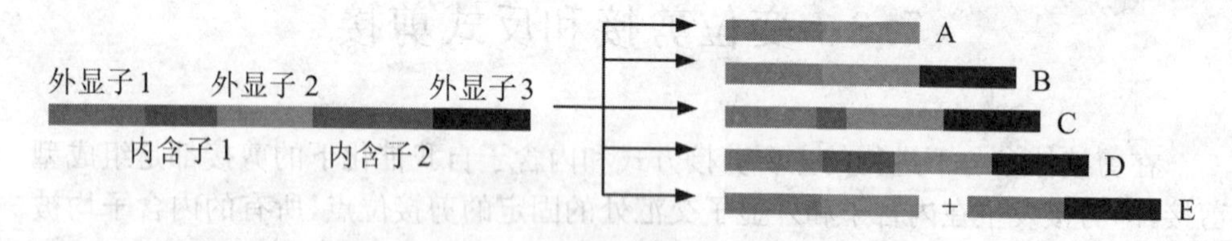

图 7-7 RNA 选择性剪接的方式

注：A——外显子遗漏剪接，B——常规剪接，C——外显子延伸剪接，D——内含子保留剪接，E——可选择性的剪接。

2. 剪接的发生方式

(1) 组织特异性可变剪接到调节

除了广谱性的 RNA 结合蛋白外，很多特异性调节蛋白也参与了变位剪接，而且表现出组织特异性。在果蝇和哺乳动物中，虽然 mRNA 前体不同，但是很多组织特异性调节蛋白是保守的，组织特异性可变剪接具有类群特异性特征和相似功能。

调控果蝇 P 元件转座子的转座酶的 mRNA 前体在体细胞中被抑制，只能够在生殖细胞中转座。果蝇 P 元件体细胞抑制蛋白(PSI)结合到转座酶的 mRNA 前体"假"5′端剪接位点，并通过与 U snRNP 70K 蛋白相互作用引导 U1 snRNP 到该位点，形成无效的 5′端剪接位点复合体，影响了正常 5′端剪接位点的剪接，产生抑制移位的截断蛋白(truncated protein)。在生殖细胞中 PSI 蛋白不表达，产生功能性转座子酶。哺乳动物中 PSI 的同源蛋白为 KH 型剪接调控蛋白(KH-type splicing regulatory protein，KSRP)，调控着 *src* mRNA 前体的神经特异性剪接。哺乳动物剪接因子神经肿瘤腹抗原 1(for neuro-oncological ventral antigen-1，NOVA-1)调控神经细胞中甘氨酸和氨基丁酸-γ 受体 mRNA 外显子的可变剪接。

(2) 诱导变位剪接

在特定的外界刺激下，细胞通过复杂的信息传导，诱导相关 mRNA 前体发生变位剪接，实现蛋白组成的快速改变，以应对环境变化。

在脑细胞中，神经细胞的活动调控变位剪接。脑细胞中的SR样蛋白Tra2-β是一种果蝇TRA2的同源进化物，细微的分子诱导神经活动可以使该基因发生变位剪接，Tra2-β不同类别和不同水平上的变化，依次调控脑细胞中其他mRNA前体的可变剪接。人类Tra2-β的潜在靶是SMN2前信使RNA。

鼠神经活动调控鼠*Slo* mRNA的STREX(stress axis-regulated exon)，能产生多种钙依赖性钾通道的同工蛋白，外显子STREX的保留增加了通道的钙敏感性，能够调节细胞的电性特征。垂体细胞膜去极化使细胞间Ca^{2+}的富集，导致Ca^{2+}/钙调蛋白性蛋白激酶IV(CaMK IV)被激活。进而引起抑制蛋白结合至上游以及STREX中的剪接沉默子，导致外显子STREX从*Slo* mRNA中被剪除。

3. 变位剪接的调控

变位剪接的剪接位点选择受到许多顺式作用元件和反式作用因子的调控。剪接调节因子一般具有两个功能结构域：RNA结合结构域和蛋白相互作用结构域，与mRNA前体的特定序列相互作用，刺激或抑制外显子识别。SR蛋白能够识别多数外显子剪接增强子，而且介导了结合在5′和3′端剪接位点的剪接因子之间的跨内含子相互作用，还参与mRNA前体的常规剪接和可变剪接中的跨外显子相互作用。调节蛋白可能直接与5′和3′端剪接位点结合，也可能同外显子剪接增强子(exonic splicing enhancer，ESE)(或内含子剪接增强子intronic splicing enhancer，ISE)、外显子剪接沉默子(Exon splicing silencer，ESS)(或内含子剪接沉默子，Intronsplicing silencer，ESS)的mRNA前体序列结合。剪接增强子和剪接沉默子分别具有激活和抑制剪接位点选择的功能，都属于顺式作用元件，存在于外显子或内含子之中。

mRNA前体恒定剪接中的外显子识别机制为可变剪接的正负调节提供了基础。mRNA前体的调节元件(ESE、ESS、ISE和ISS)的构成以及调节蛋白的比例决定了剪接位点在剪接活动中的使用和对外显子的存留。

剪接增强子往往在被调节的剪接位点附近，其位置的变化会抑制剪接活性，甚至有可能转变为沉默子。富含嘌呤的外显子剪接增强子是最常见的剪接增强子，调节可变剪接最具代表性的例子来自果蝇性别决定途径的研究。雌果蝇特异性蛋白SXL通过两种不同的机制抑制雄性*sxl*和*tra*基因的mRNA前体特异性3′端剪接位点。SXL由八个外显子组成，可调节自身mRNA前体的变位剪接。在雌性中，SXL结合在与SPF45邻近的位点，两个蛋白相互作用，干扰了SPF45的活动，使得外显子2跳过外显子3而直接与外显子4拼接形成的成熟mRNA可以指导翻译活性SXL蛋白。在雄性中，*sxl*基因进行组成型剪接，外显子3被保留，不能形成活性的成熟mRNA。*Tra*基因由四个外显子构成，mRNA前体的第二个外显子5′端有两个可变的3′端剪接位点：在雌性和雄性中分别使用远侧和近侧3′端剪接位点。在雄性中，剪接因子 U2AF 结合在雄性特异性 3′端剪接位点并启动剪接体组装，在雄性特异性 3′端剪接位点形成一个终止密码子异常的 mRNA 前体，不能编码蛋白质；而在雌性中，雄性特异性 3′端剪接位点被雌性特异性的剪接抑制子 SXL 所结合，U2AF 只好结合至雌性特异性 3′端剪接位点，进而剪接产生 TRA 的 mRNA 前体。因此，SXL 蛋白调节剪接反应的实质是抑制剪接，阻止了 *tra* 基因的 mRNA 前体的第一步剪接。决定果蝇性别的两性基因 *dsx* 的第 3～5 个外显子的剪接，属于剪接位点被激活的典型例子。*dsx* 基因由 6 个外显子构成，其中第 4 个外显子存在外显子剪接增强子，可以促进上游内含子剪切。雌果蝇中，活性 TRA 蛋白促进蛋白 SR、RBP1 和 SR 样蛋白 TRA2 等蛋白因子与外显子 4 的剪接增强子结合，在外显子 4 的 3′端剪接位点切断，去掉了外显子 5 和 6，将外显子 1，2，3 与外显子 4 相连，形成雌性特异性 *dsx* 成熟 mRNA。雄性个体中由于不存在活性的 TRA，不能剪断邻近的弱剪接位点，3′端剪接位点很快从 *dsx* 的 mRNA 前体外显子 4 上移开，第 4 外显子被跳过，在第 5 个外显子 5′端与上游内含子的剪接位点进行剪接，外显子 4 被切除，形成指导翻译雄性特异的 DSX 蛋白的成熟 mRNA(图 7-8)。内含子中也可能有剪接增强子。哺乳动物基因 *Src* 中就存在一个内含子剪接增强子。

参与选择性剪接调控的反式因子通过识别顺式元件的剪接选择位点参与剪接调控，主要有基本剪接因子和特异性剪接因子。基本剪接因子具有广谱作用，参与多个基因的选择性剪接，基本剪接因子间的协同作用、拮抗作用和相对浓度的变化影响剪接位点的选择；特异性剪接因子则只参与特异剪接过程的调控。

剪接位点可以被二级结构抑制，也可以通过反式因子的结合进行调控，此外，剪接装置可能自身结合到剪接位点附近的调控位点而受到抑制。果蝇 P 元件转位酶的第三个外显子有一个假的 5′剪接位点，起着沉默子的作用，它能够与 U1 snRNP结合，抑制真正的 5′剪接位点与 U1 snRNP 结合，从而阻止剪接，跳过第三外显子。

核不均一核糖核蛋白是一类与抑制元件相互作用的重要蛋白，hnRNP A1 与新生的前体 mRNA 结合，使 U1 snRNP 只能与远端较强的 5′剪接位点结合，而不能与邻近较弱的 5′剪接位点结合，进行变位剪接。

RNA 编辑可能参与了变位剪接调控。大鼠的 ADAR2 是一个双链 RNA 特异的腺苷脱氨酶，能特异地使腺苷脱氨基成为次黄苷。研究发现，成熟 ADAR2 mRNA有 2 个不同的选择性剪接过程产生，当选择近处的剪接位点时，有 47 个核苷酸加入 ADAR2 编码区中，使开放阅读框发生了改变。近处和远处的剪接位点分别是 AA 和 AG，选择近处剪接位点必须通过编辑功能将 AA 转变成 AI，AI 可以像 AG 一样被识别。

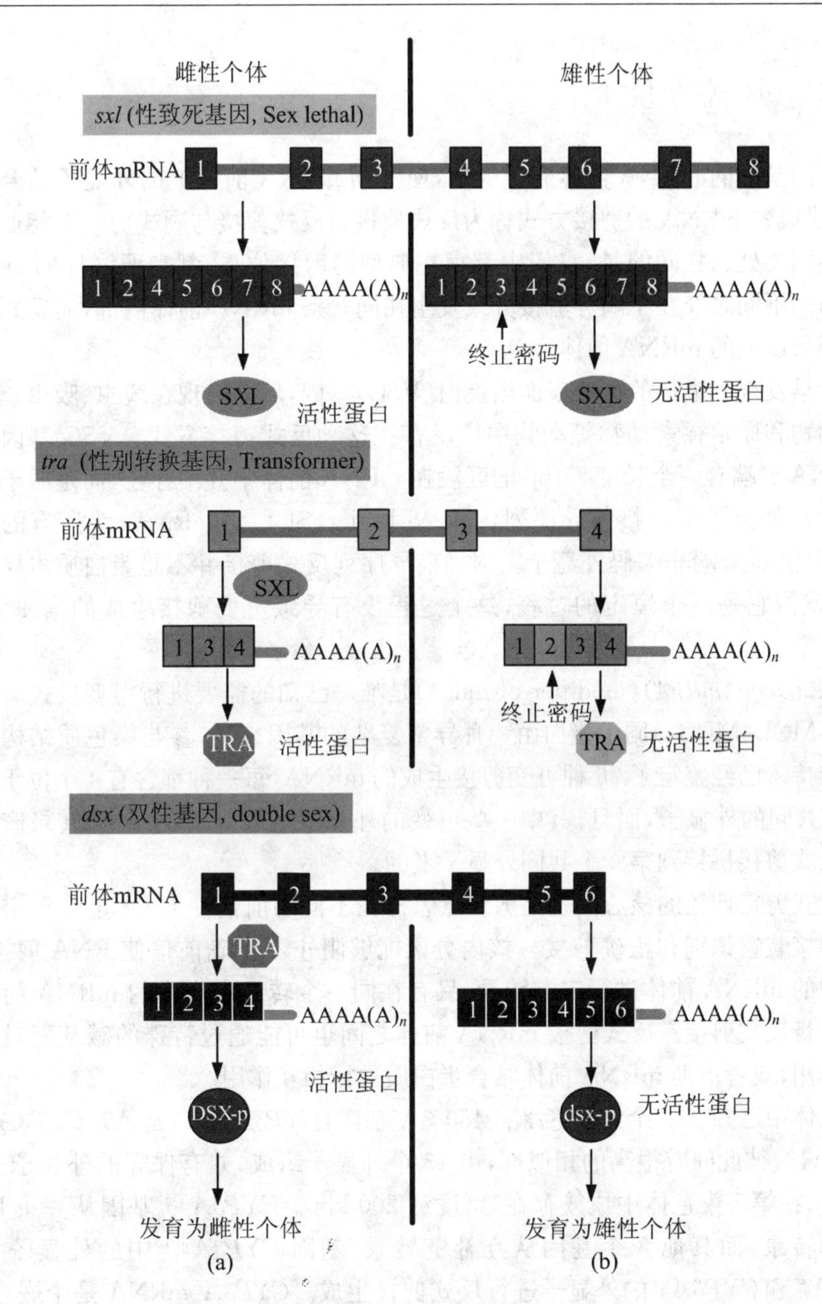

图 7-8　果蝇的选择性剪接与性别决定模式

注：性致死基因（*sxl*，八个外显子）、性别转换基因（*tra*，四个外显子）以及双性基因（*dsx*，六个外显子）通过级联选择性剪接前体 mRNA（pre-mRNA）的方式控制果蝇的性别发生。(a)是在雌性果蝇体内发生的事件，(b)是在雄性果蝇体内发生的事件。

7.3.2 反式剪接

不同基因的mRNA前体通过剪接,使不同mRNA前体上的外显子结合在一起,形成成熟mRNA的剪接方式称为反式剪接。反式剪接与顺式剪接有相似之处也有不同之处。相同的是,它们中都存在典型的剪接位点,都需要同样的snRNP来参与。不同之处在于顺势剪接方式发生在同一条mRNA前体内部,而反式剪接涉及两条以上的mRNA前体。

最早发现于锥虫的可变表面糖蛋白(VSG)基因,后来发现在线虫、吸虫、涡虫、刺胞动物和原始脊索动物等动物中广泛存在这种反式剪接方式。VSG基因的成熟mRNA 5′端有一个长度35 bp的区段在mRNA前体中并不存在,而是源于其他基因的小外显子或剪接前导序列(spliced leader,SL)。SL RNAs为所有的信使RNA提供5′末端非编码外显子。附加前导序列反式剪接并不是蛋白质多样性的来源,就像它是一个恒定的过程,这个过程没有导致可变剪接生成的信使RNA产生。

果蝇*mod*(*mdg*4)(modifier of mdg4)是唯一已知的需要进行可变反式剪接的基因。MOD(MDG4)同工蛋白由一种异常复杂的基因编码,参与染色质结构的建立与维持。已经鉴定了26种可变剪接生成的mRNA,每一种都含有4个位于基因5′末端共同的外显子,而且,其中一些可变的外显子是从DNA互补链转录产物中通过反式剪接拼接到第4个共同外显子上的。

反式剪接调控的核心问题是剪切点怎样在不同的前信使RNA上进行定位以及被剪接装置识别和正确剪接。核内分区能够阻止不正确前信使RNA剪接,细胞核中的mRNA前体进行定点转录,只有在同一个转录点产生的mRNA前体才能够进行反式剪接。反式剪接mRNA前体之间也可能通过特殊的碱基配对进行相互作用,或者借助mRNA前体结合蛋白质进行相互作用。

人体中已知有4个细胞色素P450 3A基因:*CYP3A4*、*CYP3A5*、*CYP3A7*和*CYP3A43*,彼此间有很高的相似性,由13个外显子组成,并有保守的外显子-内含子边界,在第7染色体中成簇存在,跨度约200 kbp。*CYP3A43*基因从一条DNA链启动转录,而其他3个基因从互补链转录,基因*CYP3A43*中的外显子1与*CYP3A4*和*CYP3A5*的外显子进行反式剪接生成。*CYP3A* mRNA是个嵌合体,是由*CYP3A43*的第一外显子与*CYP3A4*或*CYP3A5*的外显子连接而成的。*CYP3A43*与*CYP3A4*和*CYP3A5*是头对头排列的,因此通常绕过转录终止点的剪接机制不能解释这一现象。可能的机制是反式剪接将相互独立的mRNA上的外显子连接成为一个转录本,而且这一过程并不影响多聚腺苷酸的形成,这或许又是一种 mRNA 的选择性剪接机制。

7.4 RNA 编辑

7.4.1 RNA 编辑现象的发现

RNA 编辑(RNA editing)首先是在原生动物锥虫(*Kinetoplasid protozoa*)的线粒体中发现的,是指转录后的 RNA 在编码区发生碱基的突变、加入或丢失等,在 mRNA 水平上改变遗传信息的过程。比较分析成熟的 mRNA 与相应基因的编码区时发现:成熟的 mRNA 序列中存在 U→C 和 C→U 替换、U 的插入或缺失、多个 G 或 C 的插入等。锥虫线粒体细胞色素 C 氧化酶亚基 Ê 基因(*cox Ê*)的 3′编码区与 5′编码区的读码框架不能融合,将其与人或酵母同源基因对比分析结果显示,编码区第 170 位氨基酸附近有一个移框突变,成熟 mRNA 在该突变位点附近有 4 个基因组 DNA 所没有的额外的尿苷酸,刚好校正了基因的移码框突变。这 4 个尿苷酸是在转录过程中或转录后被插入的。随后在锥虫的 18 种其他线粒体基因组编码的 mRNA 前体中发现了 12 种可以在多个位点插入或删除 U,被编辑的程度存在差异:从小范围的 4 个尿苷酸插入至 3 个位点,到几十个不同位点中插入和删除数百个尿苷酸残基。

随后在许多其他真核生物线粒体基因也发现了 RNA 编辑。高等植物线粒体中除 *T2urf13*、萝卜的 *atp6* 以及小麦的 *orf256* 等基因不编辑外,绝大多数编码蛋白质的基因都受到编辑。此外,在植物线粒体中,rRNA 也发生编辑,部位总是在双链配对区,编辑纠正碱基错配。植物叶绿体等其他细胞器甚至细胞核也可能发生 mRNA 编辑。

在哺乳动物和某些病毒 mRNA(如副黏病毒 *P* 基因 mRNA)中也都发现了编辑现象,例如,哺乳动物载脂蛋白 B(ApoB) mRNA 和中枢神经节中谷氨酸受体 mRNA 的编辑。

7.4.2 RNA 编辑的方式

RNA 编辑是线粒体基因转录产物成熟的重要修饰途径之一。它是一个酶促级联反应过程,需要线粒体 DNA 和核基因组共同参与,通过核糖核蛋白体的组装和去组装实现编辑。

RNA 编辑存在多种编辑方式，依据编辑的特性，线粒体内 RNA 编辑分为两种类型：① 插入（insertion）或者缺失（deletion）编辑，即在 mRNA 前体中添加或者移除碱基。主要存在于锥虫线粒体中，常见的是插入或者删除尿嘧啶，需要指导 RNA（guide RNA）的参与。② 替换编辑（substution editing），即一种碱基转变为另一种碱基。它一般发生在编码区，极少发生在非编码区，有时可能形成终止密码子。高等植物线粒体中 RNA 编辑一般是 C→U 替换，通过 C 残基脱氨基来完成，偶尔也有 U→C 替换（图 7-9）。编辑事件这种方式则需要脱氨酶来完成编辑。

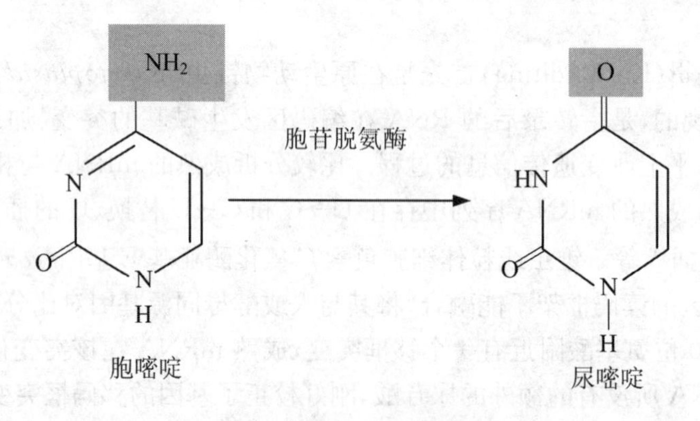

图 7-9 RNA 编辑的位点特异性突变

注：图示中胞嘧啶脱氨基突变为尿嘧啶。胞苷脱氨酶在脱氨基中发挥重要作用。

依据 RNA 编辑发生的部位和时间顺序，可以将它分为：① 细胞质或线粒体中与转录同步发生插入形式的编辑；② 转录后至剪接前的双链 RNA 依赖性核苷酸替换编辑；③ 线粒体中指导 DNA 依赖性删除/插入形式的转录后编辑；④ 细胞核、叶绿体、线粒体中与 mRNA 前体的剪接同时或相继发生的 RNA 编辑。

7.4.3 RNA 编辑位点的特征

不同生物和不同基因间的 RNA 编辑位点和数量存在差异，直接影响编辑的效果。例如，在高等植物线粒体 mRNA 前体的编辑程度各不相同，编码 ATP 合成酶 α 亚基的 *atpA* 基因只有 4 个编辑位点，导致约 0.14% 的氨基酸改变，而 NADH 脱氢酶 *nad3* 基因却有 21 个编辑位点，使 15% 的氨基酸发生了变化。

线粒体 RNA 的编辑位点也可发生在非编码区，发生在内含子中的 RNA 编辑可能参与 RNA 二级结构的形成，在反式剪接中起作用。

同一基因编辑位点可能存在物种差异。拟南芥（*Arabidopsis thaliana*）线粒体中已知有 456 个编辑位点，而月见草（*Oenothera erythrosepala* Borb）线粒体中的编辑位点可能超过1 000个。一般而言,mRNA编码区的编辑位点数量比非编码区的要多得多。拟南芥的编辑位点中441个位于蛋白质编码区,仅有15个位于非编码区。此外,RNA编辑主要发生在密码子的前2个核苷酸上,因而常常导致编码的氨基酸的改变。

7.4.4 RNA编辑的作用

1. RNA编辑丰富了遗传信息

RNA编辑必然导致mRNA的碱基数量和种类的变化,这种变化如果发生在编码区,必然会改变密码子,导致遗传信息的改变。而且,RNA编辑常常发生在密码子的前2个碱基,它们的变化比密码子第3个核苷酸的改变更可能导致编码氨基酸的变化,翻译生成不同于基因编码序列的蛋白质分子。因此,RNA编辑已经成为线粒体基因必需的加工程序,同时也是细胞核调控线粒体基因表达的重要方式之一。编辑位点和编辑程度的不同使同一基因的产物表现出高度多态性。

RNA编辑中的插入、删除和替代编辑,形成了甲硫氨酸起始密码子和阅读框,使一些无意义的基因可以编码多肽而变得有意义。例如,*T. brucede*细胞色素b蛋白(CYb)的mRNA 5′端被插入了34个非编码U并随之引入AUG起始密码,使它们从无意义信使成为有意义的mRNA。此外,RNA编辑可以通过产生终止密码而缩短转录产物,一般而言,缩短的转录产物仍具有活性。不仅扩大了遗传信息,而且使生物更好地适应生存环境。

RNA编辑在一定意义上解释了线粒体基因的密码子与标准密码子间的差异现象。例如,密码子CGG在标准密码中编码精氨酸,但是在线粒体中编码的却是色氨酸,这是借助RNA编辑的C→U替换使得线粒体DNA的CGG在RNA中转变为UGG的结果。

与变位剪接相似,线粒体RNA编辑使得同一个基因能产生几个不同的蛋白质,但是,二者间的机理完全不同,变位剪接是对mRNA前体进行的选择性去除和保留,所有的编码信息都源于原初转录产物,在基因组可以找到对应的序列,而RNA编辑则可能改变了编码区碱基的类别和数量,被改变的部分找不到对应的mRNA前体或者DNA序列。

2. 线粒体RNA编辑与育性的关系

植物细胞质雄性不育(cytoplasmic male sterility,CMS)可能与线粒体的RNA编辑有关。RNA编辑常常发生在密码子的前2位,可能改变编码多肽的氨基酸序列或是使多肽链截短或者延长,进而影响蛋白质功能,导致细胞质雄性不育。小麦不育系中线粒体基因*atp9*的RNA编辑不完全,还存在C→A、A→G、U→A等编辑形式,且在第37位密码子处发生C→U编辑,形成新的终止密码子。不育系引入适宜的显性恢复基因后,编辑恢复正常,恢复育性。

3. RNA编辑对中心法则产生影响

中心法则最初的观点认为mRNA序列与DNA模板序列是严格一一对应的共线性关系。真核生物基因内含子的发现,使得这种全面对应的共线性退为部分对应的非完全线性关系。RNA编辑与这些观念大不相同,成熟mRNA编码多肽的开放阅读框核苷酸序列并非一定在DNA模板上可以找到对应的序列。RNA编辑的发现并不是否定中心法则,而是对中心法则的丰富和完善。

（石耀华）

第8章　信使RNA与翻译水平的调控

基因作为遗传信息的携带者，是经过转录和翻译表达为相应的蛋白质的。所谓翻译(translation)是指组成蛋白质原料的各种氨基酸由其专一的tRNA携带和运送，在核糖体(ribosome)上按照mRNA模板提供的编码信息有序地相互结合，生成具有特定序列多肽链的过程。蛋白质生物合成的基本过程，包括肽链合成的起始、延伸和终止三个阶段。在蛋白质生物合成的反应中主要涉及细胞中的四种组分，分别是：① 核糖体，它是生物合成蛋白质的场所；② mRNA，它是蛋白质合成的模板，传递基因信息的媒介；③ 可溶性蛋白因子，这是蛋白质合成起始复合物形成所必需的因子；④ tRNA，它是氨基酸的携带者。只有这些组分和谐统一、共同作用，才能完成蛋白质的生物合成。

翻译过程的重要性表现在蛋白质的合成速度影响到细胞整体的代谢活动，翻译的速率和细胞生长的速度之间是密切协调的，当细胞接触到促丝分裂剂时，细胞的蛋白质合成就加快，然而在细胞周期的有丝分裂时，蛋白质合成就受到抑制。同样，当细胞受到饥饿、高温或外界环境的剧烈改变(pH到达9以上或5以下)时，其蛋白质合成也被阻遏。现在发现，生物体内一些重要蛋白质的表达是在翻译过程中调控的。

翻译调控(translation control)作为真核生物基因表达多级调控的重要环节之一，近几年越来越受到人们的重视。与原核生物相比，真核生物基因的转录与翻译有着时空上的分隔。蛋白质合成过程比较复杂，深入研究其基因表达在翻译水平上的调控对探讨细胞的生命活动有着非常重要的意义。翻译调控中最为重要的几个方面是：mRNA自身的稳定性、翻译起始的调节、参与翻译的相关因子中起始因子的作用以及真核mRNA的结构等。

8.1　蛋白质合成的起始调控

蛋白质的生物合成过程可分为肽链的起始、延伸和终止三个阶段，其中又以起始阶段最为重要,它是翻译水平调控的主要时期。

8.1.1 翻译的起始

真核生物翻译起始机制与原核生物基本相似,其主要区别在于:真核生物核糖体较大;起始定位需要更多的起始因子(eukaryote initiation factor,eIF)参与(表8-1);真核生物核糖体40S小亚基先识别mRNA的5′帽子结构,在向下游移动的过程中扫描翻译起始密码前的信号,决定翻译的准确起始,随后与核糖体大亚基结合;Met-tRNA不甲酰化;mRNA分子的5′端的(帽子)和3′端的多聚A都参与形成翻译起始复合物。

表8-1 原核、真核生物各种起始因子的生物功能

	起始因子	生物功能
原核生物	IF-1	占据A位防止结合其他tRNA
	IF-2	促进起始tRNA与小亚基结合
	IF-3	促进大、小亚基分离,提高P位对结合起始tRNA敏感性
真核生物	eIF-2	促进起始tRNA与小亚基结合
	eIF-2B,eIF-3	最先结合小亚基,促进大、小亚基分离
	eIF-4A	eIF-4F复合物成分,有解螺旋酶活性,促进mRNA结合小亚基
	eIF-4B	结合mRNA,促进mRNA扫描定位起始AUG
	eIF-4E	eIF-4F复合物成分,结合mRNA 5′帽子
	eIF-4G	eIF-4F复合无成分,结合eIF-4E和PAB
	eIF-5	促进各种起始因子从小亚基解离,进而结合大亚基
	eIF-6	促进核蛋白体分离成大、小亚基

图8-1展示了80S起始复合物形成、启动蛋白质生物合成开始的化学过程。它需经过以下几个步骤:① 首先,从前一个蛋白质合成终止反应中游离出来的80S核糖体解离;40S亚基与eIF-3、eIF-4C结合形成一个稳定的亚单位。这一步骤不需要ATP和GTP。② 在eIF-2B作用下,生成含有Met-tRNAi^{Met}(起始tRNA)、GTP和eIF-2的三元复合物的反应。③ eIF-2 · GTP · Met-tRNAi^{Met}三元复合物与40S核糖体亚基相互结合。由于在真核细胞中这一步是发生在核糖体小亚基与mRNA结合之前,所以常将所形成的产物称做"40S前起始复合物"。④ 40S前起始复合物与mRNA 5′端"帽"结合。同样,mRNA在结合之前,需在ATP供能的

情况下与 eIF-4F、eIF-4A、eIF-4B 等事先形成一个复合物中间体。⑤ 起始反应的最后一步是结合有 mRNA 的 40S 前起始复合物并与 60S 核糖体亚基共同组成 80S 核糖体，并开始肽链的合成与延伸。在这一步中，三元复合物中的 GTP 水解，eIF-2 · GDP由核糖体中解离出来，进入再利用循环。此时可能还有其他一些游离因子也在这一步中游离出来。

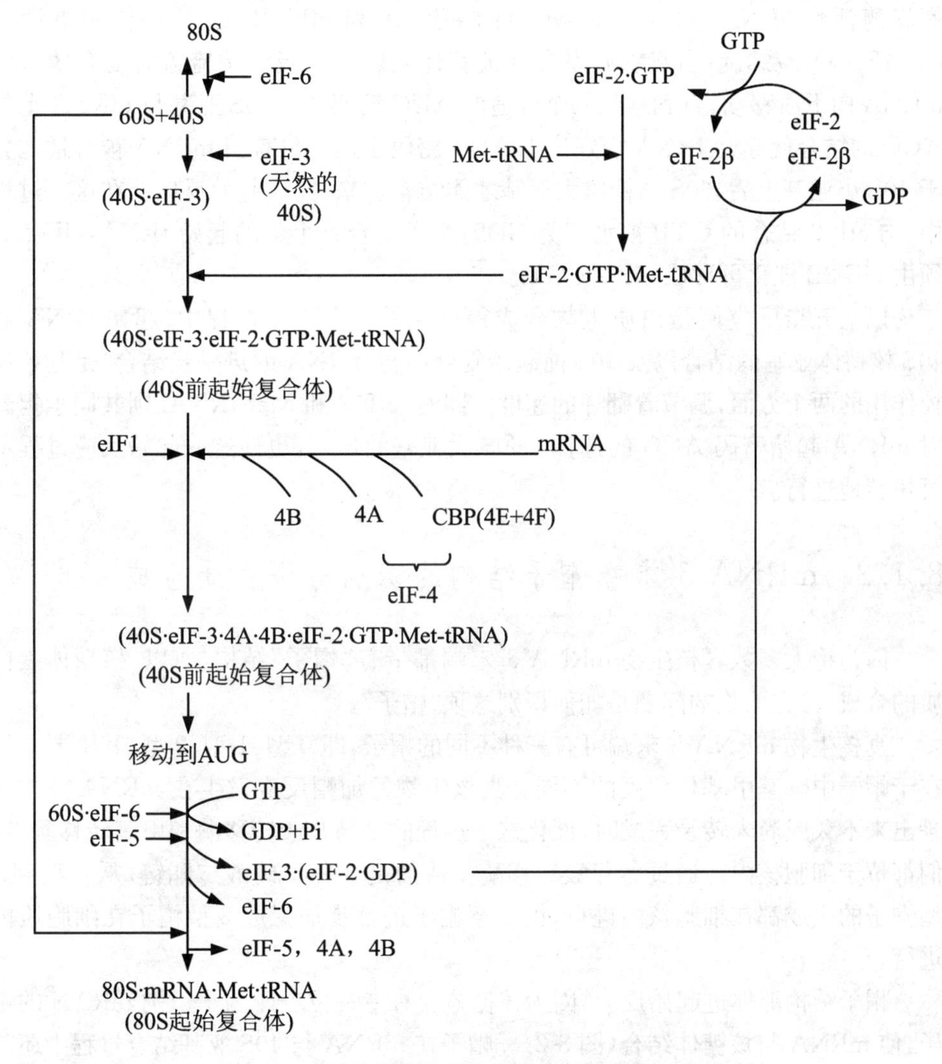

图 8-1　真核生物蛋白质中 80S 起始复合物的形成

翻译起始复合物的形成包含了一个氨基酰(Met)-tRNA 和 mRNA 结合到核糖体上的反应过程。唯一能够起始翻译过程的 tRNA 是一种特殊的起始 tRNA，即 tRNAi，它携带着甲硫氨酸。首先在活化态起始因子 eIF-2 · GTP 的催化下，起始 Met-tRNAi 结合到 40S 小亚基上，随后与 mRNA 5′端的帽子形成复合体。而 mRNA 在与核糖体结合之前也需要先与帽子结合蛋白 eIF-4F 以及其他 eIF 亚基结合，所以 eIF-4F 对翻译过程得以进行起着关键作用。细胞中 eIF-4F 的数量比 mRNA少，故一般认为 mRNA 必须竞争帽子结合蛋白，然后，起始因子 4A 与 eIF-4F 结合，并与 mRNA 前导序列中的双螺旋发夹结合，起始复合体中具有 RNA 螺旋酶活性（RNA hilicase activity）的 eIF-4A 和 eIF-4B 在 ATP 作用下激活 eIF-4F，解开双螺旋；当双螺旋发夹处被其他稳定的二级结构掩盖时复合体就沿 mRNA 向下游移动，直到遇到一个合适的 AUG 密码子。40S 亚基与 mRNA 上的 AUG 的结合使起始 tRNA 恰好位于 AUG 密码子上。只有当 mRNA 被合适地置于 40S 小亚基上后，60S 核糖体大亚基才能结合进来，完成起始反应。在这一过程中，与 eIF-2 结合的 GTP 被水解为 GDP，为了结合一个新的起始 tRNA，eIF-2 必须由 eIF-2B 催化再形成 eIF-2・GTP。

以上五步反应使蛋白质生物合成得以起始。在这一过程中，起始 tRNA 和 40S 核糖体亚基的结合以及 40S 前起始复合物与 mRNA 的进一步结合，是起始调控作用的两个方面，调节着翻译的速度。同时，eIF-2 和 Met-tRNAi 则共同承担着对 mRNA 起始密码 AUG 的选择。60S 大亚基的加入，更使这一起始反应过程不可扭转地进行。

8.1.2 mRNA 5′末端帽子结构的识别与蛋白质合成

因为绝大多数真核生物 mRNA 5′末端都带有“帽子”结构，所以，核糖体蛋白质的合成，首先面临的问题是如何识别这顶“帽子”。

真核生物 mRNA 5′末端可有三种不同的帽子，即 0 型、1 型、2 型，其主要差异在于帽子中碱基甲基化程度的不同。真核生物的加帽反应发生在 mRNA 前体转录出来不久或尚未转录完成时，催化这一过程的是鸟苷酸转移酶和甲基转移酶，它们都位于细胞核内。通过鸟苷酸转移酶生成的是 5′→5′磷酸二酯键，从 0 型到 1 型帽子的生成都在细胞核内进行，由 1 型帽子进一步加工成 2 型帽子在细胞质内进行。

帽子结构能促进起始反应，因为核糖体上有专一位点或因子识别 mRAN 的帽子，使 mRNA 与核糖体结合（图 8-2）。帽子在 mRNA 与 40S 亚基结合过程中还起稳定作用。研究表明，带帽子的 mRNA 5′端与 18S rRNA 的 3′端序列之间存在不同于 SD 序列的碱基配对。

40S 起始复合物形成过程中有一种蛋白因子——帽子结合蛋白（eIF-4E），能专一地识别 mRNA 的帽子结构，与 mRNA 的 5′端结合生成蛋白质-mRNA 复合物，并利用该复合物对 eIF-3 的亲和力与含有 eIF-3 的 40S 亚基结合。

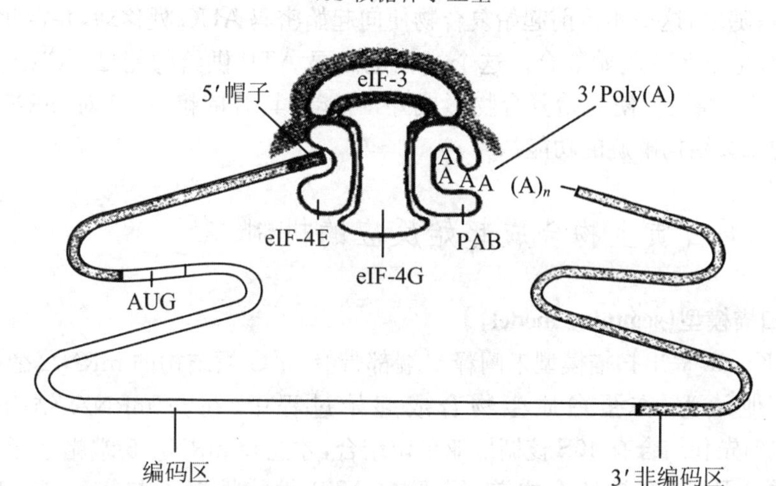

图 8-2　真核生物翻译起始复合物的形成

1. “帽”结构的功能

大多数 mRNA 5′端的“帽”结构是真核 mRNA 的重要特征之一。“帽”结构既是前体 mRNA 在细胞核内的稳定因素，又是 mRNA 在细胞质内的稳定因素，而且它还可以促进蛋白质生物合成起始复合物的生成，因而增强翻译效率。大鼠胰岛素基因表达调节的研究证实了这一点。大鼠有两个胰岛素基因 1 和胰岛素基因 2，在正常的胰脏细胞中它们同等表达，生产出等量的胰岛素 1 和胰岛素 2。但在大鼠 β 细胞肿瘤中，胰岛素 1 的产量高于胰岛素 2 的产量约 10 倍。研究表明，此时胰岛素 2 的 mRNA 失去了 5′“帽”，使其蛋白质合成受到抑制。没有甲基化的“帽”如 GpppN-，或用化学方法、酶法脱去了“帽”的 mRNA，其翻译活力也显著下降。可见，“帽”结构对细胞内 mRNA 进行翻译的重要性。mRNA 的“帽”如此重要，因此核糖体要起始蛋白质的合成，与 mRNA 结合，显然识别其“帽”就起着举足轻重的调节作用。

2. “帽”结合蛋白的性质与功能

用无细胞系所进行的蛋白质生物合成实验已经证明确实存在专一识别 mRNA 5′末端“帽”的蛋白质，称为“帽”结合蛋白（cap binding protein，CBP）。“帽”结合蛋白有两种：CBP，即起始因子 eIF-4E，其相对分子质量约为 2.4×10^4，是对“帽”专一性作用的小蛋白质，它促进有“帽”mRNA 的翻译，但对无“帽”的 mRNA无效。CBP（eIF-4F），由三种多肽成分组成，相对分子质量分别为 2.4×10^4、5×10^4 和 2.2×10^5。CBP 与“帽”结构作用以起始蛋白质合成的机制如下:首先 CBP 直接识别并结合在 mRNA 的 5′末端;然后,起始因子 eIF-4A、eIF-4B 结合到 CBP 上,并利用 ATP 所释放的能量促进 40S 前起始复合物结合到 mRNA 的 5′末端;随之,这一 40S 前起始复合物便向起始密码 AUG 处移动,并在此与 60S 亚基结合,生成 80S 起始复合。这个过程也需要 ATP 供给的能量。CBP 除识别 mRNA 上的"帽",促使起始复合物形成外,可能还具有依赖 ATP 对 mRNA 5′先导序列的二级结构解旋的功能。

8.1.3 蛋白质生物合成起始反应的机制

1. 扫描模型(scanning model)

M. Kozak 提出扫描模型来阐释 5′端都带有 m^7G 帽结构的 mRNA 翻译起始的机制。他认为,在蛋白质生物合成起始过程中,在与 mRNA 结合之前,Met-tRNAi先和结合有 40S 核糖体亚单位结合,才能和 mRNA 5′端帽子形成复合物。同样,mRNA 在被结合之前,需要在 ATP 供能情况下与 eIF-4F、eIF-4A、eIF-4B 形成一个复合中间体。一旦 mRNA · eIF-2 · GTP · Met-tRNAi^{Met}复合物形成之后,该复合物可以沿 mRNA 5′-UTR 区向 3′端滑动,以搜寻起始 AUG 密码。到达起始 AUG 位时,60S 核糖体亚单位就结合于 40S 复合物上,同时由于 eIF-5 的作用,即把 40S 原复合物上的 eIF-2 · GDP 释放出来,进入再利用的循环,形成 80S 复合体即开始肽链的合成和延伸。在翻译起始过程中,已知 eIF-4F、eIF-2 和 eIF-2B 等因子是通过磷酸化作用担负着调控作用的。

通常,40S 亚基复合物总是在遇到 mRNA 上第一个 AUG 时就停下来。那么,为什么核糖体滑行到 mRNA 的第一个 AUG,即在离 5′末端最近的起始密码位点就停下来起始翻译呢?现认为这与 AUG 的前(5′方向)和后(3′方向)附近序列的结构特征有关。调查了 200 多种真核生物 mRNA 中 5′末端第一个 AUG 前后序列发现,除少数例外,绝大部分都是 A/GNNAUGG,说明这样的序列对翻译起始来说是最为合适的。"扫描模式"合理地说明了许多真核生物 mRNA 的单一顺反子性质,也合理地解释了为什么将 mRNA 水解之后,它内部的密码会被活化。因为 mRNA 的水解产生出了新的 5′末端,所以它又可以成为 40S 起始复合物的进入位点。

2. 内部起始机制(internal initiation)

除了"扫描模型"外,近几年来,通过观察小 RNA 病毒科(picornavirus)的脊髓灰质炎病毒(polio virus,PV)等 RNA 的翻译过程,又提出了"内部起始"机制。这类 mRNA 含有称做"内部核糖体进入位点(internal ribosome entry sites)",mRNA 在此处的结合与帽子结构无关,翻译是从 mRNA 分子的 5′端下游的另外一个 AUG 密码开始，其详细机制尚不清楚。

IRES 也存在于真核生物核基因 DNA 中，例如，哺乳动物免疫球蛋白、果蝇的触角足(antennapedia)蛋白和几种胁迫相关的蛋白质的 mRNA 都发现有 IRES。这些蛋白的翻译是从内部起始的。在真核生物中，这种翻译起始模式可能是在细胞内依赖帽结构的蛋白质合成被暂时关闭时，内部起始机制可以提供一种维持细胞基本功能的翻译方式，但内部起始机制还存在许多问题。总之，目前对于翻译内部起始的生物学作用尚不清楚。

8.2　3′-UTR 结构对翻译的调控

真核 mRNA 3′非翻译区(3′-UTR)是指翻译终止密码 UAA 或 UGA 或 UAG 之后至 poly(A)这一区段不翻译编码蛋白质的 mRNA 序列。包括终止密码、poly(A)尾以及两者之间的非编码序列。在 3′-UTR 往往具有富含 AU 的重复序列 UUAUUUAUUAU(AU-rich element，ARE)，紧随其后的为 poly(A)序列。3′非翻译区这一结构对 mRNA 的翻译具有重要的调控作用。

1. 终止密码及其旁侧序列

研究表明，三个终止密码子 UAA、UGA 和 UAG 在不同种真核 mRNA 中使用频率不同。在脊椎动物和单子叶植物中，UGA 的使用频率最高，而其他的真核生物中最主要的终止密码为 UAA，UAG 则是使用频率最低的。同时通过对终止密码旁侧序列相对 GC 含量的分析以及与 5′-UTR 区相比较之后，提出了终止密码的选用在很大程度上受 mRNA 中 GC 含量的影响。

对不同种类真核 mRNA 终止密码两侧核苷酸序列分析显示，紧挨终止密码3′端的核苷酸分布有倾向性，其嘌呤核苷酸(A+G)出现频率在 60%～70%之间，而 C 的出现频率小于 17%。相比来说，在原核，该位的核苷酸以 U 的频率最高，推测该位核苷酸可能与终止作用的调节有关。除此之外，其下游未发现任何保守序列的存在，只有少数 mRNA 含有 GC 二核苷酸序列，其功能不详。

2. UA 序列的调控作用

在许多编码细胞因子(如生长因子和癌基因编码蛋白)的 mRNA 3′-UTR 中，富含 UA 的保守序列，它常由几个相间分布的 UUAUUUAU 8 核苷酸序列组成，去除这段序列可以明显提高 mRNA 的稳定性。UA 序列是对翻译起始抑制的元件，它的阻抑活性随其在 3′非翻译区中的拷贝数增加而提高，UA 的抑制作用与其和终止密码子的间隔距离无关。但若将 UA 序列人工插入 5′-UTR 中不显示抑制作用,推测 UA 抑制翻译的机制可能是抑制 80S 核糖体复合物形成之前的某一过程,也有人认为 UA 序列可能通过与降低起始效率的因子结合,然后与起始复合物相互作用而抑制翻译。在酯多糖(LPS)活化的巨噬细胞中,UA 序列在肿瘤坏死因子(TNF)mRNA 翻译中是关键性调控元件。

1995 年,Ana M. Zubiaga 等将 *c-fos* 的 ARE 插到正常球蛋白 mRNA 的 3′-UTR并创造了 ARE 区域的不同突变体,结果证实富含 AU 区域的主要功能是决定哺乳动物 mRNA 的半衰期。若去掉 UUAUUUAUU 任何一端的一个 U 就会减弱该因子的作用;而两端各去一个 U 则该因子失去了活性,mRNA 降解速度明显减慢;若在其两侧各增加一个 U 则不会增加该因子的效应。同时 ARE 发生碱基替换(G 或 C 替换 U),该因子的活性减弱,mRNA 降解速度减慢。此外,研究还发现 UUAUUUAUU 序列可以加速 mRNA 的去腺嘌呤。

3. poly(A)尾的调控作用

poly(A)尾对 mRNA 稳定性及翻译效率有调控作用。真核 mRNA 的前体(hnRNA)在核内被转录后,在其 3′端 AAUAAA 序列下游 30 个残基范围内的特定位点被切割,随后由 poly(A)聚合酶催化加上 poly(A)尾巴。核内成熟的mRNA,其 3′端多聚 A 尾的长度在哺乳动物细胞为 200～250 个残基。低等真核mRNA约为 100 个残基。mRNA 从核内转运到胞质后,poly(A)尾的功能不仅显示在 mRNA 由核内向胞外转动的过程中,而且对 mRNA 稳定性以及翻译效率均有调控作用。有 poly(A)的 mRNA 翻译效率明显高于无 poly(A)的 mRNA。poly(A)的长度和翻译效率也有关。

poly(A)通过其结合蛋白(poly(A) binding protein,PABP)与 60S 大亚基相互作用而实现对 mRNA 稳定性及翻译起始的促进作用。PABP 存在于所有真核细胞中。PABP 结合 poly(A)最短的长度为12 nt,PABP 与 poly(A)的结合防止了 3′端外切核酸酶的降解,保护了 poly(A),从而提高了 mRNA 的稳定性。但每一次翻译时,随着 PABP 的脱落而 poly(A)被短缩,当 poly(A)短缩到小于 12 nt 时,PABP 不能与 poly(A)结合而移位至 ARE,从而加速了 mRNA 的降解。有人将 poly(A)比做翻译的计数器,随着翻译次数的增加,poly(A)在逐步缩短。

在许多体内实验(包括动物、植物及蛙卵母细胞)和高活性的体外翻译体系(网织红细胞抽提物)中都已观察到 mRNA poly(A)结构与翻译效率直接的关系。带 poly(A)的 mRNA 比相应的脱尾 mRNA 翻译效率高得多。在体外翻译中加入外源寡聚腺苷酸,能抑制原体系中 poly(A)$^{+}$mRNA 的翻译,但对 poly(A)mRNA 的翻译无影响。如果把已经纯化的 PABP 加入上述受抑制的体系中,可以消除寡聚腺苷酸对 poly(A)$^{+}$mRNA 翻译的抑制作用。这一结果表明,poly(A)尾促进翻译的作用需要 PABP 的存在。

此外，mRNA 3′非翻译区不仅能决定该 mRNA 的稳定性，而且还能决定其所表达的细胞种类，控制 mRNA 的利用效率，协助辨认特殊密码子，甚至增加mRNA对肿瘤促进剂的影响。真核生物 mRNA 3′UTR 内的突变可引起遗传性疾病。

8.3　翻译因子的可逆磷酸化与蛋白质合成的控制

蛋白质生物合成起始、延伸及终止的各阶段都有许多因子的参与。仅翻译起始阶段，哺乳动物细胞中就有 13 种因子参与，酵母也有 12 种因子参与。起始因子对蛋白质生物合成的起始反应有重要作用，而它们自身的修饰会使这一过程受到明显的影响，其中起始因子的磷酸化就与翻译作用的激活和抑制密切相关。不少因子磷酸化状态与其对蛋白质合成的激活或抑制作用密切相关。eIF-4F 的磷酸化能激活翻译作用；而磷酸化的 eIF-2α，则能抑制蛋白质合成的速率。

8.3.1　eIF-4F 的磷酸化对蛋白质合成速率的激活作用

真核翻译起始因子 4F(eIF-4F)先结合于 mRNA 5′-m^{7}G 帽子结构，然后 40S·eIF-2·GTP·Met-tRNAi复合物才能与 mRNA 相连，进入翻译作用的起始阶段。在哺乳动物细胞中，eIF-4F 有 α、β、γ 3 个亚单位，即 eIF-4E、eIF-4A 和 P220 蛋白聚合而成。α-亚单位 eIF-4E 的分子量为 2.5×10^4，是 4F 中最小的亚单位，能直接和 mRNA 5′-m^{7}G 帽子相结合，故又称为帽子结合因子(cap-binding factor)；4.4×10^4的亚单位 eIF-4A，是依赖于 RNA 的 ATP 酶，为 mRNA 与 40S 亚基结合时所必需，实际上它是 eIF-4AⅠ和 eIF-4AⅡ的混合物，其 eIF-4AⅡ更优先地结合于复合物上；至于相对分子量 2.20×10^5的最大亚单位的确切作用还有待进一步研究。推测在 eIF-3 和 40S 核糖体亚单位相互作用时 P220 可为 RNA 和主要蛋白的相互结合提供静电接触。eIF-4F 在蛋白质生物合成中的重要调控作用是通过因子亚单位的可逆磷酸化作用实施的。由于 eIF-4E(又称 eIF-4Fα)，P220(又称 eIF-4Fγ)的含量很低难以用等电聚焦凝胶电泳聚焦，所以 eIF-4F 3 个亚单位的磷酸化状态的检测先采用 m^{7}G 亲和柱层析富集，然后再双向 PAGE 电泳并蛋白染色。试验证实：当静止期细胞用胰岛素激活后，蛋白质生物合成速度加快。此时发现 eIF-4F 的 α-亚单位和 γ-亚单位磷酸化作用增加；然而，对细胞进行热休克处理，或处于其生长周期的有丝分裂相时，蛋白质合成受到抑制，同时 eIF-4Fα-亚单位出现去磷酸化作用。蛋白质合成速率减低与 eIF-4Fα 去磷酸化的相关性证实了

eIF-4Fα 的调控作用。

在观察 eIF-4E 对 m^7G 帽子类似物的结合作用时，发现 eIF-4E 的磷酸化和非磷酸化两种形式不改变其对帽子的结合作用。eIF-4E 的磷酸化作用可能在于刺激 eIF-4F 三个亚单位复合物形成，或者是促进含 eIF-4B、eIF-4A 和 eIF-3 更高级因子复合物的组装。这类复合物是因子识别 mRNA 的活性形式，有益于加快翻译的起始速率。与 eIF-4E 的磷酸化作用的重要性相比，γ-亚单位的磷酸化意义仍不太清楚。

8.3.2 eIF-2 的磷酸化对翻译的抑制作用

起始因子 eIF-2 与 GTP 和 Met-tRNA 生成三元复合物 eIF-2・GTP・Met-tRNA 在翻译起始中起作用。eIF-2 由 α、β、γ 三个亚基组成，其中 α 亚基与 GTP 结合，β 亚基与 Met-tRNA 结合。eIF-2・GTP・Met-tRNA 与 40S 核糖体小亚基结合，形成起始复合体。当翻译起始后，eIF-2・GDP 从起始复合体上释放，eIF-2・GDP 与 GEF(GTP-GDP exchange factor)作用，在 GTP 存在的条件下，重新形成 eIF-2・GTP，eIF-2 因子得以重复使用(图 8-3)。当蛋白激酶使 eIF-2 的 α 亚基 Ser 残基磷酸化后，磷酸化的 eIF-2 与 GDP 亲和力提高，eIF-2・GTP 不能形成，eIF-2 则无法重新翻译，蛋白质合成速度下降(图 8-4)。

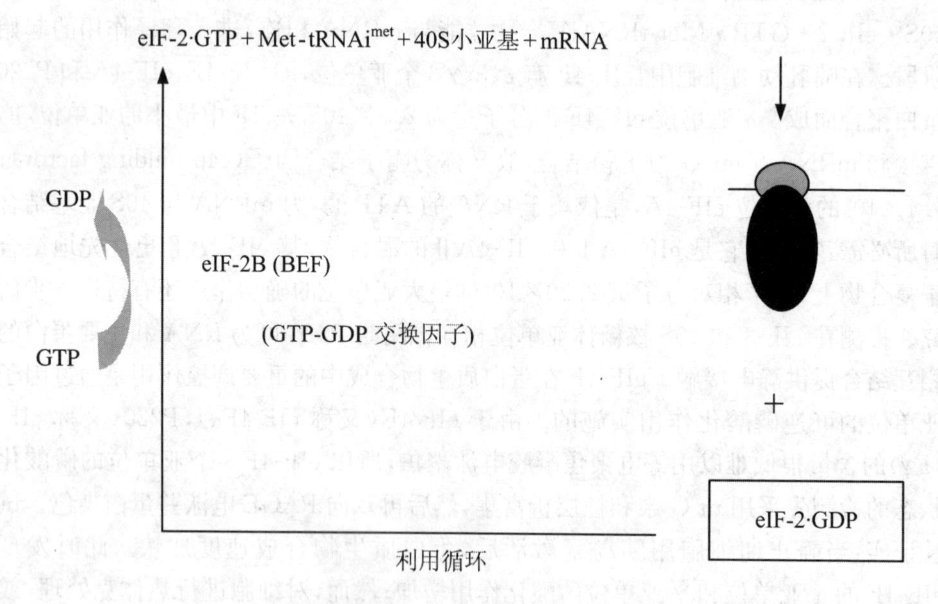

图 8-3 eIF-2 的循环利用

eIF-2 的磷酸化会引起翻译起始作用受阻，抑制蛋白质的生物合成。磷酸化的

eIF-2 对 GDP 及 eIF-2B 有很高亲和力，抑制了 eIF-2 的再循环。由于 eIF-2、GTP、Met-tRNAi 复合物形成受阻，蛋白质生物合成便受到抑制。

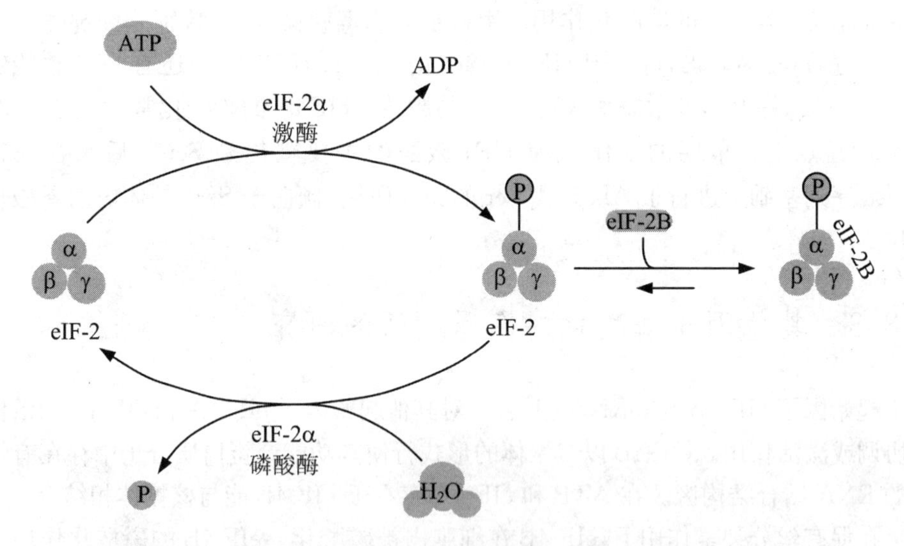

图 8-4　eIF2 通过 α 亚基的 Ser 残基可逆磷酸化作用对其功能进行调节

用兔网织红细胞粗提液研究蛋白质合成时发现，如果体系中缺少氯高铁血红素，几分钟之内蛋白质合成活性会急剧下降，直到完全消失，表明网织红细胞粗抽提液中的蛋白质合成抑制剂被活化，从而抑制蛋白质合成。现已查明，该抑制剂 HCI 是 eIF-2 的激酶，受氯高铁血红素调节，可以使 eIF-2 的 α 亚基磷酸化，并由活性型变成非活性型。没有生物活性的 HCI 也可以通过自身的磷酸化变成活化型，这个过程可能是自我催化的，并与一个被称为 HS 因子的热稳定蛋白有关。氯高铁血红素阻断 HCI 活化过程如图 8-5 所示。

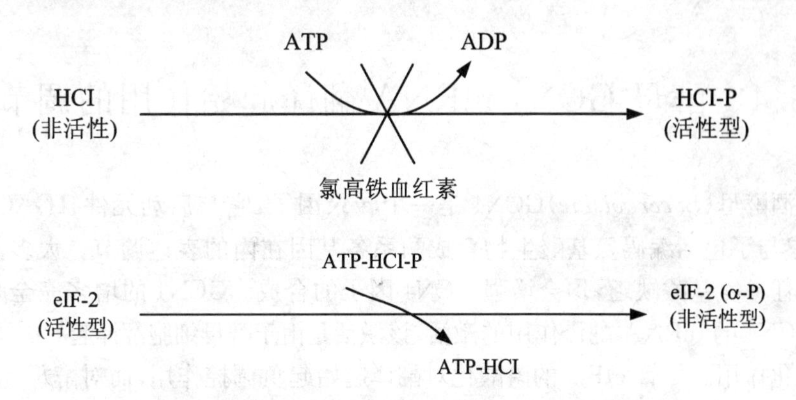

图 8-5　eIF-2、HCI 及氯高铁血红素的相互关系

在细胞处于营养匮乏、热休克、氨基酸饥饿、酸性或碱性环境下或者用重金属或化学试剂处理时,蛋白质生物合成受抑制的同时,还可以检测到细胞内 eIF-2 因子 α 亚单位(eIF-2α)的磷酸化作用。用特定的病毒感染细胞,特别是细胞先用干扰素处理,再感染病毒,可发现 eIF-2α 磷酸化。除 HRI 酶之外,还有 DAI 也能够激活 eIF-2α 磷酸化,该激酶受双链 RNA 的激活。eIF-2α 的磷酸化常发生在 Ser^{48} 和 Ser^{51} 位点上。早期的工作认为 HRI 激酶的主要靶位是 Ser^{48},后来在获得 eIF-2α 序列基础上进行了 Ala 替代 Ser 的突变研究,倾向于 Ser^{51} 是体内的磷酸化靶位。

8.3.3 其他因子磷酸化对翻译激活的研究

起始因子 eIF-4B 与 mRNA 相结合,对其他起始因子 eIF-4A 和 eIF-4F 的活性起协调或激活作用。eIF-4B 以二聚体的形式行使其功能。蛋白质分子中存在有恒定的 RNA 结合结构区。在 ATP 和 eIF-4A 存在下 eIF-4B 能与核糖体相结合。

在促有丝分裂素作用下,eIF-4B 在细胞内被磷酸化。eIF-4B 的磷酸化作用是随机的,其有 8 个或更多的 Ser 位点可供反应。通过等电聚焦凝胶电泳,可以见到体内发生的从 0~8 个位点磷酸化的形式。eIF-4B 可被 PK-C 以及哺乳细胞或蟾蜍的 S6 激酶磷酸化,但还未发现 eIF-4B 特异性的磷酸激酶。研究表明推测 eIF-4B 的磷酸化作用可促进 eIF-4A、eIF-4F 与 mRNA 复合物形成,从而影响 mRNA 和 40S 前起始复合物的结合。S6 是 40S 亚单位上的一种核糖体蛋白,当细胞因促有丝分裂素作用处于生长期时,S6 的 C 端 5 个 Ser 残基随 eIF-4F、eIF-4B 一起被磷酸化,它们的去磷酸化则由蛋白磷酸酶 2A 催化。

8.4 酵母 GCN4 mRNA 翻译起始作用的调节

酿酒酵母(*S. cerevisiae*)GCN4 是一个转录因子,它与启动元件 TGACTC 相结合,参与了包括编码氨基酸生物合成酶系各基因在内的表达调节。大多数酵母基因的任一氨基酸缺乏,均会增强 GCN4 因子的合成。GCN4 的增多完全是由于编码 GCN4 的 mRNA 翻译作用的激活,该激活是由于酵母细胞翻译起始因子 eIF-2 的磷酸化作用。尽管 eIF-2 的磷酸化对翻译起始起负调控作用,而对酵母GCN4的 mRNA 则有增加蛋白质翻译量的功能。原因是:在氨基酸饥饿时,空载的tRNA被堆积,这些空载的 tRNA 可以作用于 GCN2 蛋白激酶肽链上的类似 His-tRNA 合成酶样结构，活化的激酶使eIF-2因子α亚单位的第51位丝氨酸磷酸化，磷酸化的eIF-2抑制由eIF-2B参与的GTP及eIF-2的再循环，从而启动了GCN4 mRNA的翻译作用。

图8-6示意的GCN4 mRNA及其5′先导序列中，GCN4的开放阅读框(GCN4-ORF)起始于第五个AUG密码，在此之前的各个AUG形成了四个短的上游开放阅读框(up-stream open reading frame，uORF)，从5′-帽子到第一个uORF的AUG之间的序列可以使核糖体在第一个AUG起始的uORF1启动翻译。在正常非饥饿的情况下，活化型的eIF-2的水平较高，在uORF1翻译之后，释放下来的核糖体可以重新往下游滑动，并在其他任意一个uORF处再启动翻译，而GCN4 mRNA的ORF翻译则被排除；在饥饿情况下，磷酸化的eIF-2α增加，减少了活化形式的eIF-2再循环，使在uORF1翻译之后，释放下来的核糖体滑动时，穿过其他uORF，而结合于GCN4 mRNA起始密码子AUG位置，重新启动GCN4-ORF的翻译。产生这种核糖体延长滑动的原因，认为是eIF-2的减少导致翻译起始复合物再结合受到限制。

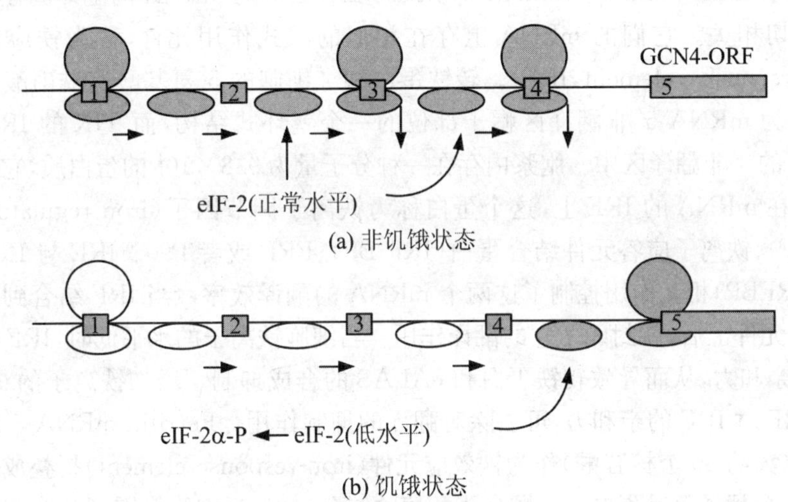

图8-6 酵母GCN4 mRNA的翻译模式

注：1～4表示短的uORF；5表示起始子AUG的GCN4 mRNA阅读框。

酵母突变体的实验研究支持了这种调节模式。正常的酵母细胞，在氨基酸饥饿条件下，GCN4 mRNA的翻译抑制去除，细胞内GCN4蛋白增多。而具有*gcn*表型(general control nonderepressable)酵母突变体在饥饿情况下，对GCN4 mRNA翻译的抑制作用不能被消除；另一类具有组成型的去抑制表型突变体*gcd*(general control depressed)即使在正常条件下，细胞也能表达GCN4。已知基因GCD编码eIF-2α的亚单位。深入分析突变位点发现，Ser^{51}是酵母eIF-2α特异蛋白激酶 GCN2 磷酸化靶位点，当 Ser^{51} 被 Ala 取代，eIF-2α 不被磷酸化，GCN4 不能翻译；当 α 亚单位 Ser^{51} 被 Asp 取代时，突变体为 *gcd* 表型，即可持续地表达 GCN4 蛋白。GCN4 mRNA 一直是研究翻译水平调节的良好模型，随着今后研究的不断深入，其调节机制将会被完全阐明。

8.5 转铁蛋白 mRNA 的翻译调控

mRNA 分子结构本身与其翻译调控有着密切关系，而其调控作用往往通过其结构元件与相应蛋白质因子的相互作用而实现。在研究翻译调控中，这种 RNA 和蛋白质可逆性相互反应的典型模式是转铁蛋白的翻译控制。

转铁蛋白(ferritin)、转运铁蛋白受体(TfR)和红细胞的 5-氨基酸乙酰丙酸合成酶(erythroid 5-aminolevulinate synthase，eALAS)的 mRNA 的翻译调控都与铁离子密切相关。它们的 mRNA 上存在相似的顺式作用元件，称为铁应答元件(iron responsive element，IRE)。转铁蛋白和红细胞的 5-氨基酸乙酰丙酸合成酶的 IRE 为 mRNA 5′非翻译区帽子部位的一个茎环式结构，而 TfR 的 IRE 则在 mRNA 的 3′非翻译区中。胞浆内存在一种分子量为 9.8×10^4 的蛋白质，它能特异地结合在 mRNA 的 IRE 上，这个蛋白称为铁离子调节因子(iron regulatory factor，IRF)、铁离子应答元件结合蛋白(IRE-BP)、FRP 或者 P90。IRE 与 IRE 结合蛋白(IREBP)相互作用控制了这两个 mRNA 的翻译效率。当 IRF 结合到mRNA 的 IRE 元件上后，就封闭了它的翻译作用。当细胞铁离子的水平低时，IRF 对 IRE 有高的亲和力，从而导致转铁蛋白和 eALAS 的合成抑制。增加铁离子的获取，可减小 IRF 对 IRE 的亲和力，可去除对翻译的抑制作用。Ferritin mRNA 5′端的先导序列(大约 30 个核苷酸)作为铁效应元件(iron-response element)折叠成茎环结构，是一个翻译阻遏蛋白——顺乌头酸酶的结合位点，当细胞暴露到铁溶液中引起顺乌头酸酶从 ferritin 的 mRNA 上解离，从而使 ferritin mRNA 翻译起始，ferritin 的合成增加 100 倍。当细胞处于缺铁或高铁水平时，能产生两个数量级的蛋白水平差异，却没有在 mRNA 水平上发现存在显著差异。因此，这种调节作用的基础是依赖于铁离子多少控制阻遏蛋白对 mRNA 结合位点的控制。

研究表明，位于 5′非翻译区的 IRE 控制了铁蛋白 mRNA 的翻译效率，去掉这个非翻译区的 IRE，可造成铁蛋白的永久性高水平翻译。当细胞缺铁时，IRE-BP 与 IRE 具有高亲和力，两者的结合有效地阻止了铁蛋白 mRNA 的翻译，与此同时 TfR mRNA 上 3′非翻译区中的 IRE 也与 IREBP 特异结合，有效地阻止

TfR mRNA的降解，促进 TfR 蛋白的合成(图 8-7)。

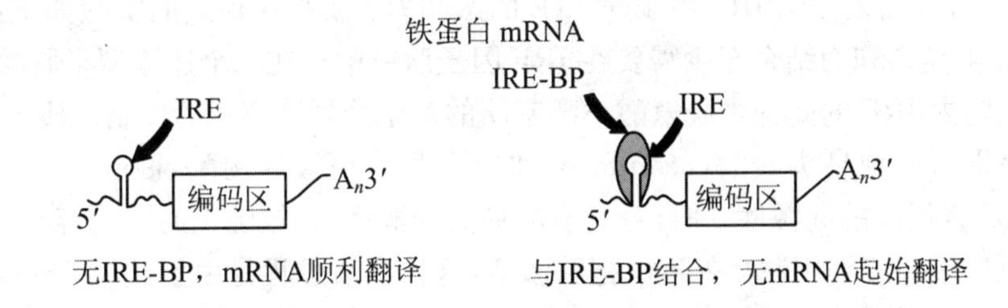

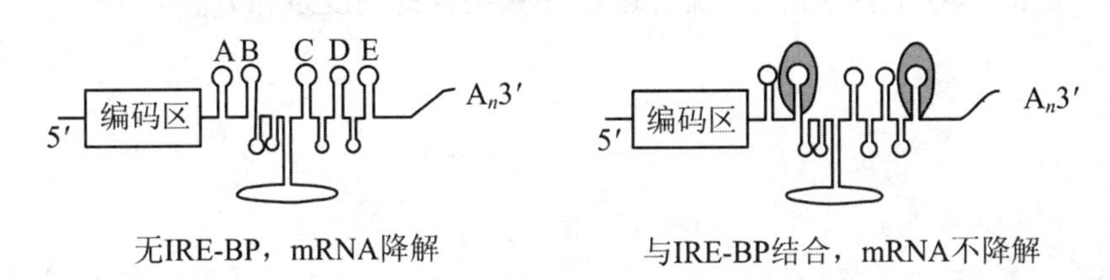

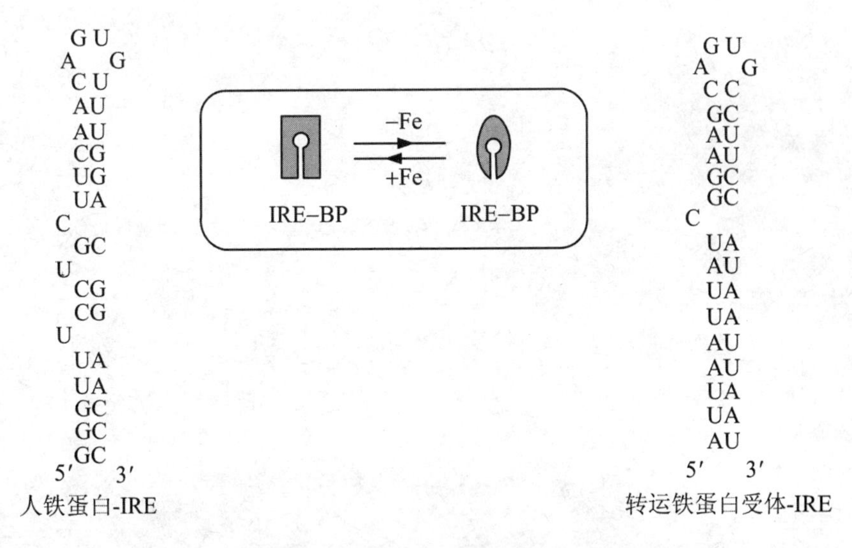

图 8-7　人铁蛋白及转运铁蛋白受体 mRNA 的翻译机制

有两种模式被用于解释 IRF 是如何受细胞铁离子水平影响的。一种模式认为由于高铁离子水平而诱导了 IRF 降解，被称为降解作用模式(degradation model)。这种模式认为铁离子并不直接作用于 IRF，而是促进血色素(heme)的合成，血色素可以与 IRF 结合，引起对 IRE 结合活力的丢失并被蛋白酶降解。另一种模式被称为“铁离子开关模式”(iron switch model),认为铁离子直接参与了IRF的翻译后水平的处理,从而改变了IRF因子对IRE的亲和力。支持该模式的实验如下:IRF对IRE发生高亲和力结合至少需要在IRF因子肽链中存在一个还原型半胱酸-SH基团。细胞内IRF的此种半胱氨酸-SH基团的产生受到铁离子的控制。IRF与铁硫(Fe-S)蛋白如顺乌头酸酶(aconitase)和异丙基苹果酸异构酶(isopropylmalate isomerase)有很高的同源性,并自身具有顺乌头酸酶活力,被纯化的该酶容易失活,当在还原型缓冲液下用铁盐处理能把酶激活,这种激活过程是由于其从3Fe-4S转换成4Fe-4S。体外实验发现用上述类似处理,IRF就丢失结合IRE的活性,而顺乌头酸酶作用被激活。因为IRF也是一种Fe-S蛋白,其Fe-S成簇状态反映了细胞内铁离子水平,在低铁状态下,就引起对IRE结合的高度亲和力。

(邱　炎)

第9章 RNA干扰与基因表达

RNA干扰(RNA interference,RNAi),又叫RNA干涉。是指双链RNA(double strand RNA,dsRNA)在细胞内特异性诱导与其同源互补的mRNA降解,从而关闭相应基因表达或使其转录后沉默的过程。本章主要就RNAi的研究历史、基本理论、研究方法及其应用分别加以介绍。

9.1 RNA干扰及其机制

9.1.1 RNAi现象的发现

RNAi现象在生物界广泛存在,是一种古老且进化上高度保守的现象。在真菌中被称为消除作用(quelling),在拟南芥、烟草等植物中被称为转录后基因沉默(post-transcriptional gene silencing,PTGS)或共抑制(co-suppression),在果蝇、水螅、线虫、斑马鱼、小鼠等动物中被称为RNAi。

2001年,RNAi被《Science》杂志评为2001年的十大科学进展之一,2002被评为十大科学进展之首。仅仅在发现RNAi八年后,2006年诺贝尔生理学和医学奖就授予了安德鲁·法尔(Andrew Fire)和克雷格·梅洛(Craig Mello),以表彰他们发现了RNA干扰机制。

9.1.2 RNA干扰的机制

虽然目前人们还没有完全揭示RNAi的作用机制,但随着研究的不断深入,RNAi发生的过程已经越来越清晰地呈现在人们面前。RNAi是由dsRNA诱导的多步骤、多因子参与的过程,包括起始阶段、效应阶段和效应循环放大三个阶段(图9-1)。

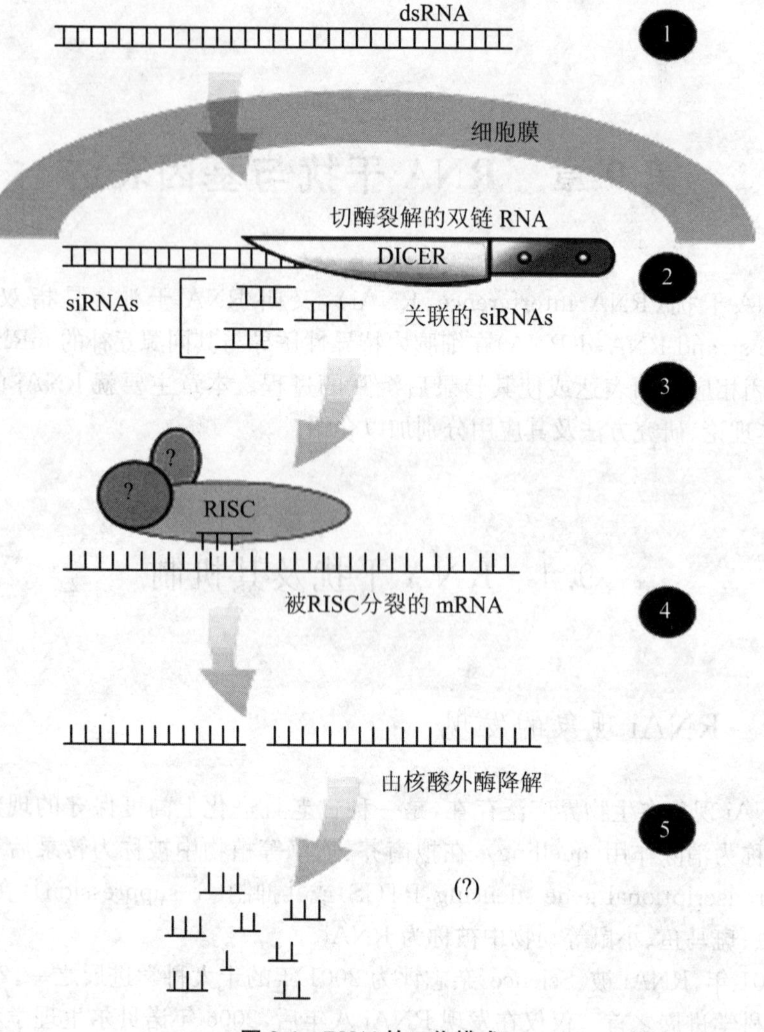

图 9-1 RNAi 的工作模式

注:第 1 步是靶 mRNA 的 dsRNA 的产生;第 2 步是 dsRNA 的识别以及 21～23 bp 的小 RNA(siRNA)的产生;第 3 步是 RISC 的形成;第 4 步是至关重要的一步,即 siRNA 对靶mRNA 的识别与选择性降解。

1. RNAi 的起始阶段

RNAi 的起始阶段,即在细胞质中靶基因 mRNA 被特异性剪切的过程。外源性 dsRNA 可以通过外源导入、转基因或者病毒感染等方式进入细胞,内源性 dsRNA主要通过 RNA 依赖的 RNA 聚合酶(RNA-dependent RNA polymerase, RdRP)的作用而产生,并催化合成与机体转录过程中的异常 RNA 互补的 RNA 链,进而形成 dsRNA。外源性或内源性 dsRNA 与细胞内核酸酶Ⅲ(RNase)(如

Dicer)结合,然后Dicer酶在ATP的参与下,逐步将其切割成21～23碱基对的由正、反义链组成的双链小干扰RNA(small interfering RNAs, siRNAs),每个siRNA由19～21个碱基配对形成双链,并在其3′末端有2个游离未配对的核苷酸突起。Nykänen等研究发现,siRNA是RNAi的重要中间分子,其序列与靶mRNA的序列具有高度同源性;2条单链末端为5′端磷酸基和3′端羟基。这是细胞区分真正的siRNA和其他双链RNA的结构基础。如果平末端siRNA或失去了5′磷酸基团的siRNA则不具有RNAi的功能。siRNA是识别靶RNA的标志,它的生成启动了RNAi反应。

Blaszczyk等认为细菌Dicer酶是一个二聚体,当反向平行排列的RNA酶、基序(motif)和底物dsRNA结合后,能产生4个底物催化活性位点,但中间2个位点酶活性丧失,两端活性位点催化底物间距离约22 nt。因此,Dicer结构有细微的变化即可导致切割间距的变化,表现为种属特异性,其适合的siRNA长度可能存在差异。

2. RNAi的效应阶段

RNAi效应阶段,siRNA双链结合到RNA介导的沉默复合体(RNA-induced silencing complex,RISC)上,继而激活ATP酶依赖的mRNA降解过程。在果蝇中,研究表明RISC是由Agonature蛋白、解旋酶、核酸内切酶、核酸外切酶等共同组成的复合体,其作用是对靶mRNA进行识别和切割,在RNA及蛋白质因子Agonature的作用下,诱导靶mRNA的特异性降解。在ATP供能的情况下,siRNA双链解旋,使RISC激活。siRNA的反义链从RISC中分离出来,作为模板识别目标mRNA,通过碱基互补配对原则,同源的mRNA与siRNA中的反义链结合,其正义链被释放出来,通过反义链的介导,与之互补的mRNA在距离siRNA 3′端12个碱基的位置被RISC切割降解。由于mRNA被降解发生于转录后水平,并抑制基因表达,所以称之为PTGS。尽管mRNA被切割降解的机制尚不十分清楚,但每个RISC都包含1个siRNA和1个不同于Dicer的RNA酶。

值得注意的是,在哺乳动物细胞中,长的dsRNA(>30 bp)会产生引起细胞死亡的非特异性干扰素样反应,并不能引起特异序列靶基因的沉默。目前研究认为,这种非特异效应可能是由于长链dsRNA促使干扰素合成,并激活了2种酶而造成的:一种是dsRNA依赖的蛋白激酶PKR,而PKR能引起转录起始因子eIF-2a磷酸化;另一种是2′-5′寡聚腺苷酸合成酶,其催化合成的2′-5′寡聚腺苷酸会激活RNase L,而RNase L能够非特异性地降解所有mRNA。干扰素可以加剧以上2种酶促反应,最终导致蛋白质合成终止和细胞凋亡;而长度为21～23 nt的siRNA则避免了这些反应。由此推测,高级生物体内直接转染长的siRNA作为基因沉默的方法将大大受限,而短的siRNA可以解决这一问题。

3. RNAi 循环放大阶段

在 siRNA 诱导 RNAi 过程中，微量的 dsRNA 就可以使 RNAi 效应遍及整个机体，并遗传给下一代，表明存在 siRNA 的循环放大。研究表明，在新秀丽小杆线虫细胞内，以 siRNA 为引物、以靶 mRNA 为模板延伸生成 dsRNA，在 RdRP 的作用下，合成新的 dsRNA，再经 Dicer 酶切割、降解而生成大量的次级 siRNA，次级 siRNA 又可进入合成、切割的循环过程，从而最终实现 siRNA 的循环放大效应。这种合成、切割的循环过程被称为随机降解性 PCR（random degradative PCR）。RdRP 扩增放大 RNAi 信号的另一个证据，是线虫和植物中传递性 RNAi（transitive RNAi）的发现。

在植物系统中，RNAi 的效应除了能被放大外，还可以进行传递，即 RNAi 效应可在细胞间与组织间进行传递。dsRNA 及 siRNA 可能通过细胞桥来传递沉默信号，也可能通过脉管系统实现长距离的传送。Feinber 等在新秀丽小杆线虫细胞膜上发现了一种跨膜蛋白 SID-1，它可以将 dsRNA 转运出细胞，因此 SID-1 介导的 dsRNA 在细胞间的运输也体现了系统性的 RNAi 传递。另外有研究表明在哺乳动物中也可能存在这种机制。

9.1.3 RNAi 的特点

RNAi 是生物基因组抵抗转座子或病毒类外来遗传元件入侵的一种保护性机制，科学家们对 RNAi 现象之所以表现出极大关注，就是因为 RNAi 在基因功能、基因治疗等方面具有传统基因敲除技术无法比拟的优势。RNAi 主要具有以下几个方面的特点：

1. RNAi 是 PTGS 机制

在 RNAi 过程中，注射该基因的内含子或者启动子序列的 dsRNA 都没有干扰效应，翻译抑制剂对 RNAi 也没有影响。表明 RNAi 对 DNA 序列的复制和转录过程不产生任何影响，只对转录后过程有作用。

2. 特异性

RNAi 只能特异性降解与之序列匹配的单个内源基因的 mRNA，而其他 mRNA 的表达则不受影响。将人工合成的 siRNAs 转入宿主细胞的实验表明，即使 siRNAs 中只有一个碱基与靶序列错配，也会使干扰效应大大减弱。

3. 高效性

无论是体内还是体外实验均表明，RNAi 抑制基因表达具有很高的效率，少量 dsRNA（数量远少于内源性 mRNA 的数量）就能完全抑制相应基因的表达。这种高效性是由于它的级联放大效应所致。正因为抑制效率高，所以又称之为基因沉默(gene silencing)或基因敲除(knock out)。

4. dsRNA 长度的限制性

dsRNA 不得短于 21 个碱基，并且长链 dsRNA 也在细胞内被 Dicer 酶切割为 21 bp 左右的 siRNA，并由 siRNA 来介导 mRNA 切割。dsRNA 片段如小于 21～23 nt(如 10～15 nt)，特异性将显著降低。dsRNA 如大于 30 bp，将不能在哺乳动物中诱导特异的 RNAi。

5. 可传播性

RNAi 抑制基因表达的效应可以穿过细胞膜，在不同细胞间长距离传递和维持信号，甚至传播至整个有机体。

6. ATP 依赖性

在去除 ATP 的样品中 RNA 干扰现象降低或消失，显示 RNAi 是一个 ATP 依赖的过程。这可能与 Dicer 和 RISC 的酶切反应需要 ATP 提供能量有关。

7. 稳定性

与反义核酸技术相比，siRNA 是双链结构，其 3′端有两个突出的 U，不受核酸酶降解，比较稳定。反义核酸为单链结构，易被核酸酶降解。

8. 快捷性

与传统动物基因敲除技术相比，后者需要较长时间才能了解功能基因敲除后的生物学现象，而 siRNA 则往往在转染细胞 48 h 后就可以了解靶基因抑制后的生物学表现。因此 RNAi 技术为研究基因功能提供了更加快捷有效的工具。

尽管 RNAi 技术相对于其他基因治疗策略有明显优势，但也表现出一些局限性。虽然在理论上 RNAi 适用于所有基因，但是在实际操作中并不是所有基因都能被 RNAi 抑制，其沉默效果不理想或基本无效。目前各种转染技术的效率仍然不高，另外严格的序列特异性也使一些突变基因存在逃脱沉默的可能，相信这些缺陷随着研究的深入会不断得到解决。

9.2　RNAi 与基因沉默

自 2001 年科学家们对 dsRNA 进行研究以后，发现 siRNA 对基因表达的不同环节进行调控，包括转录水平和转录后水平，使机体内各种基因实现协调表达。转录水平的基因沉默主要发生在真核细胞核内，表现为 siRNA 修饰 DNA 分子，抑制转录的发生。主要包括 RNA 介导的 DNA 甲基化、异染色质形成和 DNA 分子消融三个环节，但多见于低等生物体。转录后基因沉默是指 siRNA 在 mRNA 水平抑制靶基因的表达，主要包括 siRNA 降解 mRNA，微小 RNA 分子(microRNA)抑制 mRNA 翻译以及转录启动后甲基化修饰 DNA 分子第一外显子，从而使转录终止这三个环节。这里主要讨论 RNAi 在转录水平和转录后水平的基因表达调控。

9.2.1 转录水平的基因沉默

RNA 介导的转录水平基因沉默(transcriptional gene silencing，TGS)是指基因信息从 DNA 到 mRNA 的转录过程尚未启动时，siRNA 分子通过修饰染色体 DNA 分子或与其结合的组蛋白分子，阻碍转录的发生。1994 年，Wassenegger 等对烟草进行研究发现，siRNA 分子能在转录水平对基因进行沉默。但最近几年，这种机制才逐渐开展和进行深入研究。转录水平 siRNA 沉默基因的表达方式主要有三种：① 诱导 DNA 甲基化；② 诱导异染色质的形成；③ DNA 分子的消融。与转录后基因沉默不同，转录水平的基因沉默主要发生在真核细胞核内，执行者是长度为 60～200 bp 的小双链 RNA 分子，多见于低等动物和高等植物细胞内，但其结果与转录后的基因沉默是一致的，都能达到抑制基因表达的目的。而且发现转录水平与转录后水平基因沉默在某些情况下存在着共同的通路和执行者，且相互交错，有时很难将二者截然分开。

1. RNAi 与甲基化

传统上认为 RNAi 只能在转录后水平上有效地沉默基因的表达。然而，最近研究发现 siRNA 也能在转录水平通过调节 DNA 甲基化及其相应组蛋白的甲基化而调控基因的表达。siRNA 是一些甲基化转移酶活化的起始信号，在 siRNA 的作用下，甲基化转移酶使 DNA 区域包括胞嘧啶-鸟嘌呤核苷酸连续区(称为 CG 岛)，CNG(N：A/T/C/G)，CHH(H：A/C/T)中的胞嘧啶核苷 C 和组蛋白 H3 亚基第九个赖氨酸 K(lysine residue K9 in histone H3，H3K9)发生甲基化，基因表达因此而受到抑制，即 siRNA 能在转录水平调控基因的表达，证实了 RNA 分子能启动 DNA 甲基化。

在 siRNA 沉默基因表达机制中，RNA 指导的 DNA 甲基化(RNA directed DNA methylation，RdDM)是最常见的类型。RdDM 是第一个发现的 RNA 指导基因组表观修饰酶，属于表观遗传调节(epigenetic regulation)。早在 1994 年，Wassenegger 等在马铃薯纺锤结节状类病毒(potato spindle tuber viroid，PSTVd)感染烟草时发现了 RdDM 现象。Mette 等进一步研究表明 RdDM 需要 dsRNA 的参与，dsRNA 被切割成大小约为 23 nt 的 siRNA，从而证实了 RNAi 与 RdDM 之间的关系。Vaistij 等将带有绿色荧光蛋白(green fluorescent protein，GFP)基因的 RNA 病毒感染整合有 GFP 基因的烟草时，发现 GFP siRNA 或它们的前体

dsRNA 同时引起 RNAi 和甲基化。

另外，Beclin 等将高表达 β-葡糖醛酸酶（β-Glucuronidase，GUS）基因反向重复序列载体导入表达 GUS 的拟南芥中，GUS 转录本被来自重复序列的 siRNA 降解，同时 GUS 基因发生了甲基化。大量研究表明，在植物中，含有与启动子区序列同源的 dsRNAs 可以引发启动子的甲基化以及转录水平的基因沉默。经过对模式植物拟南芥进行大量研究表明，DNA 甲基化是一个由 RNA 信号和位点特异性 DNA 甲基化转移酶起始的一个渐进过程。包括 siRNA 信号的产生，从头合成（*de novo* synthesis）的 DNA 甲基化和甲基化维持三个步骤（图 9-2）。

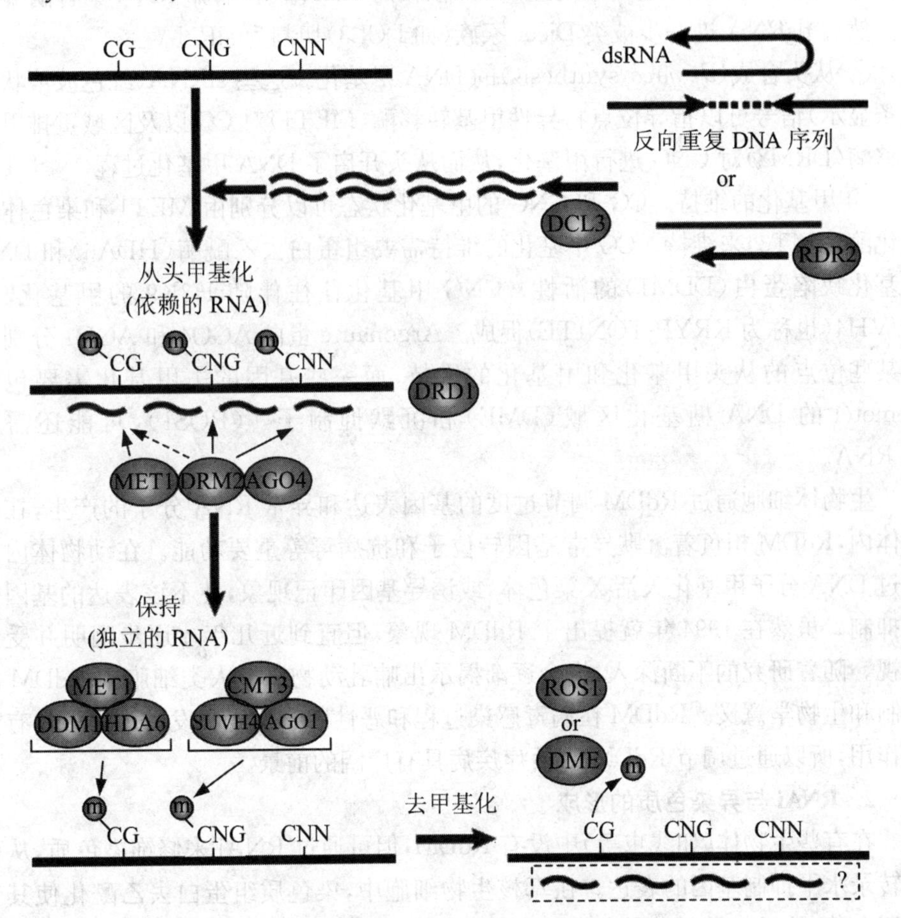

图 9-2　RNA 介导的 DNA 甲基化机制

在很长一段时间内，普遍认为 RdDM 只存在于类病毒和植物中，而哺乳动物细胞中是否也有 RdDM 存在争议。但已知哺乳动物细胞中存在参与 RdDM 过程的一些功能蛋白组分，暗示哺乳动物细胞中可能也有 RdDM，究竟 RdDM 能否在哺乳动物中发生,现有研究得出了互相矛盾的结果。2004年,Svoboda等利用小鼠卵母细胞,通过RNAi引起靶基因表达沉默的长dsRNA不能引起相应DNA区域从头合成DNA的甲基化。然而,Morris和Kawasaki等研究发现,内源基因启动子的siRNA能够引起其区域内CG岛的甲基化,并能引起组蛋白H3K9的甲基化,从而在转录水平抑制基因的表达。

① siRNA信号的产生。在细胞核中dsRNA的产生主要有两种途径:一种可以由ssRNA(single-stranded RNA)经RNA依赖的RNA聚合酶(RDRP)产生;另一种可以由反向DNA重复序列经DNA依赖的RNA聚合酶如RNA聚合酶Ⅱ产生。然后dsRNA进一步被类Dicer家族(如DCL3)切割为siRNA。

② 从头合成(*de novo* synthesis)的DNA甲基化。这些siRNA(红色波浪状双线条显示)信号可以指导位点特异性甲基转移酶(MET1)对CG以及区域重排甲基转移酶(DRM2)对CNG进行甲基化,从而从头开启了DNA甲基化过程。

③ 甲基化的维持。CG和CNG的甲基化状态可以分别由MET1和染色体甲基化酶(CMT3)来维持。CG甲基化的维持需要组蛋白去乙酰酶(HDA6)和DNA甲基化缺陷蛋白(DDM1)的活性。CNG甲基化往往伴随H3K9的甲基化,由SUVH4(也称为KRYP-TONITE)促成。Argonaute蛋白AGO4和AGO1分别参与某些位点的从头甲基化和甲基化的维持,而一些基因的去甲基化需要包含Demeter的DNA糖基化区域(DME)和沉默抑制子1(ROS1),可能还需要小RNA。

生物体细胞通过RdDM调节过度的基因表达和异常RNA分子的产生,在植物体内,RdDM担负着沉默异常基因转位子和抗病毒等重要功能。在动物体内则通过DNA分子甲基化灭活X染色体,或诱导基因印记现象,使不该表达的基因受到抑制。虽然在1994年就提出了RdDM现象,但直到近几年才逐步阐明并受到重视。随着研究的不断深入,将会逐渐揭示出哺乳动物以及人类细胞中RdDM的机制和生物学意义。RdDM在病毒感染过程和恶性肿瘤发生和发展过程中具有重要作用,所以通过调节RdDM来治疗疾病具有广阔的前景。

2. RNAi与异染色质的形成

在有些生物体(如线虫等)中没有RdDM,但可通过RNAi来修饰染色质,从而在转录水平抑制基因的表达。在真核生物细胞中,染色质组蛋白去乙酰化使其带上正电荷,然后与带负电荷的DNA分子结合,从而形成异染色质。反之,如果组蛋白处于乙酰化状态,则不能与DNA结合,因此基因可以正常转录。

异染色质是由简并逆转录转座子和串联重复序列等组成,在大部分生物体内,异染色质的形成需要染色质组蛋白H3去乙酰化,同时第九号氨基酸赖氨酸发生甲基化(K9)。Volpe等对裂殖酵母的研究发现,异染色质沉默基因通常发生在着丝粒、端粒和配型区。另外,有证据表明RNAi直接参与了异染色质的形成,Bartel等在分裂酵母中发现多种针对染色质中央着丝粒重复序列的siRNA。Hall等研究发现,在Ago、Dicer和RdRP三种酶突变体的RNAi通道中,H3K9的甲基化程度下降,重复序列相关的Swi6蛋白表达也下降,同时着丝粒外部转座子重复序列表达阻抑程度也降低,表明RNAi突变使异染色质阻抑基因表达程度降低。RNAi的突变导致黏蛋白cohesin表达受阻,使得染色体在细胞分裂后期出现拖尾现象,这与异染色质高度保守蛋白clr4和swi6突变引起的现象一样,揭示了RNAi在异染色质形成中的作用。一般位于着丝粒重复序列内的转基因通常不表达,但Hall等在研究RNAi突变体时发现,它具有表达活性,在配型区同样具有活性,这进一步证实了RNAi直接参与裂殖酵母染色质的形成。

综上所述,RNAi突变会激活原异染色质区域中沉默基因的表达,RNA干扰直接参与了异染色质形成的过程,在异染色质形成中发挥重要作用。

对裂殖酵母的大量研究表明,RNAi介导的异染色质形成机制主要包括以下几个步骤(图9-3):① 首先着丝粒重复序列在RdRP的作用下扩增出大量的dsRNAs;② 然后dsRNAs被Dicer酶切割为siRNAs;③ 紧接着siRNAs与一些蛋白,包括Ago1、Chp1(着丝粒相关染色结构域蛋白)和Tas3(富含丝氨酸的裂殖酵母特异蛋白),组成一个核效应复合体RITS(RNA induced initiation of transcriptional gene silencing);④ RITS结合于染色质特定的沉默效应区,其中siRNA引导组蛋白甲基化转移酶对H3K9进行甲基化;⑤ 甲基化的组蛋白H3亚基被Swi6结合而保持其甲基化水平,甲基化后能与染色质结合蛋白HP1结合,这种结合是高度特异而且结合力极强。然后,多个HP1分子聚合成多聚体,并可以与其他的染色质构象调节蛋白结合。这种多聚体形成后,染色质聚合程度增加,从而锁定在异染色质状态,最终抑制基因的转录活性。

异染色质上的两个或多个转座子重复产生dsRNAs,或通过RdRP转变为双链形式。然后dsRNA经Dicer酶切割产生siRNA,这些siRNA被组蛋白甲基化酶(HMTs)转移到染色质上,进一步修饰组蛋白H3上的第九位赖氨酸残基(H3K9)。甲基化形式的H3可被与甲基化酶相关的Swi6或HP1结合,从而维持其甲基化状态。

综上所述,siRNA介导的DNA甲基化和siRNA引起的异染色质形成是表观遗传调控的两种重要方式,它们在基因组水平调控基因的表达和调节发育时相,并与肿瘤的发生密切相关。它们的重要区别是后者能够使修饰从起始区域如启动子区迅速延伸到其他区域,而siRNA引发的DNA甲基化仅仅发生在与RNA精确互补的DNA区域。

3. RNAi与DNA分子消融

siRNA介导异染色质形成后,在某些生物体细胞内,异染色质DNA分子会

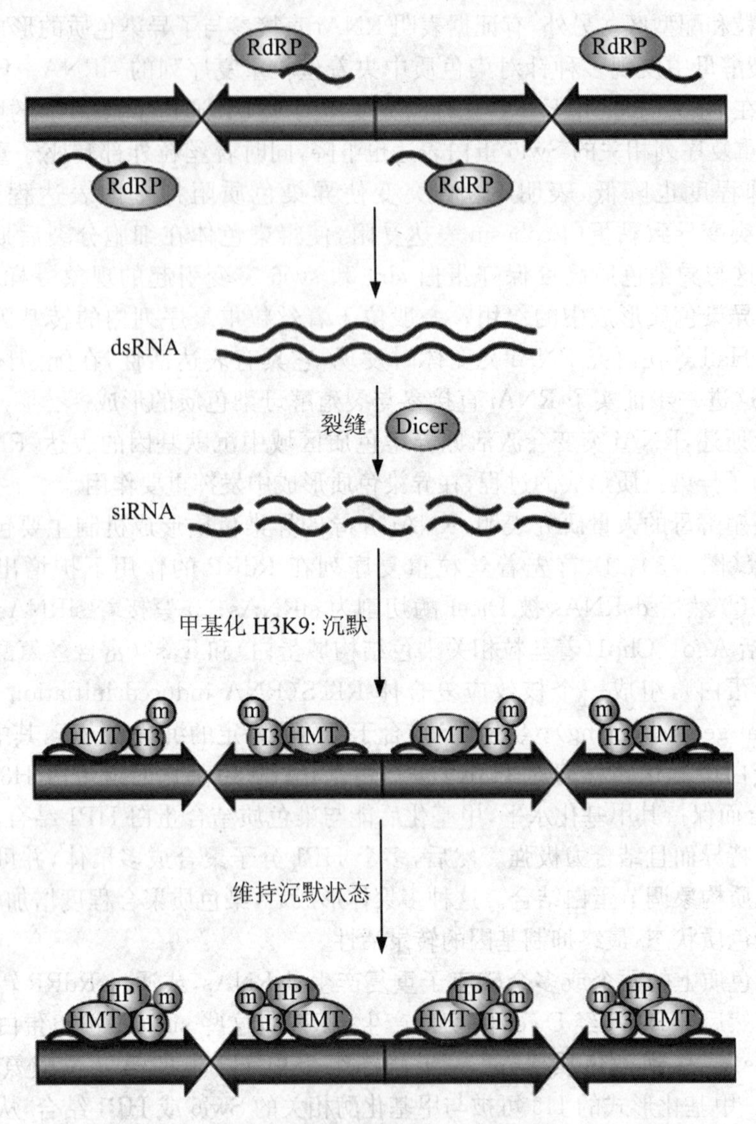

图 9-3 RNAi 介导的异染色质形成

发生消融或重组，这种现象就称为 RNAi 介导的 DNA 分子消融，它最早在四膜虫中发现。四膜虫属于纤毛型原生动物，细胞核具有二元性（dualism），含有两个截然不同的核，微核（micronucleus）和巨核（macronucleus），其中巨核负责基因表达，具有转录活性，而微核负责基因传递，不具有转录活性。1996 年，Coyne 等发现，四膜虫在接合生殖有性周期中，亲代巨核都被破坏，微核经过有丝分裂产生子代巨核和微核。Mochizuki 等进一步研究发现，在四膜虫程序性基因组重组过程中，约 15%基因组 DNA 分子产生了消融现象，剩余的基因组重复了 50 倍。

有两种基因组重组类型(图 9-4):第一种重组类型是内部消融片段(internal eliminated sequences,IESs)的清除,在这个过程中约 6 000 个 IESs(大小为 0.5～20 kbp)参与消融过程,在特殊位点和少数可变位点对其剪切,然后分别与巨核终端侧翼序列连接,从而形成巨核;第二种重组类型是小于 50 bp 对的片段发生消融,称为断裂消融片段(breakage eliminated sequences,BESs),然后形成 200～300 个巨核染色体,直到 RNAi 机制的发现,这种 DNA 消融现象才得以解释。

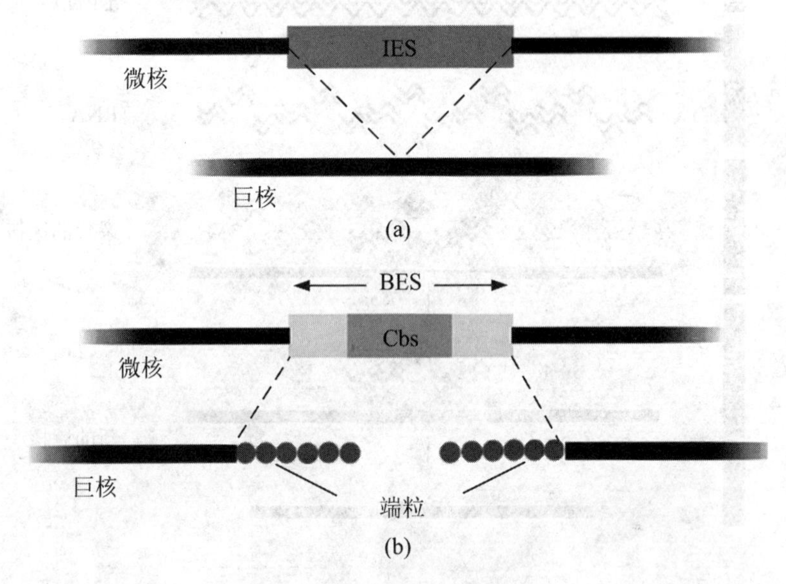

图 9-4 基因重组的两种类型

注:(a) 内部消融染色体片段的清除,微核染色体(绿色所示为 IES)清除(虚线所示)后,巨核目标序列(黑色所示为 MDSs)重新连接;(b) 染色体断裂,部分微核染色体(蓝色所示为 BES)清除后,端粒(红色圆圈所示)添加到 MDSs(黑色所示)末端。BES 含一个 15 bp 大小的保守序列,Cbs(粉红色所示)是染色体断裂的位置。

2002 年,Mochizuki 等进一步研究发现四膜虫体内 *TWI1* 基因与 *PIWI* 是同源基因,*PIWI* 是 DNA 分子消融所必需的基因。同时发现接合生殖期间,小分子 RNA 会在染色体重组前发生特异性表达,然而在 *TWI1* 敲除细胞和 *PDD1* 基因表达的情况下,没有发现这些小分子 RNA,其中 *PDD1* 是染色体重组所必需的另外一个基因,故可推测这些小 RNA 采用与 RNA 介导基因沉默相似的机制使微核发生特异性 DNA 分子消融。2004 年,Mochizuki 等进一步证实这些小 RNA 大小约为 28 nt,并命名为扫描 RNA(scan RNAs,scnRNA)。紧接着 Mochizuki 等提出了内部消融染色体片段清除的 scnRNA 模型(图 9-5)。

scnRNAs 模型主要包括以下几个步骤:① 微核基因组包括 IES 序列的双向转录,然后形成 dsRNA;② dsRNAs 被 Dicer 样 RNase Ⅲ 切割为小 RNA,即

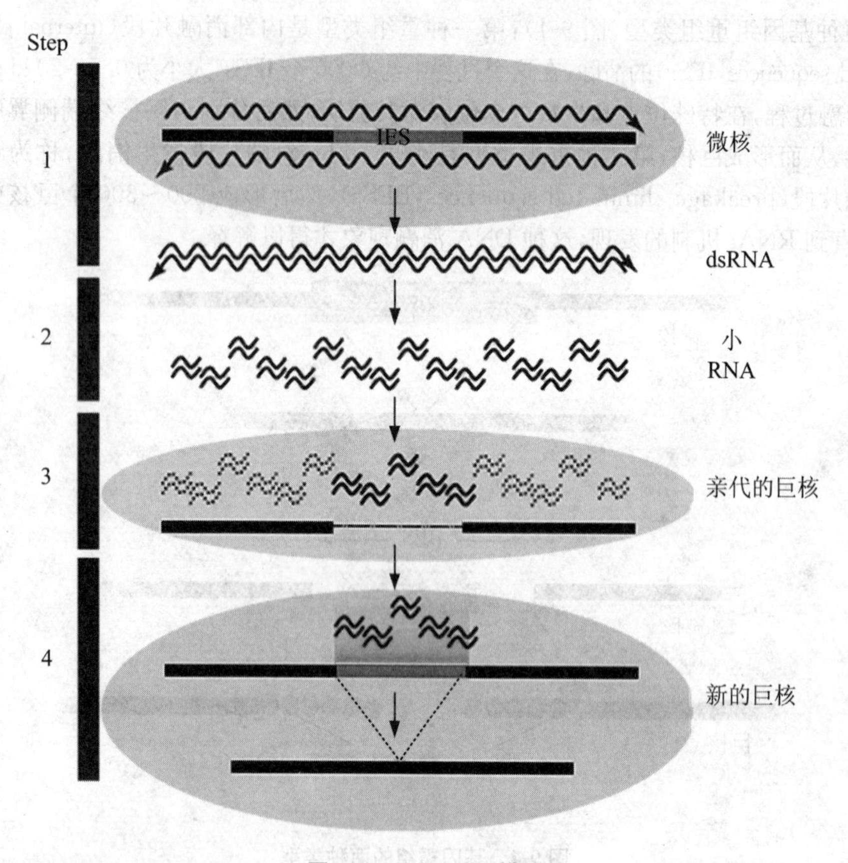

图 9-5 scan RNAs 模型

scnRNA；③ scnRNA 转移到亲代的巨核（old macronucleus）中，任何与 scnRNA 同源的 DNA 都会被降解（虚线表示在接合生殖过程中，形成亲代的巨核过程中 IESs 消融的位置）；④ scnRNA不会在亲代巨核中降解（哪些与 IESs 是同源的 scnRNA），被转移到子代巨核中，然后通过碱基配对原则使其靶分子 IESs 消融。

综上所述，可以看出四膜虫内 RNA 介导的 DNA 消融过程，是在 *twil* 基因产物的调控下，基因组内部消融 DNA 序列通过双向转录，产生 dsRNA 分子，在 RNAi 相关的 Dicer 酶作用下，加工产生大量的 scnRNA 分子。然后 scnRNA 通过与 PDD1 蛋白结合，把 PDD1 导入子代巨核将产生内部消融和断裂消融的位置，通过相应酶的作用切割 DNA，从而最终实现 RNA 介导的 DNA 分子消融。

RNA 介导的 DNA 甲基化和 DNA 消融现象表明 siRNA 能参与表观遗传调节（epigenetic regulation），说明 RNA 干扰过程与表观基因调节存在内在联系。随着研究的不断发展，越来越多的生命现象可能会与 RNAi 密切联系，许多生命奥秘也将随之被揭示。

9.2.2　转录后水平的基因沉默

转录和转录后水平基因沉默之间存在着紧密的联系，在基因表达调控研究领域，二者都是热点。近几年发现，大小为21～28 nt的一类非编码RNA分子，在生物体细胞基因表达调控过程中发挥着重要作用。并且这些RNA普遍存在于从线虫、果蝇，到高等植物、哺乳动物等真核生物细胞内。根据RNA分子的生成、结构和功能可分为三类：short interfering RNA（siRNA），microRNA（miRNA）以及其他小RNA。而RNA分子介导的PTGS是指基因信息从DNA到mRNA的转录过程启动后，siRNA分子通过RNAi机制降解mRNA或抑制mRNA翻译，但也包括在转录启动后siRNA介导的基因第一外显子序列的DNA甲基化。这里主要讨论siRNA和miRNA介导的降解mRNA和抑制mRNA翻译的RNAi机制。

1. siRNA介导的RNAi

siRNA，长度为21～25 nt，在RNAi过程中起关键作用，它能诱导靶mRNA的降解。siRNA可来源于内源或外源性的双链RNA（dsRNA），其引发的RNAi可分为启动、剪切、循环放大三个阶段。首先内源或外源性dsRNA在Dicer酶作用下被酶切成siRNA，然后siRNA与Argonaute蛋白质结合生成RISC。RISC中的siRNA通过碱基互补配对的原理，高度特异性识别靶基因序列，切割降解靶mRNA，使mRNA不能在细胞浆中累积，从而抑制基因的表达。同时，在mRNA剪切过程中产生的片段可作为新的siRNA继续参与RNAi过程，从而使RNAi呈现循环放大效应（详见9.1节）。

2. miRNA介导的RNA干扰

miRNA是一种内源性小分子非编码RNA，根据它与靶mRNA序列的匹配，来降解或抑止靶基因的表达，从而调控动植物的生长发育过程，在基因表达调控过程中发挥十分重要的作用。

(1) miRNA的发现

1993年，Lee等最先在秀丽新小杆线虫（Caenorhabditis elegan）中发现*lin*-4基因，它能时序调控胚胎后期的发育。时隔7年，Reinhart等在线虫中发现第二个时序性调控发育基因*let*-7。这2种基因都编码约21个核苷酸的小分子RNA，当时，Reinhart等将这类基因称做瞬时小RNA分子（small temporal RNA，stRNA）。对*lin*-4和*let*-7的研究表明，miRNA主要功能是进行转录后调控，成熟miRNA存在着与靶mRNA的3′端非翻译区（UTR）互补配对的位点，两者识别结合，阻碍翻译的进行，从而抑制基因表达。随后，科学家们在线虫、果蝇、斑马鱼、拟南芥和水稻等许多真核生物细胞中找到了上百个相似的小分子RNA，并将其称为miRNA。

miRNA 广泛分布于生物体细胞内，与 siRNA 分子一起参与细胞内 RNAi 过程。在生物的发育、疾病的发生等过程中发挥着重要作用，但 miRNA 干扰机制还有待进一步深入研究。

(2) miRNA 的特点

miRNA 广泛分布于真核生物中，是一种大小为 21～25 nt 的非编码单链小分子 RNA，是由具有发夹结构的 70～90 个碱基大小的单链 RNA 前体经 Dicer 酶加工后生成，它通过与其目标 mRNA 分子的 3′端非编码区配对，使靶 mRNA 分子进行降解或抑制翻译，从而导致靶基因沉默。据 Lewis 等估计人类约 30%的基因受 miRNAs 的调控，miRNA 主要具有以下几个特点：① 长度为21～25 nt，通常是多拷贝；② 成熟 miRNA 的 5′有一磷酸基团，3′端为氢基；③ miRNA 在基因组上并不是随机分布的，相同基因簇的 miRNA 之间有较高的同源性，而不同簇之间同源性较低；④ pre-miRNA 序列在相近物种中是保守的，小部分 miRNAs 在所有动物中保守。

miRNA 基因以单拷贝、多拷贝或基因簇等多种方式存在于基因组中，它们在基因间隔区内，并不翻译成蛋白质，而是在细胞生命活动过程中起调控作用，miRNA 还具有高度的保守性、时序性和组织特异性。

(3) miRNA 的作用机制

miRNA 介导的转录后基因沉默机制，主要包括 miNRA 的生物合成和miRNA 效应阶段这 2 个过程，主要有以下步骤：① 在细胞核中，编码 miRNA 的基因通过 RNA 聚合酶Ⅱ转录为初级 miRNA(primary miRNAs，pri-miRNAs)。pri-miRNAs 的大小为几千碱基，5′端含有一个帽结构，3′端有多聚核苷酸尾，含有一个或多个具有茎环状结构的 miRNA，每个 miRNA 分子大小约 70 nt；② 然后 pri-miRNA 被大小为 650 kDa 微处理器复合体进行识别和切割。从而将 pri-miRNA 剪切后形成长度为 60～100 nt、3′端有 2 个核苷酸突起的 miRNA 前体(precursor miRNA，pre-miRNA)。微处理器复合体由一种称为 Drosha 的 RnaseⅢ核酸内切酶和双链 RNA 连接蛋白 DGCR8(DiGeorge syndrome critical region gene 8)构成；③ 在 Exportin-5 和 Ran-GTP 的共同作用下，将具有发夹结构的 pre-miRNA 从细胞核转运到细胞质中；④ 在细胞质中经 RNase Ⅲ enzyme-Dicer(为 RNAi 中的同一蛋白酶)作用将其切割为大小约 22 nt 的不完全配对的 miRNA 双链(miRNA duplex)；⑤ 紧接着，TRBP 吸纳一个人源蛋白 hAgo2 进入 Dicer 复合体，从而形成了一个最小的 RISC(RNA-induced silencing complex)，其中 hAgo2 家族蛋白是 RISC 必需的核心组件，Rivas 等将 hAgo2 称为切片机-RISC 复合物中的催化组分。紧接着双链 miRNA 从链热力学稳定性最低的那一端开始解旋，其中一条链降解，另一条拥有 5′末端的即为成熟的 miRNA；⑥ 成熟的单链miRNA与核蛋白复合体(ribonucleoprotein complex)结合形成 miRNP 复合物，与 RISC 复合物具有相似的功能；⑦ 在 miRNP 复合物中，miRNA 通过与靶基因的 3′非翻译区（3′Untranslated Regions，3′UTR）互补配对，指导 miRNP 复合体对下游靶基因 mRNA 进行切割或者抑制翻译这 2 种机制来调节靶基因的活性。究竟采用哪一种机制，要取决于 miRNA 与靶序列互补配对的程度；⑧ 如果互补配对度高，则进行切割，然后对靶序列进行降解。这个过程类似于 siRNA 介导的基因沉默，其结合位点在靶 mRNA 的开放阅读框，这种机制多见于植物中；⑨ 另一种机制即配对度低，miRNA 结合到 mRNA 的 3′UTR，在转录后水平上抑制蛋白质的合成，动物中多采用这一种机制，如图 9-6 所示。

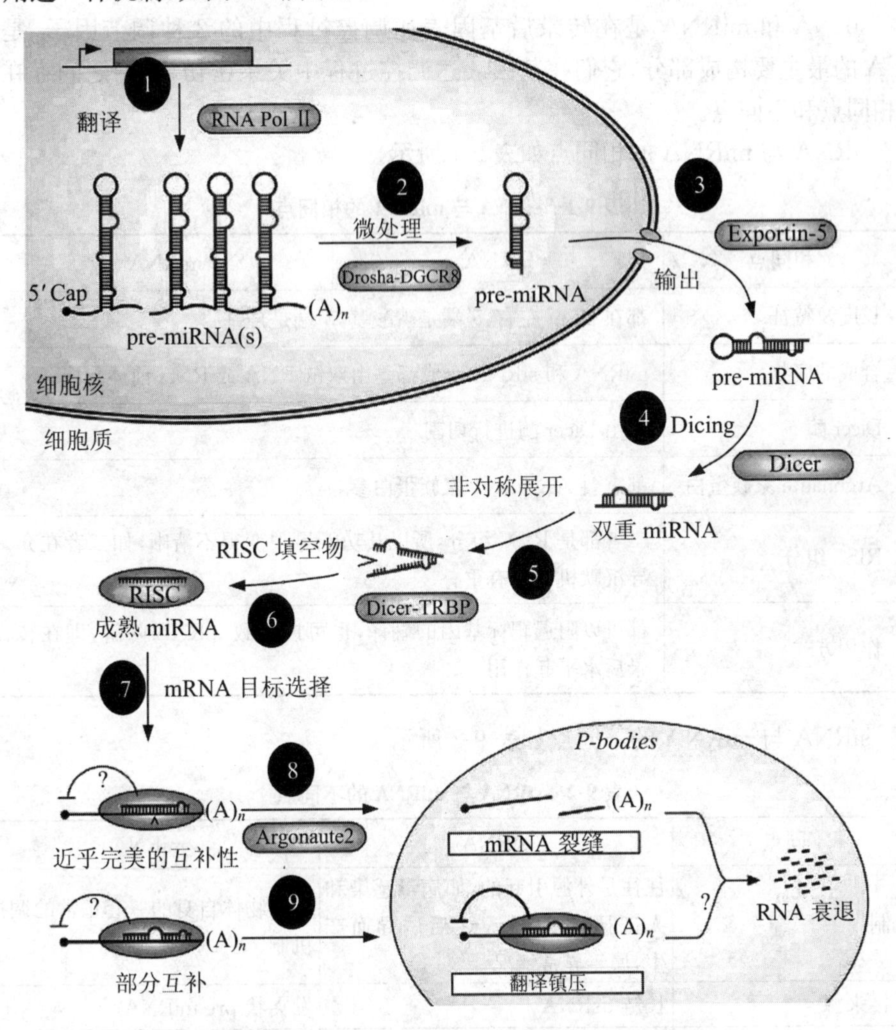

图 9-6　哺乳动物 miRNAs 的生物合成及作用机制

进一步研究发现,miRNA 参与多种重要的细胞生命活动过程,如细胞生长周期、细胞增殖、分化及代谢过程、细胞凋亡、神经细胞的发育、干细胞调节等方面。可见,miRNAs 在细胞调控网络中具有重要作用,它的异常表达可能会破坏细胞的正常进程从而导致疾病的产生。有证据表明,miRNA 在肿瘤的发生及发展过程中也发挥着重要作用。Di Leva 等研究发现在人类的 Wilms 瘤中 Argonaute 基因 hAgo1,3 和 4 经常缺失。现已证实,miRNAs 在哺乳动物细胞生命活动中参与一系列的重要进程。

3. siRNA 与 miRNA 的区别

siRNA 和 miRNA 是在转录后基因表达调控过程中的 2 种调节因子,是小 RNA 的最主要构成部分,它们在基因表达调控过程中关系密切,它们之间存在许多相同点和不同点。

siRNA 与 miRNA 的相同点如表 9-1 所示。

表 9-1 siRNA 与 miRNA 的相同点

相同点	siRNA	miRNA
长度及特征	都在 22 nt 左右,5′端是磷酸基,3′端是羟基	
合成的底物	miRNA 和 siRNA 合成都是由双链 RNA 或 RNA 前体形成	
Dicer 酶	都由 Dicer 酶进行切割	
Argonaute 家族蛋白	都需要 Argonaute 家族蛋白参与	
RISC 组分	二者都是 RISC 组分,所以其功能界限变得不清晰,如二者在介导沉默机制上有重叠	
作用方式	都可以阻遏靶标基因的翻译,也可以导致 mRNA 降解,即在转录后水平起作用	

siRNA 与 miRNA 的不同点如表 9-2 所示。

表 9-2 siRNA 与 miRNA 的不同点

不同点	siRNA	miRNA
机制	往往是外源引起的,如病毒感染和人工插入 dsRNA 之后诱导而产生,属于异常情况	是生物体自身的一套正常的调控机制
直接来源	长链 dsRNA	发夹状 pre-miRNA
分子结构	siRNA 是双链 RNA,3′端有两个非配对碱基,通常为 UU	miRNA 是单链 RNA

续表

不同点	siRNA	miRNA
对靶 RNA 特异性	较高，一个突变容易引起 RNAi 沉默效应的改变	相对较低，一个突变不影响 miRNA 的效应
作用方式	RNAi 途径	miRNA 途径
生物合成	由 dsDNA 在 Dicer 酶切割产生	pre-miRNA 转运到细胞核外之后再由 Dicer 酶切割后变为成熟的 miRNAs
成熟过程	发生在细胞质中	发生在细胞核和细胞质中
Argonaute(Ago)蛋白质	各有不同的 Ago 蛋白质——AGO2	各有不同的 Ago 蛋白质——AGO1
互补性(complementarity)	一般要求完全互补	完全互补或不完全互补
RISCs 的分子量	siRISCs	miRNP
生物学功能	① 抵抗病毒的防御机制； ② 沉默那些过分表达的 mRNA； ③ 保护基因组免受转座子的破坏	对生长发育有重要调控作用
重要特性	高度特异性	高度的保守性、时序性和组织特异性
作用机制	单链的 siRNA 结合到 RISC 复合物中，引导复合物与 mRNA 完全互补，通过其自身的解旋酶活性，解开 siRNAs，通过反义 siRNA 链识别目的 mRNA 片段，通过内切酶活性切割目的片段，接着再通过细胞外切酶进一步降解目的片段。同时，siRNA 也可以阻遏 3′UTR 具有短片断互补的 mRNA 的翻译	成熟 miRNAs 通过与 miRNP 核蛋白体复合物结合，识别靶 mRNA，并与之发生部分互补，从而阻遏靶 mRNA 的翻译。在动物中，成熟的单链 miRNAs 与蛋白质复合物 miRNP 结合，引导这种复合物通过部分互补结合到 mRNA 的 3′UTR(非编码区)，从而阻遏翻译。另外，miRNA 还可以切割完全互补的 mRNA
加工过程	siRNA 对称地来源于双链 RNA 的前体的两侧臂	miRNA 是不对称加工，miRNA 仅是剪切 pre-miRNA 的一个侧臂，其他部分降解
对 RNA 的影响	降解目标 mRNA；影响 mRNA 的稳定性	在 RNA 代谢的各个层面进行调控；与 mRNA 的稳定性无关
作用位置	siRNA 可作用于 mRNA 的任何部位	miRNA 主要作用于靶标基因 3′UTR 区

可见，与 siRNA 介导的 RNAi 相比，miRNA 介导的 RNAi 途径更复杂，在疾病的发生发展过程中具有更重要的作用，所以它将是探索治疗各种疾病的一种新的重要途径。

9.3 RNAi 的研究方法

本节主要介绍 siRNA 介导的 RNAi 的操作方法，目前 RNAi 研究的方法很多，有直接制备 dsRNA 或 siRNA 导入细胞或生物体内进行研究，也有研制各种表达载体来进行持续性 RNAi 研究，下面对 RNAi 研究的具体步骤逐一进行介绍。

9.3.1 siRNA 的设计

最早，人们一般采用较长的 dsRNA 作为基因沉默工具，但后来发现长链 dsRNA 特异性较差。后来 Tavernarakis 等发现小于 30 bp 的 dsRNA 可以有效引起基因沉默，且不会产生非特异抑制现象，进一步研究表明抑制作用最强的是大小为 21 bp、3′端有两个碱基突出的 siRNA。但 RNAi 技术要求 siRNA 反义链与靶基因序列之间严格配对，只要有一个碱基错配就会大大降低沉默效应，另外，siRNA 还可以造成与其具有同源性的其他基因沉默，所以 siRNA 的设计是一个至关重要的环节，要求所设计的 siRNA 只能与靶基因具高度同源性且与其他基因同源性尽可能低，设计时应注意以下几点：

1. 选取 RNAi 靶序列的原则

siRNA 双链由 1 条正义链和 1 条反义链组成，其中正义链 19 nt 序列与靶基因相同，3′端有 2 个碱基突出，一般为 UU 或 dTdT，反义链 19 个核苷酸与正义链互补，3′端也有 2 个碱基突出，一般为 dTdT 或 UU。3′端为 dTdT 结构则有利于稳定 siRNA 双链复合体，而 3′端为 UU 结构则有利于 siRNA 介导的基因沉默。McManus 等研究表明 siRNA 双链的反义链具有识别靶点的作用，而正义链却没有该功能。为了有效开展 RNAi 实验，在选取目标序列时，需要遵循以下原则：① 从mRNA 的起始密码子（AUG）下游 50～100 nt 以后的序列开始，这是因为 Tuschl 等研究表明，在 5′和 3′端非编码区，通常含有大量的调节蛋白位点，而这些非编码区结合蛋白或翻译起始复合物可能会影响 siRNA 核酸内切酶复合物结合 mRNA，从而影响 siRNA 的效果，因此，要尽量避免；② 寻找“AA”二连序列，并记下 3′的 19 个碱基序列，作为潜在的 siRNA 靶位点，研究表明 GC 含量在 45%～

55%时，siRNA效率较高；③ 将潜在的序列和相应的基因组数据库（人、小鼠等）进行比较，排除与其他编码序列同源的序列。可使用BLAST等生物信息学软件进行比对；④ 通过软件模拟靶mRNA的二级结构，siRNA的靶基因应避免复杂结构。常用软件有RNA structure、mFOLD等；⑤ 选出合适的目标序列进行合成。通常每个基因需要选择多个siRNA序列，然后运用生物信息学方法进行同源性比对，剔除与其他基因有同源性的序列，选出一个特异性最强的siRNA。

根据这些siRNA设计原则，可对目标序列进行在线筛选的网站主要有以下几个：

http://www.ambion.com/techlib/misc/siRNA_finder.html。

http://www.ic.sunysb.edu/Stu/shilin/rnai.html。

http://www.genesil.com/business/products/order2.html。

2. 阴性对照

完整的siRNA实验应充分考虑阴性对照，阴性对照的siRNA应该和选中的siRNA序列有相同的组成，但和mRNA没有明显的同源性。通常是将选中的siRNA序列打乱，当然，打乱后的序列同样要用BLAST进行检查，以保证它和靶细胞中其他基因没有同源性。

3. 已证实siRNA的网址

http://design.dharmacon.com/catalog/category.aspx? key=49。

http://www.ambion.com/techlib/tb/tb_502.html。

http://web.mit.edu/mmcmanus/www/siRNADB.html。

9.3.2 siRNA的制备

长片段dsRNA可在植物、昆虫、线虫中导致基因沉默，通过将目的片段亚克隆到质粒中，线性化后，选用合适的体外转录方法可以人工合成dsRNA。然而，在哺乳动物细胞中，超过30 nt的dsRNAs由于会产生干扰素反应而引起非特异性基因沉默，直到Elbashir等研究表明长度为21～25 nt的siRNA在体外瞬时转染哺乳动物细胞能诱导RNAi，但并不启动细胞的程序性死亡和干扰素样反应。随后siRNA开始广泛应用于哺乳动物细胞中，目前常用的siRNA制备方法主要有：① 体外制备法，包括化学合成法、体外转录法、长片断dsRNAs经RNase Ⅲ体外降解制备法（e.g. Dicer，*E. coli*，RNase Ⅲ）产生siRNA；② 体内表达，包括siRNA表达载体、siRNA表达框架在细胞中表达siRNA，下面将逐一介绍每种方法。

1. 体外制备法

体外制备主要有化学合成法、体外转录法和用RNase Ⅲ体外消化长片断双链

RNA 制备 siRNA 这三种方法。

(1) 化学合成法

Elbashir 等首次应用化学合成的 siRNA 用于 RNAi 研究，现在，许多公司可根据用户需要直接合成高质量的 siRNA，该方法的缺点是价格高，定制周期长。虽然该方法价格比较贵，但比较方便，就像合成引物一样，是应用起来最方便的一种方法。

适用于：已找到最有效 siRNA 序列的情况下，需要大量 siRNA 进行研究。不适用于：筛选 siRNA，主要是成本因素。

(2) 体外转录法

体外转录合成 siRNAs，其成本比化学合成法低，是一种性价比较高的筛选方法，而且能够较快地获取 siRNAs。该方法是根据生物自身合成 RNA 的原理，在体外用转录方法合成 siRNA。这样获得的 siRNA 最接近自然状态的 dsRNA，干扰效果最好。与化学合成法相比，它的成本低、质量高、毒性小和稳定性好。但体外合成 siRNA 的基因持久性通常仅 5～7 天，需要不断导入 siRNA，相对麻烦。

适用于：筛选 siRNAs，特别是需要制备多种 siRNAs。不适用于：需要一个特定的、大量的 siRNA 进行长期研究。

(3) 用 RNase Ⅲ体外消化长片断双链 RNA 制备 siRNA

前面两种方法都有一个共同的缺点，即每次只能产生一种特异性的 siRNA。而这种方法可以得到一种含有各种 siRNA 的 siRNA 库，研究表明，RNase Ⅲ的完全降解产物(12～15 bp)同样可以诱导专一性的基因沉默，效果与前面两种方法相当。该方法通常是选择 200～1 000 bp 的靶 mRNA，用体外转录的方法制备长片段双链 dsRNA，然后用 RNase Ⅲ酶在体外进行消化，得到一种 siRNAs 库。除去没有被消化的 dsRNA，siRNA 混合物可直接转染细胞。转染方法和单一的siRNA转染方法一样。由于 siRNA 混合物中含有多种不同的 siRNAs，一般都能够保证目的基因被有效地抑制。该方法的优点在于可以跳过检测和筛选有效 siRNA 序列的步骤，可节省时间和金钱。该方法的缺点是可能引发非特异性基因沉默，特别是同源基因，大量研究表明这种情况通常不会发生。目前已有专门的试剂盒出售，如 RNase Ⅲ kit 等。

适用于：快速而经济地研究某个基因功能缺失的表型。不适用于：需要一个特定的 siRNA 进行研究，或长时间研究，或进行基因治疗。

2. 体内表达法

前三种方法都是体外制备 siRNAs 的方法，且需要相应 RNA 转染试剂将 siRNAs 转入生物体或细胞内，而体内表达法则可转染 DNA 模板在体内进行转录，从而获得 siRNAs。这两种方法的优点在于不需要直接操作 RNA。

(1) siRNA 表达载体在细胞中表达 siRNAs

多数 siRNA 表达载体依赖 RNA 聚合酶Ⅲ启动子中的一种，操纵一段 45～50 nt 短的发夹 RNA(short hairpin RNA，shRNA)在哺乳动物细胞中表达。在细胞内，shRNA 会自动被加工成为 siRNA，从而引发基因沉默或者表达抑制。采用 RNA 聚合酶Ⅲ启动子的原因是由于它有明确的起始和终止序列，总是在离启动子固定距离的位置开始转录合成 RNA，遇到 4～5 个连续的 U 即终止，并且转录产物在第二个尿嘧啶处被切下来，非常精确。转录 RNA 形成发夹结构后，在 3′端形成两个突出的尿嘧啶，这类似于天然的 siRNA，因而有利于诱发 RNAi。这类载体，需要订购两段编码短发夹 RNA 序列的 DNA 单链，退火后克隆到相应载体的聚合酶Ⅲ启动子下游。如 Xia 等利用腺病毒做载体，在体内和体外表达 siRNA，成功敲除了靶基因。其优点是可长期研究，与化学合成法相比，成本较低。

适用于：已知一个有效的 siRNA 序列，需要维持较长时间的基因沉默。不适用于：筛选 siRNA 序列。

(2) siRNA 表达框架法

siRNA 表达框架(siRNA expression cassettes，SECs)是一种由 PCR 方法得到 siRNA 表达模板，包括一个 RNA 聚合酶Ⅲ启动子，一段发夹结构 siRNA，一个 RNA 聚合酶Ⅲ终止位点。能够直接导入细胞表达而无需事先克隆到载体中，这个方法最早是由 Castanotto 等采用的，与 siRNA 表达载体不同的是，SECs 不需要载体克隆、测序等颇为烦琐的过程，可直接由 PCR 扩增获得，所需时间不超过一天。因此，SECs 成为筛选 siRNA 的最有效工具之一，甚至可用来筛选特定研究体系中启动子和 siRNA 的最佳搭配。如果在 PCR 两端再添加酶切位点，那么通过 SECs 筛选出的最有效的 siRNA 后，可以直接克隆到载体中来构建 siRNA 表达载体。构建好的载体可以用于稳定表达 siRNA 和长效抑制的研究。主要缺点是 PCR 产物很难转染到细胞中，如果有新型的理想的转染试剂研制，那么该问题就解决了。另外，没有克隆到载体中，所以不适于大规模制备和序列测定。

适用于：筛选 siRNA 序列，在克隆到载体前筛选最佳启动子。不适用于：长期研究。

总之，体外制备法是在体外制备 siRNAs，然后应用 RNA 转染试剂将 siRNAs 转染到细胞内或者转染到动物体内；而体内表达法的优点在于不需要直接操作 RNA，依赖能够表达 siRNAs 的 DNA 载体或者基于 PCR 的表达框架转染到细胞中，通过转染到细胞的 DNA 模板在体内转录获得 siRNAs。每种方法都有各自的特点。具体实验中选取哪种方法，这决于实验目的和要求。表 9-3 对这五种方法进行了比较，可供参考。

表 9-3 siRNA 制备方法的比较

比较项目	体外制备 siRNA			体内表达 siRNA	
	化学合成	体外转录	RNaseⅢ降解 dsRNA	siRNA 表达载体	PCR 表达框
设计筛选最有效 siRNA 序列	需要	需要	不需要	需要	需要
材料需求	21 nt siRNA	29 nt siDNA	转录模版(200～1 000 bp)	40～50 nt dsDNA	约 50 nt dsDNA
制备规模	大量	受限	受限	大量	受限
合成制备＋转染所需时间	4 天到 2 周	dsDNA 合成时间＋1 天	转录模板制备时间＋1 天	dsDNA 合成时间＋5 天以上	dsDNA 合成时间＋6 小时
个人所需操作时间	很少(只需订购)	中等	中等	长	中等
标记 siRNA 进行细胞定位	能	能	能	不能	不能
转染的难易程度	专门 RNA 转染试剂或电转染	专门 RNA 转染试剂或电转染	专门 RNA 转染试剂或电转染	DNA 转染试剂不直接操作 RNA	DNA 转染试剂不直接操作 RNA
检测总体转染效率	不能	不能	不能	能	不能
抑制时效(稳定性)	短暂	短暂	短暂	长期	短暂
制备费用	高	相对较低	低	中等	中等

9.3.3 siRNA 的导入

体外可用不同的方法将 siRNA 导入靶细胞，一般化学合成和体外酶法合成的 siRNA 可用电转移、微注射和转染的方法导入细胞，而表达载体获取的则常通过转染法导入靶细胞，然后再表达 siRNA。早期 RNAi 研究中，把 siRNA 转染到细胞内一般应用显微注射法，此法较麻烦，且效率不高。后来一般采用脂质体和磷酸钙沉淀法，现在大部分生物公司生产的脂质体都可以满足需要。利用质粒或病毒构建的载体可达到长期转染的目的。将制备好的 siRNA、siRNA 表达载体或表达框架转染到真核细胞中的方法主要有以下几种：

1. 磷酸钙共沉淀

将氯化钙、RNA和磷酸缓冲液混合，形成不溶性沉淀小颗粒。磷酸钙-DNA复合物黏附到细胞膜并通过胞饮进入靶细胞。沉淀物大小和质量对于转染效率至关重要。

2. 电穿孔法

将细胞暴露于短暂的高强脉冲场中，在细胞膜两侧产生电压差异，这种电压差会导致细胞膜暂时穿孔。电脉冲和场强的优化对于成功转染非常重要，过高的场强和过长的时间会不可逆地伤害细胞膜。

3. DEAE-葡聚糖

带正电的DEAE-葡聚糖多聚体复合物和带负电的DNA分子使DNA可以结合在细胞表面。通过使用DMSO或甘油获得的渗透休克将DNA复合体导入。两种试剂都已成功应用于转染实验。

4. 机械法

机械法主要包括显微注射和基因枪法(biolistic particle)，显微注射的原理是使用一根细针头将DNA、RNA或蛋白直接转入细胞质或细胞核中。基因枪法的原理是使用高压将大分子导入细胞。

5. 阳离子脂质体法

将阳离子脂质体试剂加入水中，可形成微小的单层脂质体。这些脂质体带正电，借助静电作用结合到DNA的磷酸骨架上以及带负电的细胞膜表面，从而形成DNA-阳离子脂质体复合物。据报道，约5 kbp的质粒会结合2～4个脂质体。被俘获的DNA就被导入细胞中。

上述方法中，目前都还不尽如人意，需要进一步探索，如借助高压水枪的外力，Shuey等提出肌注的方法，把针对IL-12的siRNA的质粒表达载体导入小鼠体内得到的抑制效果较理想。

总之，不管使用何种转染方法，为了获得高的转染效率，转染过程中，需要注意以下事项：

(1) 纯化siRNA

转染前确认siRNA的大小和纯度，为了得到高纯度的siRNA，可用15%～20%丙烯酰胺胶除去反应中多余的核苷酸、小的寡核苷酸、蛋白和盐离子。

(2) 避免RNA酶污染

微量RNA酶即可导致siRNA实验失败，由于实验环境中RNA酶普遍存在，如皮肤、头发、手等。

(3) 健康的细胞

健康细胞转染效率较高,此外,较低的传代数能确保每次实验所用细胞的稳定性。

(4) 避免使用抗生素

Ambion 公司推荐细胞转染后 72 h 内避免使用抗生素,抗生素会在细胞中积累毒素。

(5) 选择合适的转染试剂

针对 siRNA 制备方法以及靶细胞类型的不同,需要选择合适的转染试剂。

(6) 通过标记 siRNA 来优化实验

荧光标记 siRNA 可用来分析 siRNA 稳定性和转染效率,追踪转染进程。

9.4 RNA 干扰的应用

RNA 干扰是一种高效、特异、经济的基因沉默技术。随着研究的不断深入,它可有效地将靶基因的表达水平降低,甚至完全清除。在植物、线虫、果蝇等生物中存在天然的 RNAi 现象,对抗病毒、转基因和转座子等外源可移动性遗传物质是一种重要的监控和防御机制。RNAi 除了在生物体内发挥重要作用外,目前,这项技术已广泛用于基因功能、细胞信号传导等研究领域,另外在基因治疗、新药研发等领域也显现出良好的前景。

9.4.1 研究基因功能

随着人类基因组和其他模式生物基因组测序的不断完成,标志着后基因组时代的到来,而揭示基因生物学功能是摆在科学家们面前的又一挑战。基因功能的研究对生命科学的发展具有深远意义。RNAi 技术出现之前,基因敲除(gene knock out)是主要的反向遗传学(reverse genetics)研究方法,但它的技术难度较高、操作复杂、周期长,而 RNAi 技术可以快速、经济、简便地剔除目的基因表达,且副作用小。因而 RNAi 已成为探索基因功能的理想工具。它比同源重组、反义 RNA、核酶等技术更有效,人们利用此技术阐释了许多基因的功能,如 Gonczy 等将线虫第 3 号染色体 2 232 个基因所对应的 dsRNA 进行合成,然后注射到线虫性腺内观察子代细胞分裂的异常表型,结果发现其中 133 个基因与细胞分裂异常有关。

另外,RNAi 还可用于遗传学检测,Kim 等已经建立了定位于线虫10 000 多个基因的 RNAi 文库,可检测体内长寿基因、脂肪调节基因和基因组内稳定性基因等。另外,Weitzman 等建立了应用于果蝇调控细胞形态结构途径研究的 RNAi 文库,可检测生长发育相关基因的功能和活性。已有研究表明,在哺乳动物中,RNAi 能够沉默或降低特异基因的表达,制作多种表达类型,而且,在任何发育阶段,可以随意操控基因表达沉默的时间,产生类似基因敲除的效果。随着 RNAi 成功应用于转基因动物研究实例的增多,标志着 RNAi 已成为研究基因功能的一种有力工具。

9.4.2　研究信号传导通路

由于 RNAi 能高效特异性阻断基因的表达,使其成为研究信号传导通路的一种重要方法。结合传统的缺失突变技术和 RNAi 可很容易确定复杂信号传导途径中不同基因之间的关系。如果用靶基因的特异性 siRNA 处理细胞,用微阵列监控其他基因的表达,就可以确定与其关联的基因。Clemens 等应用 RNAi 研究了果蝇细胞系中胰岛素信息传导通路,结果表明与胰岛素信息传导通路完全一致,还分析了 DSH3PX1 与 DACK 之间的关系,证实了 DACK 是位于 DSH3PX1 磷酸化的上游激酶。

RNAi 技术比传统转染实验简单、快速、重复性好,克服了转染实验中重组蛋白特异性聚集和转染效率不高的缺点,因此 RNAi 技术已成为研究细胞信号传导通路的又一种有效途径。

9.4.3　基因治疗

RNAi 作为一种高效的特异性基因剔除技术,在传染病和恶性肿瘤基因治疗领域具有广阔的应用前景。研究表明,RNAi 可特异性抑制如艾滋病病毒基因、肝炎病毒基因、癌基因、癌相关基因的过度表达,使这类基因保持在休眠状态。虽然目前在哺乳动物中的应用还处于探索阶段,但随着在斑马鱼和老鼠等模式动物中的成功,预示着它将成为基因治疗的又一种重要手段,有望将这种方法用于治疗各种恶性肿瘤和病毒性疾病等疾病的治疗中。

1. 抗肿瘤治疗

肿瘤是一种多基因疾病,针对单基因治疗一般不能取得理想效果。而 RNAi 技术可以针对信号通路的多个基因或同一基因家族的多个基因具有一段高度保守的同源性序列这一特性,来设计特异性 siRNA 分子,从而只注射一种 siRNA 即可对多个基因同时沉默,也可同时注射多种 siRNA 而抑制多个序列不相关的基因的表达,从而有效地控制肿瘤生长。由于 RNAi 作用的高度特异性,它可特异性地抑制致病等位基因的表达,但同时又不影响正常等位基因的表达,从而达到治疗目的。虽然,目前 RNAi 在肿瘤治疗方面还仅仅停留在实验室研究阶段,但已显示出了巨大的潜力,已引起人们的广泛关注。

如 Zhang 等运用分子定位技术将特异性肿瘤细胞的基因沉默治疗药物(siRNA)利用两种不同的抗体穿越血脑屏壁和肿瘤细胞膜传递到小鼠脑部肿瘤细胞内,结果小鼠肿瘤细胞中抗表皮生长因子受体(epidermal growth factor receptor, EGFR)含量明显降低。这不仅证实了 RNAi 可以用于治疗人类疾病,而且还为研究 RNAi 的"传递"问题开辟了新的思路。

2. 抗病毒治疗

病毒易变异,适应性强,且感染部位在细胞内,故病毒性疾病很难治愈,一直以来是威胁人类健康的一个重要因素。RNAi 是机体抗病毒古老而天然的机制,因此可利用不同病毒转录序列中高度同源区段相应的 dsRNA 抵抗多种病毒。将 RNAi 用于治疗病毒性疾病具有广阔的前景,目前 RNAi 技术在艾滋病病毒(HIV)、乙型肝炎病毒(HBV)、丙型肝炎病毒(HCV)等抗病毒研究中已取得重要进展。

McCaffrey 等采用 U6 启动子表达的六条短发夹 RNA(short hairpinRNA, shRNA)在转染细胞和水动力法感染 HBV 小鼠模型中成功抑制了 HBV RNA 转录水平和病毒抗原表达,在小鼠血清中 HBsAg 抑制率达到 85%。为克服常规质粒载体介导的 shRNA 感染效率不高,抗病毒作用持续时间不长的缺点,Uprichard 等将聚合酶Ⅲ-shRNA 表达盒克隆入 AdEasy 腺病毒穿梭载体,成功构建了腺病毒-shRNA 表达载体。首次将病毒载体应用于 HBV 转基因小鼠模型,观察到 shRNA 的特异抗病毒作用,同时,还验证了 siRNA 对已存在的病毒基因的转录和表达具有抑制作用,这对临床 HBV siRNA 的治疗具有重要的指导意义。

尽管 RNAi 抗病毒研究主要集中在 HIV-1 和 HBV 等与人类关系密切的病毒,现在,其他病毒的 RNAi 研究报道也不断增加,包括 RNA 病毒,如登革热病毒、丙型肝炎病毒、流感病毒 A 型、口蹄疫病毒等;逆转录病毒如劳氏肉瘤病毒;DNA 病毒如人类乳头瘤病毒、鼠疱疹病毒等。这些研究中,多数 RNAi 的作用机理都是以人工合成的 siRNA 直接作用于 RNA 病毒,也有少数研究应用长度为 77～500 bp 的双链 dsDNA 片段或是细胞内表达的 shRNA。

尽管 siRNA 在抗病毒方面取得了一定的成绩,但离临床应用还有一个漫长的过程,以下问题还需要进一步研究:① 组织靶向性和表达效率问题,这也是基因治疗药物普遍存在并急需解决的问题;② siRNA 稳定性表达的问题;③ siRNA 进入体内是否激活干扰素应答途径,启动非特异性免疫反应还需要进一步验证;

④ siRNA对机体的不良反应还需要开展深入系统的评估。

9.4.4 新药研发

通常新药研发需经过靶标辨别、靶标验证、治疗与开发、模式生物实验、临床实验等过程，而siRNA介导的RNAi成为了靶标验证的有力工具。如果RNAi抑制了潜在靶标的表达，获得了如期的表型，则说明抑制相同靶标基因表达的抑制子具有治疗的价值。RNAi作为寻找新药靶标的工具，为新药开发和研究带来了广阔的前景。

总之，RNAi现象的发现及其在生物界中普遍存在的现象以及作用机制和生物学功能的阐释，为RNAi的应用提供了理论基础。RNAi自从1998年被发现以来，以其无可比拟的优势，迅速成为各国科学家们竞相使用的研究工具。RNAi目前已在功能基因研究、信号传导通路、基因治疗和新药研发等领域取得了一系列成果。相信不久的将来，这项技术将在生命科学领域发挥更大的作用，为人类的健康做出更大的贡献。

（周海龙）

第 10 章　真核细胞的信号传导与基因表达

细胞信号传导(cell signal transduction)是指细胞通过细胞表面(或胞内)受体接收外界信号,将胞外刺激转变为胞内信息,诱导特定基因表达,最终引起细胞应答的反应。研究表明,绝大多数重要的生命现象都与细胞内的信号传导密切相关。例如:① 细胞代谢,调节细胞摄取并代谢营养物质,提供细胞生命活动所需能量;② 细胞分裂,调控与DNA复制相关的基因表达,调节细胞周期,完成细胞的分裂与增殖;③ 细胞分化,调控细胞内遗传分化基因的选择性表达,引起细胞最终不可逆分化为特定功能的成熟细胞;④ 细胞功能活动,如细胞通过神经递质信号分子调节肌肉细胞收缩与舒张等;⑤ 细胞凋亡,通过调控程序化细胞死亡,实现生物个体的生长发育等。

无论是真核生物还是原核生物,都存在着信号传导通路。在真核细胞中,细胞表面受体和细胞核内的转录机构之间存在着空间分隔,细胞外信号通过受体与配体信号传递途径,激活相关蛋白激酶,经多步蛋白质的磷酸化与去磷酸化作用,最后改变核内转录因子的活性,调控胞内基因表达,使核内基因转录激活或阻滞,实现细胞的各种应答反应。

10.1　细胞信号传导的物质基础

10.1.1　第一信使

生物体内激活并结合受体的细胞外配体,包括激素、神经递质、细胞因子、淋巴因子、生长因子和化学诱导剂等物质,统称为第一信使,又称为细胞外因子。第一信使经细胞外液影响和作用于其他信息接收细胞,调节细胞的生理活动和新陈代谢。按第一信使的特点和作用机制大致可分为以下几类:

1. 激素

激素(hormone)按化学组成可分为甾体类激素(类固醇激素)和肽激素(含氮

激素)两种。甾体类激素包括性激素(如雌二醇、睾酮),调节蛋白质、糖、脂类代谢的糖皮质激素以及调节体内盐平衡的盐皮质激素;肽激素包括氨基酸衍生物及胺类(如肾上腺素、甲状腺素)、小肽类(调节肽)、蛋白质类(如胰岛素)和糖蛋白(如脑体促激素等)。

大多数肽类激素具有亲水性,不能穿过靶细胞膜,只能通过相应靶细胞与表面受体相结合,经信号转换机制,在细胞内产生第二信使或激活蛋白激酶、蛋白质磷酸酶的活性,引起细胞的应答反应,而甾体类激素属于亲脂性激素,能够穿过细胞并与细胞内受体相结合形成复合物,随后进入细胞核,通过与 DNA 顺式作用元件相结合,激活或阻抑特异性基因的表达。

2. 生长因子

生长因子(growth factor)有多种,包括血小板类生长因子(血小板来源生长因子,PDGF;骨肉瘤来源生长因子,ODGF)、表皮生长因子类(表皮生长因子,EGF;转化生长因子,TGFα 和 TGFβ)、成纤维细胞生长因子(αFGF、βFGF)、类胰岛素生长因子(IGF-Ⅰ、IGF-Ⅱ)、神经生长因子(NGF)、白细胞介素类生长因子(IL-1、IL-2、IL-3 等)、红细胞生长素(EPO)、集落刺激因子(CSF)等,它是一类存在于血小板和各种成体与胚胎组织及大多数培养细胞中,能够与特异的、高亲和的细胞膜受体相结合,调节细胞生长等作用的多肽类物质。在培养细胞时,没有生长因子,多数细胞 DNA 将难以复制。

3. 细胞因子

细胞因子(cytokine)研究始于 20 世纪 50 年代对干扰素和 20 世纪 60 年代对集落刺激因子的研究,许多细胞因子依其功能而命名,如白细胞介素(IL)、干扰素(IFN)、集落刺激因子(CSF)、肿瘤坏死因子(TNF)、红细胞生成素(EPO)等。细胞因子与生长因子二者之间有时难以区分。

除了以上提及的三类外,还有血管活性物质(vasoactive agent)、神经递质和神经肽(neurotransmitter and neuropeptide)等。血管活性物质包括使血管扩张的组胺和二十碳物质(如前列腺素、血栓素)等,参与机体组织的生理损伤或由感染导致的损伤所引起炎症应激反应。神经递质包括乙酰胆碱、氨基酸类的甘氨酸、单胺类的多巴胺等,神经肽如内啡肽等,参与神经突触系统的信号传递,指导相应的肌肉收缩与扩张。

10.1.2 受体

受体是细胞表面或亚细胞组分中的一类生物大分子,可以特异性地识别有生物活性的化学信号物质(配体)并与之结合,从而激活或启动一系列生物化学反应,最后导致该信号物质特定的生物学效应。受体主要有两方面的功能:一是识别并结合特异的信号物质——配体;二是把识别和接受的信号准确无误地放大并传递至细胞内,启动一系列细胞内信号级联反应,最后导致特定细胞的生物学效应。根据受体在细胞结构中的位置,可将它分为细胞表面受体和胞内受体两种。

1. 细胞表面受体

亲水性化学信号分子(包括神经递质、肽激素、生长因子等)以及个别脂溶性的激素(如前列腺素)一般不直接进入细胞,而是通过与细胞表面特异受体的结合,诱导特异的第二信使产生,进行信号传导继而对靶细胞产生效应。根据信号传导机制和受体蛋白类型的不同,细胞表面受体可分属四大家族:离子通道型受体(ion-channel-link receptor)、G蛋白耦联受体(G protein-coupled receptor)、酪氨酸蛋白激酶耦联受体(Tryosine kinase-linked receptor)和酶活性受体(intrinsic enzyme receptor),其中第一类受体的分布具有组织特异性,主要存在于神经、肌肉等可兴奋细胞;后三种存在于不同组织的绝大多数类型细胞。

(1) 离子通道型受体

离子通道型受体由多亚基组成受体-离子通道复合体,本身既有信号结合位点,又是离子通道,其跨膜信号传导无需中间步骤,反应快,一般只需几毫秒。它可分为配体依赖型复合体和电压依赖型复合体两类。配体依赖型复合体常见于神经细胞和神经肌肉接头处,如烟碱型乙酰胆碱受体(nAchR)、甘氨酸受体、ATP受体等。该类受体由几个亚基组成寡聚体蛋白,当神经递质与受体结合后,通道蛋白构象发生改变,离子通道处于开启或关闭状态,改变质膜的离子通透性,将胞外化学信号转换为电信号,继而改变突触后细胞的兴奋性,产生生物学效应。电压依赖型复合体是单个大分子多肽,每个分子含有四个重复序列,跨膜形成离子通道,如二氢吡啶受体。

(2) G蛋白耦联型受体

G蛋白耦联型受体是指配体-受体复合物与靶蛋白(酶或离子通道)的作用通过与G蛋白的耦联,在细胞内产生第二信使,从而将胞外信号跨膜传递到胞内,影响细胞的行为。该类受体为七次跨膜的单条多肽。N端在细胞外,C端在细胞内,受体的氨基酸序列含有七个疏水残基肽段,形成七个跨膜α螺旋。G蛋白耦联受体介导多样化的胞外信号分子的细胞应答,包括多种肽类激素、局部介质、神经递质、氨基酸或脂肪酸衍生物以及光量子等。

(3) 酪氨酸蛋白激酶耦联受体

酪氨酸蛋白激酶耦联受体自身不具有激酶活性,但它的胞内段具有酪氨酸蛋白激酶的结合位点,当配体与受体结合,受体二聚化导致与胞内酪氨酸激酶亲和力增强,并使其结合到配体-受体复合物上,激酶因而聚集,其自身磷酸化位点经过交叉磷酸化后活化，从而磷酸化胞内靶蛋白的酪氨酸残基，启动信号传导。该类受体活性依赖于非受体酪氨酸蛋白激酶，有时也可以称之为细胞因子受体超家族，包括细胞因子干扰素、白介素受体和某些激素受体，如生长激素受体及T淋巴细胞和B淋巴细胞抗原特异性受体。已知与酪氨酸蛋白激酶相联系的受体有两种家族：一是与Src蛋白家族相联系的受体；二是与JAK家族相联系的受体。

(4) 酶活性受体

通常具有酶活性的受体又称为催化性受体，即一种跨膜结构酶蛋白，当胞外配体与受体结合后，激活受体胞内段的酶活性，通过胞内激酶反应将胞外信号传至胞内，产生生物学效应。此类受体尤其是大多数细胞生长因子如PDGF、NGF和胰岛素受体，它们本身具有酪氨酸蛋白激酶活性，此外还包括受体丝/苏氨酸激酶、受体鸟苷酸环化酶、受体酪氨酸磷酸酶等。

2. 细胞内受体

细胞内受体存在于胞液和(或)胞核内，与通过胞膜的配体结合。它们通过激活酶来发挥作用，如NO和甾体类激素受体。

NO是一种自由基性质的气体，具有脂溶性，能快速穿透细胞膜，与各种各样的胞内NO受体蛋白结合。在许多组织中，NO是一种传递体，没有专门的储存与释放调节机制。细胞内可溶性的鸟苷酸环化酶是一个重要的NO受体，NO与鸟苷酸环化酶活性中的Fe^{2+}结合，改变酶的构象，使GTP转变为胞内第二信使cGMP，从而发挥血管扩张的生物学效应。一个著名的例子是美国辉瑞(Pfizer)制药公司根据NO的作用研制出的新药昔多芬(Viagra)。该药的作用机制是抑制cGMP的酶促水解，防止NO引发的细胞内cGMP信号快速消失，从而维持血管平滑肌细胞舒张，增加血流量。弗奇戈特(Robert F. Furchgott)、伊格纳罗(Louis J. Ignarro)及穆拉德(Ferid Murad)因在NO方面的突出研究而获得了1998年诺贝尔生理学或医学奖。

甾体类激素受体与抑制性蛋白(Hsp90)结合形成复合物，处于非活性状态。激素进入靶细胞后，有些可与其胞内的受体结合形成激素-受体复合物，有些则先与胞浆内的受体结合，然后以激素-受体复合物的形式进入核内。当激素与受体结合后，受体构象发生变化，导致抑制蛋白与之解聚，暴露出受体核内转移部位及DNA结合部位，激素-受体复合物从而向核内转移，并结合于DNA上特异基因邻近的激素反应元件(hormone response element，HRE)上，募集协同活化因子和初始转录复合物，最终形成稳定的转录复合物，启动或抑制目的基因的表达。这类受体一般具有三个结构域：位于C端的激素结合位点，位于中部富Cys，具有锌指结构的DNA或Hsp90结合位点和位于N端的转录激活结构域。

10.1.3 蛋白激酶

蛋白质的可逆磷酸化是信号传导过程中一个重要的调节机制(第 5 章)。蛋白质的磷酸化是在蛋白激酶的催化作用下产生的。细胞内的激酶大多数属于丝氨酸/苏氨酸蛋白激酶,如 cAMP 依赖性蛋白激酶(PKA)、cGMP 依赖性蛋白激酶(PKG)、蛋白激酶 C(PKC)、Ca^{2+}-CaM 依赖的蛋白激酶、血红素依赖性蛋白激酶等;另一类为酪氨酸蛋白激酶。除此以外,还存在有可使苏氨酸、色氨酸和酪氨酸磷酸化的激酶,称之为双重底物特异性蛋白激酶,这类激酶有 MAPKK、Weel 等。

10.1.4 衔接蛋白

衔接蛋白(Adaptor)在信号传导通路中起着重要的桥梁作用,其自身没有催化活性,不能直接激活效应蛋白,而是把信号传导通路中的相关蛋白连接成信号复合物,将各信号通路有机地整合成一个信号网络,以整体形式对特定的信号刺激做出反应。衔接蛋白与信号传导密切相关的蛋白结合区域主要有:SH2 区、SH3 区、PTB 区和 PH 区等。如 Grb2 蛋白通过自身的 SH2 与生长因子激活的酪氨酸激酶受体结合,与此同时,又通过它的 SH3 域与 Sos 蛋白结合。这样,Sos/Grb2 复合物由于与膜结合的鸟苷三磷酸酯酶(GTPase)Ras 蛋白相互作用,从而催化 Ras 蛋白的 GDP 与 GTP 交换,激活 Ras 蛋白,启动 MAP 激酶传导通路,最终导致细胞的增殖。

10.1.5 G 蛋白

细胞信号传导中扮演重要角色的 G 蛋白主要有两类:一类是与膜受体耦联的异三聚体蛋白,一般称之为经典 G 蛋白或大 G 蛋白,由 α、β、γ 3 个亚基组成,βγ 二聚体通过共价结合锚定于细胞内膜上,稳定 α 亚基。α 亚基具有 GTP 酶活性。目前已分离到的 21 种 α 亚基、4 种 β 亚基和 7 种 γ 亚基;另一类是存在于不同的细胞部位的小分子 G 蛋白,也称为小 G 蛋白。小 G 蛋白由 1 条多肽链组成,分子量为 20～26 kDa,根据其序列同源性以及生物学特性等,可将小分子 G 蛋白分成 6 个家族,即 Ras、Rho、Rab、Arf、Ran 和 Rad 等。

10.1.6 第二信使

第二信使相对于第一信使而言,主要指一些受体与配体结合后被激活,引起细胞内浓度短暂上调或下降的一类小分子物质。包括 cAMP、cGMP、DAG、IP3、Ca^{2+}、NO 等。第二信使的产生引起相应酶蛋白或非酶蛋白活性改变，继而调节特定基因的转录活性，参与细胞增殖、分化和凋亡等。

10.2　参与细胞信号传导的转录因子

真核生物的转录起始由顺式作用元件（cis-acting elements）和反式作用因子（trans-acting protein factors）间复杂的相互作用所调控。顺式作用元件主要包括启动子、增强子和沉默子。启动子又分为核心启动子和上游调节区。上游调节区包括一到几个元件，为转录调节因子相结合的位点。反式作用因子主要包括 miRNA 和转录因子等。根据 DNA 结合位点和受外界信号调节的差异，转录因子可分为一般转录因子和转录调节因子两种，一般转录因子包括 TF Ⅱ A、B、D、E 等起始因子，能特异地启动转录。转录调节因子指参与外界信号传导调节的 SP1、Fos、Jun 以及一些核受体等增强子结合蛋白。细胞信号传导调控基因转录的重要机制就是通过磷酸化和脱磷酸化作用使具有转录激活功能的转录调节因子活化。活化后的转录因子进入细胞核内，与特定的靶基因相结合，诱导细胞的特定基因表达，从而产生相应的各种生物学效应，如细胞增殖、分化、凋亡等，因此转录因子的激活是细胞信号传导调节基因表达中的关键步骤。

10.2.1　AP-1 转录因子

转录激活蛋白 1（Activator protein，AP-1）是一类早期基因编码的核转录因子，由 Jun 家族和 Fos 家族组成。Jun 家族成员包括 c-Jun（又称 Jun-A）、Jun-B 和 Jun-C；Fos 家族成员包括 c-Fos、Fos-B、Fra-1 和 Fra-2。两家族分子结构相似，均含有一个高度保守的亮氨酸拉链结构域（leucine zipper）和一个碱性氨基酸区，即 bZIP DNA 结合结构域。此外，c-Jun 氨基末端和 c-Fos 羧基末端还存在反式激活结构域，为诱导转录所必需。

Jun 家族成员之间常形成同源二聚体，而 Fos 家族成员只与 Jun 家族成员之间形成异源二聚体。因此，AP-1 的组成不同，其生物学特性各有差异，其中含 Fos 异源二聚体的 AP-1 分子，其稳定性和诱导基因转录的活性较含 Jun 异源二聚体的 AP-1 分子高。此外，Jun 和 Fos 还可与同样有 bZIP 蛋白家族中其他亚家族成员 CREB 和 ATF 等结合，这种结合会影响 AP-1 的转录活性。Jun-B 可分别与 Jun

和Fos形成异源二聚体。Jun-D也可与c-Fos和c-Jun形成异源二聚体,并可阻断c-Jun的转录激活作用。c-Jun/CREB二聚体结合于cAMP反应元件(cAMP response element,CRE)而不是TPA反应元件(TPA response element,TRE),推测c-Jun对含有CRE和TPA的基因均有调节作用。Fos相关蛋白(Fos-related proteins,Fra)如Fos-B、Fra-1和Fra-2均可与Jun形成异源二聚体,结合于AP-1增强子元件,但它们作为转录激活因子还是阻遏子仍没定论。

TRE为AP-1识别的一段短的回文核酸序列(TGACTCA),又称为AP-1位点,与CRE(TGACGTCA)仅有一个碱基差别,AP-1活性受PKC信号途径调节,而CREB受PKA信号途径调节,因此,两条通路可能在核转录调控位点上形成信号交谈(cross-talk)。相同家族间或不同家族成员间能够相互作用,形成不同的二聚体,结合于同一个DNA序列,即与靶基因启动子上的TRE相连,从而产生不同甚至相反的转录效应。另外,胞内AP-1的组成和生物学活性也可随生理条件发生变化。在基础条件下,AP-1分子构成以Jun同源二聚体为主,其蛋白浓度和活性极低;当细胞受到刺激时,AP-1蛋白质水平瞬时升高,并转变为以c-Jun∶c-Fos异源二聚体为主要形式,DNA连接和诱导转录的能力也随之升高。之后随着半衰期较短的c-Fos的降解,AP-1又恢复至基础水平和惰性状态。

信号传导通路中的血清因子、癌基因*ras*、*src*、*raf*、促癌剂TPA等因子可激活AP-1的活性。AP-1活性不仅受Fos、Jun蛋白表达量、AP-1二聚体组合方式、稳定性以及其他bZIP家族成员的影响,还与转录因子的DNA结合活性及转录激活结构域活性的调节等相关。最主要的调控方式是AP-1的蛋白磷酸化。对c-Jun的研究表明,c-Jun含有五个磷酸化位点:两个位于氨基端激活结构域,Ser63、Ser73,是c-Jun反式激活的重要条件;三个位于羧基端近DNA结合结构域,分别是Thr231、Ser243和Ser249,为组成型磷酸化,以抑制c-Jun的DNA结合活性。Ser63/73突变为Leu,c-Jun的反式激活活性明显下降;突变为Ala,则抑制癌基因*Ha-ras*、*v-Src*和*Raf*对c-Jun的激活;单独突变二者之一可导致c-Jun活性的部分丧失,表明同时磷酸化是c-Jun最大活性所必需的。

c-Jun氨基端激活结构域磷酸化受上游MAPKs家族的JNK(c-Jun N-terminal Kinase)调节。JNKs包括JNK1、JNK2、JNK3。JNK1、JNK2普遍存在于多种类型的细胞中,而JNK3仅分布于神经细胞。活化的JNK进入核内,与c-Jun的氨基酸激活结构域形成一个短暂复合物,催化c-Jun磷酸化。c-Fos的磷酸化不受JNK调节,而受MAPKs家族的FRK作用,磷酸化位点为Thr232。FRK为脯氨酸引导激酶,活性受生长因子诱导。

活化型AP-1参与细胞转化、增殖、分化和细胞凋亡等多种生物学功能,激活多种与肿瘤相关的基因,如细胞周期素、金属蛋白酶、胶原酶等,促使肿瘤发生与恶性演化。

在一些致瘤病毒的致瘤机制中也涉及 AP-1 的参与。研究发现将 EB 病毒编码的致瘤蛋白潜伏膜蛋白 1(LMP1)表达质粒和 AP-1 报道基因质粒共转染人胚肾细胞 293 可促使 AP-1 活性增强 10 倍;同样将 HA-JNK1,Raf-1、HA-Eek2 等蛋白表达质粒与 LMP1 表达质粒共转染,只有 JNK1 活性显著提高,进一步将 c-Jun 的 1-244 转录活性区和多瘤病毒 E2 的 DNA 结合区形成融合蛋白,可观察到 LMP1 主要诱导 c-Jun 的转录活性;加入 sek1 突变体,则 JNK1、c-Jun、AP1 的活性均被阻断,说明 LMP1 是通过 SEK1-JNK1 通路激活 c-Jun 的转录活性;对鼻咽癌的研究显示,LMP1 能够上调 AP-1 的转录活性,并通过 JNK/AP-1 信号传导通路参与细胞周期调控、肿瘤侵袭转移等。例如,在 cyclinD1 的启动子区存在两个 AP-1 的 DNA 结合位点;在乳腺癌细胞,c-Jun、c-Fos 与 cyclinD1、cyclinE 异常表达密切相关。c-Jun 能负调控抑癌基因 *p53* 的表达。对不同癌变阶段的鼻咽癌细胞 AP-1 活性研究表明,细胞恶性程度与 AP-1 活性相关,具有高转移潜能的细胞比无转移潜能的细胞具有更高的 AP-1 活性和 DNA 结合能力。在此过程中,LMP1 通过 AP1 参与了肿瘤转移的各个阶段。

10.2.2　NF-κB 与 IκB

NF-κB(nuclear factor-kappa B)是与免疫球蛋白重链和 κ 轻链基因增强子序列(5′-GGGACTTTCC-3′)特异结合的核蛋白因子,能与多种基因启动子及增强子序列位点特异性结合,促进基因转录,参与免疫、炎症和应激反应相关基因转录,同时参与细胞增殖调控和凋亡等过程的核转录因子。该蛋白失控与肿瘤产生相关。

NF-κB 属于 Rel 家族的转录因子。哺乳动物细胞中有五种 NF-κB/Rel:RelA(p65)、RelB、c-Rel、NF-κB1(p50)、NF-κB2(p52),它们都具有一个大约由 300 个氨基酸组成的氨基末端,称为 Rel 同源区(Rel homology domain,RHD),含有 DNA 结合位点、二聚体化区域和抑制蛋白 IκB 结合位点(Nuclear translocation signal, NLS),根据结构功能和组成方式 Rel 蛋白可分为 RelA(p65)、RelB、c-Rel 组和 NF-κB1(p50)、NF-κB2(p52)组两组。两组蛋白形成同源或异源二聚体,启动不同的基因转录。多数 Rel 蛋白是转录激活复合体,p50 同源二聚体和 p52 同源二聚体是转录抑制的复合体。最常见的二聚体是 p50/p65 异源二聚体,即 NF-κB。静息状态下,NF-κB 二聚体与抑制蛋白 IκB 结合成三聚体而隐蔽在细胞质中,当胞外刺激激活 IκB 的泛素化降解途径后,NF-κB 与 IκB 脱离而活化,二聚体进入细胞核,调节基因转录。不同的 Rel/NF-κB 二聚体具有不同的结合序列,如 NF-κB 的 κB 序列为 5′-GGGRNNYYCC-3′;RelA/c-Rel 二聚体的 κB 序列为 5′-HGGARNYY-

CC-3′。不同 NF-κB 二聚体识别稍有差异的 κB 序列可增强其对基因表达的调控特异性。此外，细胞类型的特异性、不同亚细胞结构定位、与不同的 κB 的相互作用以及不同的激活方式等均可决定 Rel/NF-κB 调控基因表达的特异性。

IκB 是一个分子量为 36 kDa 的阻遏蛋白，具有抑制 NF-κB 的核定位信号，锚定 NF-κB 在细胞浆内的作用。IκB 家族成员有 IκBα、IκBβ、IκBγ、IκBδ、IκBε、Bcl-3 等，皆具有与 Rel 蛋白相互作用的锚蛋白重复序列和与降解相关的 C 端 PEST 序列。IκBα 蛋白具有三个结构区，分别为 70 氨基酸的 N 端区、含有锚蛋白重复序列的 205 氨基酸组成的内部区和含有 PEST 的 42 氨基酸 N 端区。IκBα 与 RelA (p65)、c-Rel 的亲和力最高，是 NF-κB 的主要调控蛋白，其作用是与 Rel/NF-κB 蛋白的 RHD 相互作用，掩盖 RHD 内的核易位信号序列(NLS)，维持 NF-κB 处于胞质内。

IKK(IκB kinases)是 NF-κB 信号传导通路的关键性激酶。当受到胞外信号，如肿瘤坏死因子 α(tumor necrosis factor，TNF)、白介素 1(interleukin-1，IL-1)等刺激的条件下，IKK 被激活，随之将 IκB N 端调节区的 Ser32/36 磷酸化，导致该区赖氨酸残基发生泛素化，在蛋白酶小体的作用下而裂解，三聚体 IκB-NF-κB 解离，暴露出 NF-κB 的 p50 的易位信号 NLS 和 p65 亚基的 DNA 位点，使 p50/p65 异源二聚体表现出 NF-κB 活性，活化的 NF-κB 从细胞浆易位至细胞核内，与 κB 序列结合，发挥转录调控作用。突变 IκB 的 Ser32/36、NF-κB 则无法激活。

NF-κB 的持续活化与肿瘤形成密切相关，该现象首先在霍奇金病中发现。有的霍奇金病人组织中的 IκBα 失去了锚蛋白区和 C 端区，从而导致 NF-κB 表现为组成性持续活化。将该肿瘤细胞移植到有严重免疫缺陷的小鼠后，发现细胞内 NF-κB 持续活化，并且细胞增殖、抗凋亡和肿瘤发生都与 NF-κB 活化相关。在前列腺癌组织以及体外培养的细胞中，NF-κB 的组成性活化对肿瘤细胞抵抗细胞凋亡是必需的，抑制 NF-κB 活化可减少前列腺癌细胞生长，并使肿瘤发生率和生长水平明显下降，表明 NF-κB 的确参与了肿瘤的发生。有报道称，93%的儿童急性淋巴白血病人可检出持续的细胞核 NF-κB 活化，活化 NF-κB 二聚体已成为多种肿瘤的常见标志。在 EB 转化细胞过程中，LMP1 起着重要作用，至少通过两种途径参与了 IκBα 磷酸化和 NF-κB 活化(图 10-1)：一条为肿瘤坏死因子相关蛋白(tumor necrosis factor receptor associated factors，TRAFs)途径，另一条为肿瘤坏死因子受体死亡结构域(tumor necrosis factor receptor associated death domain，TRADD)途径。当 LMP1 的六个跨膜结构域聚合后，TRAF-1、TRAF-2 和 TRAF-5 结合至 LMP1 的 CTAR1 结构域，激活 Iκ 激酶 IKK，Iκ 活化后，促使 IκB 磷酸化，与 NF-κB 分离并随即水解，NF-κB 转位至核内，发挥其转录因子的作用(图 10-2)。将 TRAF-2 和 TRAF-3 的显性负性突变体 TRAF-2DN 和 TRAF-3DN 表达质粒

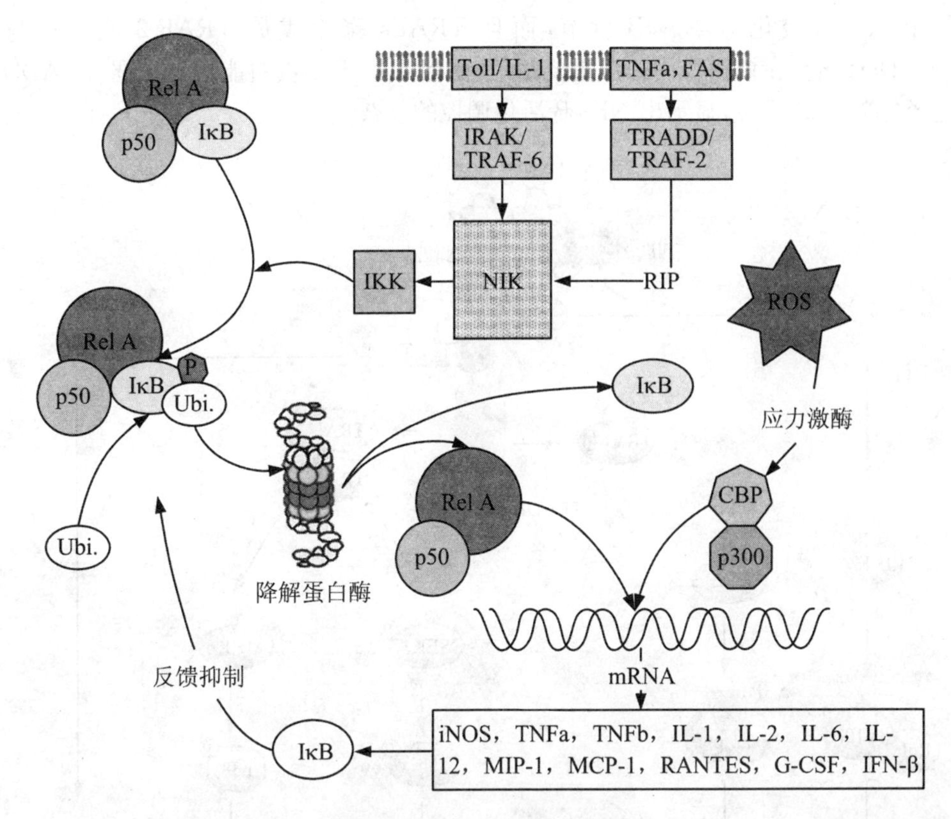

图 10-1　NF-κB 的活化通路

注:配体与不同的细胞膜受体(Toll-like/IL-1,TNF)等相结合后,激活胞内的信号传导分子蛋白激酶 IRAK(Interleukin 1 Receptor-Associated Kinase)和 TRAF(TNF receptor-associated factor),继而激活其下游蛋白激酶 NIK(NF-κB-inducing Kinase)。NIK 磷酸化 IKK(IkB Kinase),IKK 磷酸化的 IκB,引起 IκB 与泛素(Ubiquitin)的结合,导致胞内的 NF-κB/IκB 复合物与蛋白酶结合而降解。脱离 IκB 结合的 NF-κB 转移核内,与相应基因的启动子上的应答元件相结合诱导基因表达。图中右侧压力活化蛋白激酶(stress-activated-protein-kinases)通过激活 CBP、p300 等辅助蛋白,进一步提高 NF-κB 与应答元件的结合能力。

瞬间转染 LMP1 的 CTAR1 突变而 CTAR2 正常的鼻咽癌细胞中,或 LMP1 的 CTAR2 突变而 CTAR1 正常的鼻咽癌细胞中,结果显示,TRAF-3DN 仅在 CTAR2 突变而 CTAR1 正常时阻断 NF-κB 活性;在 CTAR1 突变而 CTAR2 正常情况下 NF-κB 活性无影响。TRAF-2DN 则在两种状态下均显著抑制 NF-κB 活性,说明 TRAF-2 与 LMP1 的 CTAR1 结合,可通过作用于 CTAR2 相关的蛋白,多位点参与 LMP1 诱导的 NF-κB 活化。TRADD 途径是 LMP1 诱导 NF-κB 活性的另一重要途径。研究表明,75%NF-κB 活性与 TRADD 相关。阻断 LMP1 上 TRADD 结合部位,LMP1 诱导 NF-κB 活性大大降低,与 TRAFs 一样,TRADD 也是由 IκB 磷酸化对 NF-κB 调节，而且 TRAFs 家族成员 TRAF-2 能通过与 TRADD 结合，在该途径中扮演重要角色，阻断 TRAF-2 蛋白能显著减弱 TRADD 途径的 NF-κB 活性，显示出 NF-κB 活化调控的复杂性。

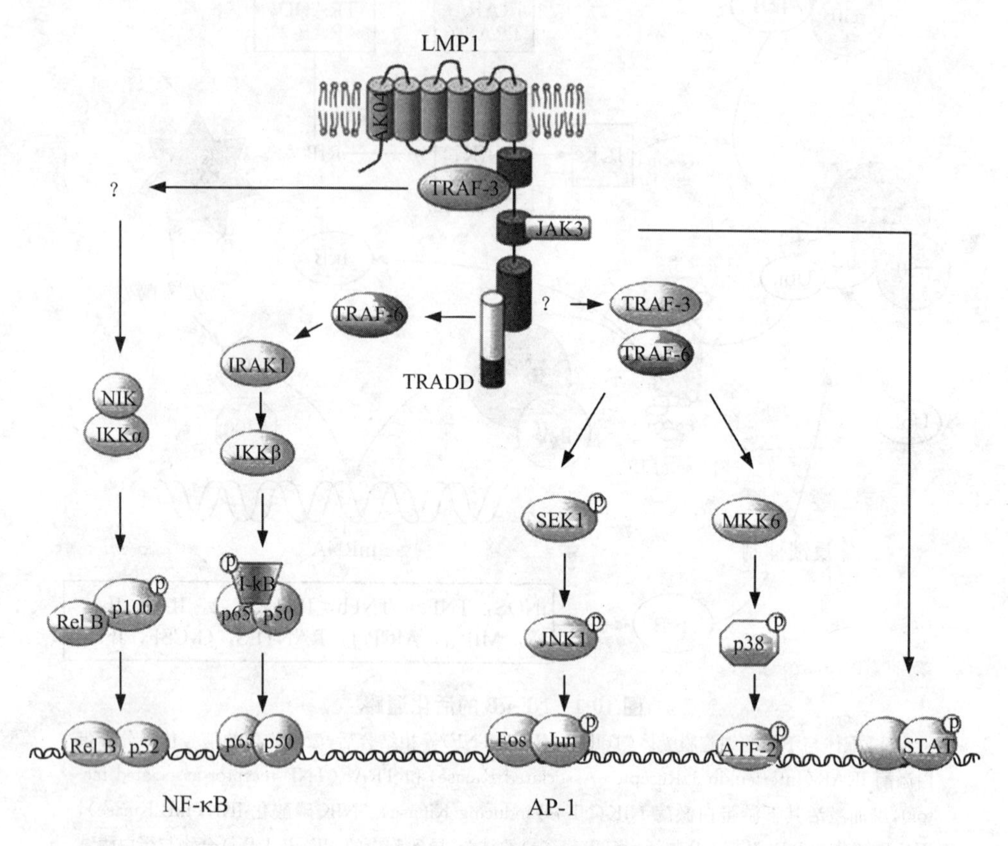

图 10-2 LMP1 信号传导通路

在细胞周期素 D1(cycline D1)基因的启动子上含有两个 NF-κB 的结合位点，NF-κB 活化具有促进其表达的功能。IκBα 的显性负性突变体抑制 NF-κB，鼻咽癌细胞的 D1 表达也随之下降，从而证明 NF-κB 参与了细胞周期调控。除此之外，NF-κB 还参与细胞凋亡的过程，NF-κB 非正常性活化可抑制细胞凋亡，从而增强细胞存活而导致肿瘤的发生和发展。

10.2.3 STATs

在细胞因子信息胞内传递中，20 世纪 90 年代最重要的发现之一就是 STAT (signal transducers and activators of transcription)DNA 结合蛋白，即转换信号的转录因子与激活子，它将信息传递与激活靶基因表达双重功能耦联在一起。其作用机制是通过细胞内与受体耦联的调控因子 JAK(Janus kinase)直接在其酪氨酸上进行磷酸化修饰，磷酸活化后的 STAT 转移到细胞核内作用在靶基因上诱导基因表达，介导多种生物学效应，在肿瘤的发生发展过程中起着重要作用。

STAT 分布于多种类型的组织与细胞中，分子量约为 86～115 kDa，由 750～850 个氨基酸组成，结构上可分为氨基端区、DNA 结合区、SH2 功能区、SH3 功能区、酪氨酸(Tyr)和丝氨酸磷酸化位点、羧基端区等功能区域。SH2 功能区(Src homology 2 domain)是一段高度保守的多肽，保守序列为 GTFLLFSs(E/D)，具有促使 STAT 形成受体复合物、介导 JAK 与 STAT 的相互作用以及介导 STAT 分子二聚化、结合 DNA 的作用。SH3 功能区的序列不如 SH2 功能区保守，它能与脯氨酸位点结合。Tyr 位点位于 SH2 功能区羟基端，当某一 STAT 分子中 Tyr 残基被磷酸化后，可与其他 STAT 分子中的 SH2 功能区结合，使两分子 STAT 形成二聚体。这种二聚化作用是 STAT 结合 DNA 所必需的。DNA 结合区位于中段的高度保守序列，能识别并结合具有回文结构的 DNA 序列(TTCCNGGAA)，但 STAT2 例外，它与 DNA 结合能力较低，只有与 STAT1 和 p48 形成复合物后才能发挥作用。羧基端的 Ser 是有丝分裂原激活的蛋白激酶(MKPK)的作用部位，该位点的磷酸化可使 STAT 进一步激活，有证据显示，STAT1 的 Ser727 磷酸化可影响转录激活；同样，STAT3 的 DNA 结合能力也与 Ser 磷酸化相关。氨基端区为序列保守区，缺失该区，STAT 分子将无法发挥磷酸化的作用。羧基端区序列的保守性最低，为基因转录激活所必需，研究表明，羧基端区缺失突变体 STAT1β 可参与形成受体复合物，磷酸化并结合 DNA，但失去了介导转录的活性。

STAT 是在 IFN 细胞应答研究中发现的。JAK 家族激酶参与了受体耦联的 STAT 磷酸化和细胞核内转移。α/β 干扰素(IFNα/β)与其受体的结合可活化 JAK 家族的酪氨酸蛋白激酶，其结果使相对分子质量为 1.13×10^5 STAT2(p113)、9.1×10^4STAT1α(p91)、8.4×10^4STAT1β(p84)的三个胞质蛋白的酪氨酸残基磷酸化并组成 IFN 活化基因因子 3(ISGF3α)复合物，再与另一个也能被 IFNγ 激活的 4.8×10^4蛋白(IsGF3γ 或 p48)结合，直接进入细胞核内与 IFN 激活应答元件(ISRE)结合而激活有关的靶基因。当 IFNγ 刺激细胞时，胞内形成 STAT1 的同源二聚体，结合到 GAS 上(图 10-3)。表明 STAT1 存在两种不同的作用方式。

目前已发现 STAT 家族有八个成员，包括 STAT1、STAT2、STAT3、STAT4、STAT5a、STAT5b、STAT6 和在果蝇中发现的 DSTAT。STAT3 是在研究表皮生长因子 EGF 激活蛋白和 IL-6 刺激细胞时得以纯化和克隆的。STAT3 在序列上与 STAT1 具有 52.5%的同源性，参与了对细胞转化和细胞凋亡的调节。在 IL-6 介导的 JAK-STAT3 信号传导中，JAK 在 IL-6 受体 IL-6R 与 IL-6 结合以前先与信号传导子 gp130 的胞内区结合,IL-6 与 IL-6R 的结合诱导 gp130 二聚化,使结合在 gp130 上的 JAK 相互靠近并发生交叉磷酸化。含有 SH2 区的 STAT 与 gp130 结合而被 JAK 磷酸化,活化的两个 STAT 形成同源或异源二聚体后转入核内,与多种靶基因启动子中的特异性反应元件相结合,调节基因表达并产生相关的生物学效应。

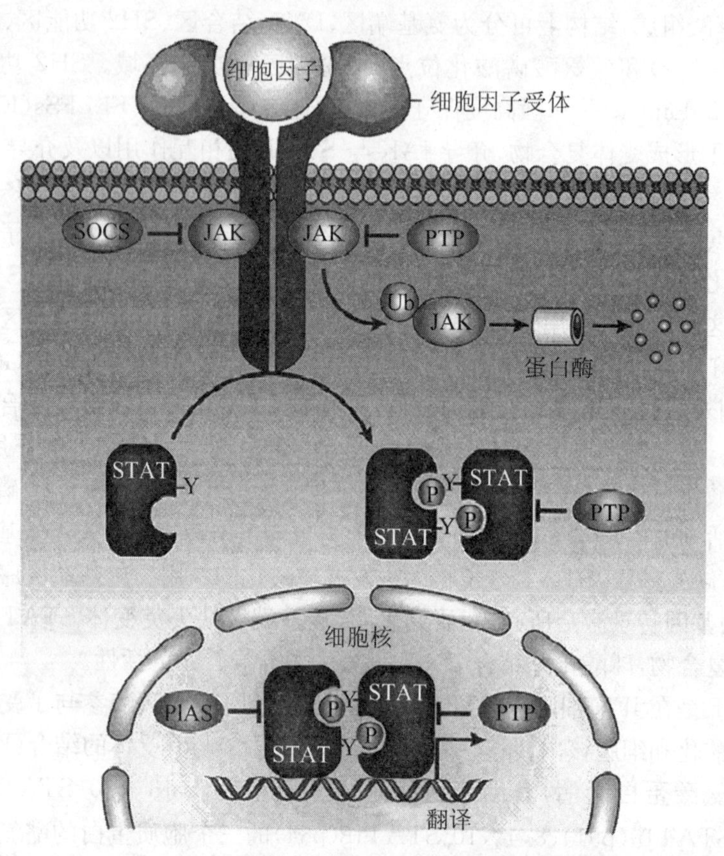

图 10-3 JAK-STAT 途径及负反馈抑制调节

注:SOCS: suppressor of cytokine signalling; PTPs: protein tyrosine phosphatases; PIAS: inhibitor of activated STAT。

STAT3 在多种类型细胞和组织中均有表达,许多配体,如 EGF、PDGF、IL-6、白血病抑制因子等以及多种酪氨酸蛋白激酶均可激活 STAT3。在正常机体中,配体依赖的 STAT3 激活是一个短暂的过程,为数分钟至数小时,但在肿瘤细胞中,由于生长信号持续刺激,STAT3 处于持续活化状态。STAT4 是从髓细胞系中克隆的 STAT 相关因子,可被 JAK1 和 JAK2 磷酸化并结合在 GAS 位点上,活化有关靶基因。

总之,STATs作为一个重要的信号传导与转录因子,参与了肿瘤的发生发展。它们通过不同作用机制,通过对多种细胞因子、生长因子进行转录调节,参与细胞生长、细胞凋亡、血管形成、免疫监测等多类事件,STAT介导的信号传导异常在肿瘤的形成过程中起着关键作用,因此,了解该转录因子在病理状态下的活化机制及比较转录因子间的相互作用,有利于为肿瘤治疗提供新思路。

10.2.4 其他转录因子

除了以上提及的3种常见的主要转录因子外,参与信号传递的转录因子还有很多,如CREB转录因子、NF-AT转录因子、GATA转录因子和Smad转录因子家族等。

CREB转录因子是cAMP应答元件结合蛋白(cAMP response element binding protein)的英文缩写。细胞内的cAMP作为第二信使,具有调节基因表达的作用。这些被调节基因的启动子序列中均含有1个由八核苷酸序列(5′-TGACGACA-3′)组成的顺式作用元件,即cAMP应答元件(cAMP response element,CRE)。CREB只有磷酸化后才能与CRE结合,刺激基因表达,并受一定的辅助因子影响,即辅助因子不同,CREB诱导表达的基因也不同。在功能上,CREB主要与胚胎发育、长时间学习记忆等具有重要作用。

CREB DNA结合蛋白在结构上属于bZIP DNA结合蛋白类型,含有bZIP和亮氨酸拉链2个结构域。从N端至C端可具体地分为激酶诱导区(kinase induced domain,KID)、碱性区(basic region)和亮氨酸拉链区(leucine zipper motif)。C端亮氨酸拉链能够保证CREB形成二聚体,其中单体间的Tyr-Glu氢键和Glu-Arg静电作用力是稳定CREB二聚体的重要力量。含正电荷的碱性区负责CREB对CRE序列的识别和结合,该作用需要Mg^{2+}和Lys304位点的参与,二者之间形成氢键,实现CREB与CRE序列结合。去除Mg^{2+}或突变Lys304位点为Ala都会导致CREB的DNA结合力严重下降甚至消失,但不影响CREB的二聚化。KID是CREB磷酸化活化区,含有多种蛋白激酶的磷酸化位点。

人类CREB基因位于第2号染色体的长臂上,根据其结构不同可分为8种亚型,其中最重要的是CREBα和CREB△α,二者均在动物细胞中广泛表达。CREB由341个氨基酸残基组成,CREB△α由327个氨基酸组成,原因是在mRNA剪接过程中缺少CREBα的88~102位氨基酸α区段。由于该α区即α螺旋区,对CREB转录调节功能是必需的,因此缺少α区的CREB△α转录活性不如CREBα高。

CREB为多种信号传导通路的核内激活转录因子,如cAMP调节通路(cAMP-

PKA)、有丝分裂原激活的蛋白激酶(Ras-Raf-MAPK)通路、钙-钙调素激酶(Ca^{2+}-CaMK)通路、应激相关的p38信号通路和细胞周期依赖的酪蛋白激酶CKⅡ(casien kinase Ⅱ)通路。在cAMP调节通路中,随着胞浆内cAMP浓度升高,PKA的2个催化亚基与2个调节亚基分离,游离催化亚基活化,使胞质内组分磷酸化,同时进入细胞核,在CBP(CREB binding protein)辅助蛋白的参与下磷酸化CREB,活化后的CREB与CRE结合并激活基因转录。值得一提的是,未磷酸化CREB仍可以二聚体形式结合至特异的DNA序列上,但不产生转录激活作用。CREB有2个磷酸化位点Ser133和Ser142,二者的作用明显不同,Ser133位点的磷酸化作用能够增强CREB的转录活性,而Ser142位点磷酸化则抑制CREB的转录作用。

NF-AT(nuclear factor of activated T cell)最早发现于T细胞中,主要存在于B细胞、NK细胞、肥大细胞等许多免疫细胞中。该家族有4个成员:NF-AT1(NF-ATp)、NF-ATc、NF-AT3和NF-AT4(NF-ATx/NF-ATc3)。在结构上具有3个功能域:N端结构域、中央结构域和C端结构域。N端结构域由9个保守的NF-AT同源区(NHR)组成,包括3个保守的SP盒,是钙和钙调蛋白依赖的钙神经蛋白的结合激活调节区。当钙神经蛋白激活NF-AT时,NHR脱磷酸化,从而调节NF-ATp核易位。中央结构域高度保守,因与核转录因子Rel家族蛋白的Rel区相似,又称为Rel相似区。该区与NF-AT的DNA结合能力相关,突变该区域将导致DNA结合能力丧失。C端保守性最差,主要参与转录的活化。

NF-AT的活化过程分为脱磷酸、核移位和DNA结合3步。在静息细胞中,胞浆NF-AT处于磷酸化状态,当刺激引起Ca^{2+}水平增高,中间激酶作用活化,NF-AT去磷酸化,脱磷酸的NF-AT进入核内,与特异DNA序列结合,引起基因表达。目前已发现在*IL*-2、*IL*-3、*IL*-4、*IL*-5、*TNF*-α、*TNF*-γ等基因启动子或增强子序列中均存在NF-AT的DNA结合位点,根据这些结合位点的特点,又可分为2类:一类是包括NF-AT或其他bZIP蛋白形成协同复合体的位点;另一类包括常见的Rel家族结合位点和与之相似的位点。这些基因的激活同时还需要AP-1的参与,通过与NF-AT蛋白的相互协同,调节机体的体液免疫和细胞免疫功能。NF-AT异常可引起免疫缺陷病、自身免疫病甚至肿瘤发生。

GATA蛋白是一类能够与T/A(GATA)A/G序列特异结合的转录因子。T/A(GATA)A/G序列即GATA基序,广泛存在于真核启动子、转录起始位点的上游或接近启动子的部位、增强子和位点控制区,是转录因子的重要结合位点。在结构上,GATA蛋白属于锌指结构家族。脊椎动物GATA蛋白具有2个相同的锌指结构,均为$Cys-(X)_2-Cys$,中间由17个氨基酸所间隔。二者分工不同,氨基端锌起协同作用,增强羧基端锌指与DNA结合的稳定性和特异性。

GATA蛋白家族共有6个成员，各自在不同的细胞中表达，功能各异。GATA-1与红细胞发育有关，主要调控红系祖细胞的成熟和分化，GATA-1基因缺失可导致鼠胚胎干细胞的红细胞无法成熟，不能表达珠蛋白，当转入外源GATA-1基因转染缺陷细胞后，可有效增强红细胞的成熟作用；GATA-2调节造血干细胞的早期分化，参与血细胞发育；GATA-3调节细胞T表面分子TCRα、TCRβ和TCRδ的表达；GATA-4、GATA-5、GATA-6参与消化系统和心血管的发育和成熟。

Smads蛋白来自于同源蛋白果蝇的Mad(Mother against decapentaplegic)和新小杆线虫的SMA蛋白二者的英文名组合。在TGF-β信号传导通路中，Smad被TGF-β激酶样受体作用磷酸化活化而转入核内，以多聚体形式共同激活或抑制它们所调节的靶基因转录(图10-4)。

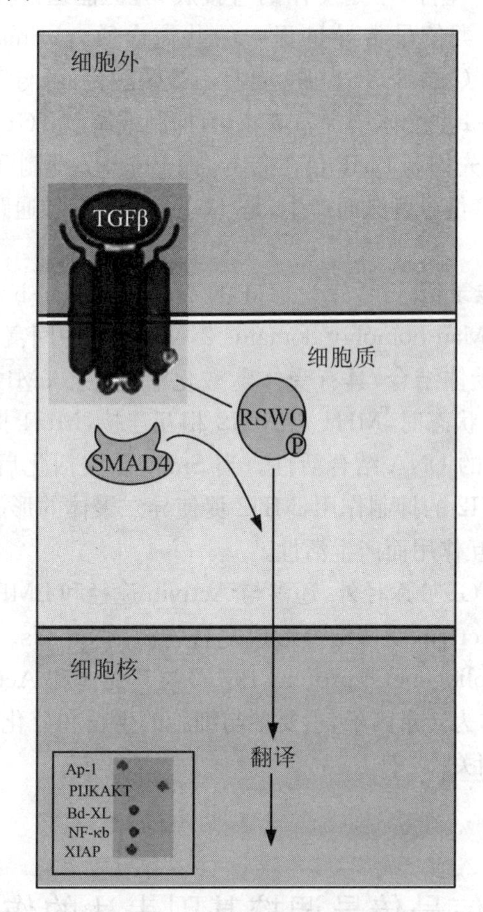

图10-4　Smads信号传导途径

注：图片来源于 http://commons.wikipedia.org/wiki/File:SMAD_apoptosis.svg。

Smads家族共有9个成员，用Smad 1～9表示，分子量介于42～60 kDa之间。根据结构和功能，Smad蛋白分成受体活化型或通路限制型Smad(Receptor-activited Smads，R-Smad)、共同通路型Smad(Co-Smad)和抑制型Smad(I-Smads)3个亚家族。R-Smads能被I型Ser/Thr激酶受体激活并与受体形成短暂复合物，它又分为2类，即由激活素TGF-β激活的AR-Smads，包括Smad 2、Smad 3和由BMP等激活的BR-Smads，包括Smad 1、Smad 5、Smad 8和Smad 9。Smad 1、Smad 2、Smad 3、Smad 5的C端具有保守的SSXS基序，其中Ser是受体PSTK的磷酸化位点，磷酸化后的Smad与辅Smad蛋白形成二聚体进入核内，与DNA结合的转录因子结合，形成活性转录复合物，诱导靶基因转录。Co-Smad只有Smad 4一种，C端不含SSXS基序，不是受体的直接底物，但能通过与R-Smad形成复合物，是TGF-β家族各类信号传导过程中的共需介质。I-Smads包括Smad 6和Smad 7，Smad 7缺少C端SSXS基序，自身不被磷酸化，可与激活的I型受体稳定结合，阻止Smad 4与I型受体结合和磷酸化，抑制或调节TGF-β家族的信号传导。研究表明，Smad 6优先抑制BMP信号传导，而Smad 7抑制TGF-β和BMP信号传导。二者随TGF-β信号刺激而产生，是TGF-β信号传导通路中的一种负反馈调节信号。

典型的Smad转录因子可分为保守的N端区(Mad-homology domains 1，MH1)、C端效应区(Mad-homolgy domains 2，MH2)和中间富含脯氨酸的连接区。MH2参与Smad与受体结合，具有受体磷酸化活化位点；MH1为DNA结合区。当Smad处于未激活状态时，MH1与MH2相互连接，MH1抑制MH2的转录活性，MH2抑制MH1的DNA结合活性。当Smad磷酸活化后，Smad构象发生变化，解除MH1对MH2的抑制作用，MH2促使异二聚体的形成以及Smad与其他DNA结合因子的相互作用而产生活性。

Smads除介导TGF-β途径外，还参与Activin途径和BMP途径等。在Activin途径中，Activin与Activin受体结合形成复合物激活Smads。在BMP途径中，骨形成蛋白(bone morphogenetic protein，BMP)与其受体和Activin形成复合物，激活Smads。Smads作为转录因子，主要参与细胞的生长和分化，Smads突变与多种癌的发生发展密切相关。

10.3 信号传导调控基因表达的作用机制

基因的表达不仅受转录水平的调控，而且还与转录前的染色质状态、转录后的剪接、翻译及翻译后修饰等多个水平调控相关。真核信号传导通路的最终途径都要将胞内外信息传至核内，激活核内相关因子或以自身为 DNA 结合蛋白（如 STATs）与核内协同因子形成复合物，从而影响基因表达状态。

10.3.1 信号传导与染色质活性调控

1. 组蛋白修饰与信号传导

染色质和核小体构型的改变在转录起始中发挥着重要调节作用。核小体结构以及 DNA 与组蛋白相互作用使转录因子不能结合到 DNA 的调节区，从而不能激活基因。核心组蛋白的 N 端尾部从核小体中心延伸出来，能够活跃地与 DNA 及其他蛋白质发生相互作用，在调整核小体以及染色质结构中起重要作用。核心组蛋白 N 端尾部区域的赖氨酸可以进行可逆的乙酰化修饰。组蛋白乙酰化中和了其氨基酸赖氨酸残基的正电荷，削弱组蛋白与 DNA 的接触，促使核小体结构松散，从而向更开放染色质的方向发展，有利于转录因子的结合，促进转录的起始。

实验证明，组蛋白修饰与核受体信号传导作用相关，直接受辅激活因子和辅抑制因子调节。TAFⅡ250、SRC-1、pCIP/ACTR 等辅激活因子具有 HAT 活性。在体外，它们能催化游离的组蛋白和核小体组蛋白乙酰化。CBP/p300 和 PCAF 能使 p53、E2F、MyoD、普通转录因子 TAFⅡE 等非组蛋白乙酰化，增强 p53 和 MyoD 与 DNA 结合。试验证明组蛋白乙酰化是核受体介导的激素信号传导的关键步骤，而 CBP/p300 HAT 对于激素诱导的 H3 和 H4 组蛋白的高度乙酰化尤为重要。而在无配体的情况下，核激素受体异二聚体与辅抑制因子复合物相连，辅抑制因子募集组蛋白去乙酰化酶，去除组蛋白乙酰基，以实现染色质的重新压缩和转录抑制。当存在激素配体结合后，辅抑制因子再次被辅激活因子替代。值得一提的是，有证据显示辅抑制因子与去乙酰化酶活性也与核受体介导的配体-依赖性负调节有关。如甲状腺受体增强负调节启动子的基础活性，而配体的结合可逆转录这种刺激作用。

除乙酰化外，组蛋白氨基端修饰还存在有磷酸化、甲基化及 ADP-核糖基化。这些修饰同样影响其电荷与功能，改变染色质结构。在此类修饰作用中，精氨酸转甲基酶 CARM1 被发现参与了与辅激活因子 p160 家族的结合，该蛋白具有第二辅激活因子的作用，通过核受体刺激转录。体外试验表明，CARM1 能使组蛋白 H3 甲基化，S-腺苷甲硫氨酸结合区的突变大大削弱了辅激活因子活性，提示除组蛋白乙酰化作用外，辅激活因子介导的组蛋白或其他转录相关蛋白的甲基化也可通过核受体影响转录。另外，在糖皮质激素长期作用下，组蛋白 H1 发生广泛磷酸化，导致染色质结构过于紧密而不能转录。暗示组蛋白磷酸化对激素反应具有重要影响。

2. DNA 甲基化修饰与信号传导

DNA 甲基化是生物体调节染色质结构、影响基因表达，在原核细胞中甚至是自我保护、免受 DNA 酶降解的一种重要手段。基因组的甲基化遗传特征主要是依赖 DNA 复制过程中的维持性甲基化酶来实现的。细胞中的基因根据甲基化程度不同可分为三类，一类是始终高度甲基化的非活性基因，如基因组限定基因；一类是始终低水平甲基化的低活性转录基因，如管家基因；最后一类是诱导性甲基化基因，该类基因能够在特定条件下去甲基化，从而由非活性状态恢复为有活性状态，激活基因转录，如组织或发育阶段特异性基因。可见，DNA 甲基化不改变基因序列，却可有效地影响基因表达与表达水平，因而它是表观遗传形成的重要机制之一。

DNA 甲基化是一种酶介导的化学修饰过程。通过 DNA 甲基化酶作用，以 S 腺苷蛋氨酸（SAM）为甲基供体，将甲基转移至 DNA 碱基上。目前研究发现，DNA 甲基化与抑癌基因失活相关，是除基因内突变和染色体物质丢失外的第三种抑癌基因失活机制。各种类型肿瘤具有特征性的 DNA 甲基化模式。因此，基因启动子甲基化检测可用于鉴定肿瘤类型和亚型，以助发现早期癌变趋向的细胞。

目前没有发现信号传导与 DNA 甲基化改变的直接证据。但甲基化的确可失活信号传导通路中的相关因子，从而导致肿瘤的产生。在恶性肿瘤细胞中普遍存在降钙素基因高度甲基化与甲基化转移酶活性增高的现象。前列腺癌细胞雌激素受体（ER）基因启动子存在异常甲基化失活现象。白血病多巴胺受体基因甲基化，DRD4 基因甲基化在白血病患者中的发生率明显高于正常人，暗示它可能与白血病的发生、发展有关联。

10.3.2 信号传导与基因转录调控

真核生物转录起始需要顺式作用元件与反式作用因子的复杂相互作用而实现。该类蛋白能够接受外界信号而活化、达到对转录起始效率调节的目的，是细胞因子和生长因子等外界信号参与基因转录水平调节的重要分子。

研究表明，细胞因子等信号分子与细胞膜受体结合，引发胞内信号分子活化，导致存在于细胞质与核内具有转录激活功能的蛋白因子磷酸化活化，该类蛋白又称为立即早期基因的编码产物，为一些转录调节因子。活化的转录因子进入细胞核，与特定的靶基因结合，诱导晚期基因表达。晚期基因的表达产物促使细胞产生相应的细胞增殖、生长、分化与凋亡等生物学效应。在此过程中最关键的步骤为转录因子的活化，而磷酸化和脱磷酸化是调节转录因子活性的重要方式。转录因子的活性受三个水平的磷酸化级联反应调控。

1. 磷酸化作用控制转录因子从细胞质到细胞核的运转过程

在静息状态下，许多转录因子储存在细胞质中；当外界信号刺激时，活化转录因子通过转运系统转运至核内。该过程主要通过两方面进行：一方面是对核转运信号进行翻译后加工，促进或抑制转录因子与转运系统的相互作用；另一方面是促使转录因子与胞浆内锚定蛋白的结合发生变化。NF-κB 转录激活活性受核转位的调控。NF-κB/Rel 家族成员均含有 Rel 同源区（RHD），RHD 存在于 DNA 结合区，二聚化区和核定位信号等。核内 NF-κB 具有转录激活作用，由 p50 和 p65 组成，可结合于靶基因上的 κB 序列，能促进 *IL*-1β、*IL*-2、*IL*-6、*IL*-8、*TNF*α、*GM-CSF*、*ICAM*-1、*MCP*1 等许多免疫调节基因表达。在静息细胞，NF-κB 与阻遏蛋白 IκB 结合形成异三聚体而处于非活化状态。当细胞受到细胞因子、生长因子、病毒等外界信号刺激时，IκB 被磷酸化降解，释放的 NF-κB 进入核内，通过与 κB 增强子及启动子相互作用而促进基因表达。同样，转录因子 STATs 也存在核转位调节。在静息细胞中，STATs 以单体形式存在于胞浆。Ⅰ型和Ⅱ型细胞因子受体与配体结合而二聚化，引发磷酸化级联反应，磷酸化非受体蛋白酪氨酸激酶 JAKs，活化的 JAKs 促使 STATs 磷酸化，磷酸化的 STATs 分子通过保守区 SH2-PY 结合形成二聚体，转入核内，与 IFNα/β 应答元件 ISRE 或 γ 干扰素活化序列 GAS 结合，激活相关基因表达。

2. 磷酸化/脱磷酸化状态对转录因子结合

DNA 靶序列的影响。转录因子的磷酸化状态直接影响其与靶 DNA 的结合水平。转录因子 AP-1 由 Fos 和 Jun 蛋白家族成员通过碱性亮氨酸拉链（bZIP）形成二聚体。生长因子、细胞因子、T 细胞激活因子、神经递质等可在转录水平上诱导 AP-1 的表达，阻断蛋白质合成并不能遏止 AP-1 的 DNA 结合活性和转录激活作用，表明翻译后修饰是调节 AP-1 活性的重要手段。在静息细胞中，大量存在的高度磷酸化 c-Jun 蛋白不能与靶序列结合，只有去磷酸化后才能提高其 DNA 结合活性，说明 c-Jun 蛋白磷酸化基团空间位阻了该蛋白与 DNA 的结合。

3. 磷酸化过程调控转录因子的转录激活功能

转录因子一般含有 DNA 结合区、转录激活区和调节区三个结构。转录激活区根据活性状态又可分为组成性的转录激活区和调控性的转录激活区两类。调控性的转录激活区主要受磷酸化调节，如 c-Jun 蛋和 Fos 蛋白等。另一个例子为 CREB 蛋白，该蛋白非磷酸化形式影响二聚体形成和与 DNA 上 CRE 元件的结合，但没有转录活性，只有在 PKA 的催化磷酸化才能表现转录激活功能，实现与辅助蛋白 CBP 的结合并诱导基因表达。

除以上提及的以外，外界信号分子还可以通过磷酸化作用改变所调控转录因子的蛋白构象；调节转录活化/抑制因子；组蛋白修饰等多方面诱导转录因子活性，从而调控诱导基因的表达效率。

（郑继平）

第11章　程序化细胞死亡相关基因的表达调控

死亡是生物界中普遍存在的一种生命现象,死亡意味着生命的终止。细胞的死亡,顾名思义,就是指细胞生命的终结。生与死相对,构成了发育生物学和细胞生物学研究的焦点,生即细胞的发育、分化和成熟,已经取得了长足进展,目前已发展到相关基因调控表达的分子水平上。而长期以来,人们一直忽视对细胞死亡的研究。事实上,细胞的死亡,尤其是细胞的程序化死亡具有十分重要的生物学意义,与肿瘤及自身免疫性疾病的发生密切相关,已经成为生物医学研究的热点。随着分子生物学技术的不断发展,程序化细胞死亡相关基因表达的分子调控机理也取得了进展。

本章主要介绍程序化细胞死亡的概念及其在肿瘤、自身免疫性疾病等发生发展中的生物学意义、相关基因表达的调控、信号传导等内容。

11.1　程序化细胞死亡的概念与意义

程序化细胞死亡(programmed cell death,PCD)是生物体细胞在细胞外或细胞内信号诱导和控制下发生的主动自杀死亡的过程。该过程就像秋天树叶凋谢一样,因此,程序化细胞死亡又叫凋亡(apoptosis)。在生理条件下,细胞凋亡是由细胞内的一些编程基因控制,在特定时间、顺序及空间范围内发生的细胞死亡,而在某些病理情况下,细胞凋亡则是由于基因损伤启动了某些控制凋亡机制的基因,从而导致了细胞死亡。多数情况下,细胞凋亡为自然发生,但也可由一些生理性或毒素诱导发生。

一般而言,程序化细胞死亡均呈现细胞凋亡的形态特征,因此,通常将程序化细胞死亡等同于细胞凋亡,但严格说来二者不能等同,程序化细胞死亡是功能学上的概念,而凋亡是细胞形态学上的概念,这两个不同的概念是从不同角度对自主性细胞死亡这同一事件的不同描述。已经发现,并不是所有的程序化细胞死亡都表现为细胞凋亡的形态特征。例如,烟草幼鹰蛾变态时,其幼虫体节间的肌细胞必须死亡使幼虫变成蛾,与其他程序化细胞死亡类似,这些肌细胞的丢失需要启动相关的基因表达程序才能完成,但这些细胞死亡时并不产生染色质浓缩和 DNA 降解等细胞凋亡的共同特征,这种细胞死亡被称为非凋亡的程序化细胞死亡(non-apoptotic programmed cell death)。

随着人们对程序化细胞死亡研究的不断深入,科学家们发现,控制程序化细胞死亡的基因主要有两类:一类是抑制细胞死亡的抗凋亡基因;另一类则是促进细胞死亡的促凋亡基因。这两类基因的相互作用控制了细胞发育的进程。这两种机制的并存,使机体细胞的生与死达到动态平衡,以确保机体的健康运行。一旦这种平衡被破坏,也就是由于某种因素的存在,使得促凋亡基因活性受抑制和(或)抗凋亡基因被激活,使本该凋亡的细胞不能及时凋亡而长期存活,细胞就会无序增长;相反,由于某种因素的存在,使得促凋亡基因被激活和(或)抗凋亡基因被抑制,使本不该凋亡的细胞过早地凋亡,死亡的细胞明显多于生长增殖的细胞,这两种情况的出现,均会导致疾病的发生。研究表明,前者与肿瘤及自身免疫性疾病的发生密切相关,后者则可能引起神经退行性病变(如老年性痴呆、帕金森氏症、Huntington 氏舞蹈症)等。

很显然,受到基因严密调控的细胞"生"与"死"的过程对于我们更深刻地认识人类健康和疾病的机理,进一步揭示癌症等重大疾病的发病机制并找到有效治疗方法具有重要意义。

11.2　程序化细胞死亡与肿瘤

肿瘤(主要是指恶性肿瘤),是严重威胁人类健康的一大类死亡率极高的疾病,是机体在各种致瘤因素综合作用下,局部组织细胞在基因水平上失去了对其生长的正常调控,导致细胞异常增生而形成新的赘生物。从细胞水平来讲,细胞增殖、细胞分化和细胞凋亡是最基本的生命活动形式,三者在相关基因的精确调控下,使机体有条不紊地不断产生年轻的细胞,同时又及时清除老化的细胞,维持机体发育和自身新陈代谢的高度稳定。细胞凋亡机制在细胞清除方面发挥着重要作用,一旦出现问题,意味着细胞增殖和细胞凋亡之间的平衡被打破,细胞无限制地增殖,肿瘤发生的细胞学机制就是细胞异常增殖的结果。其起因与细胞分化异常、细胞凋亡异常密切相关。很明显,程序化细胞死亡在肿瘤发生发展过程中主要起负调控作用,可阻遏肿瘤细胞迅速生长。

11.2.1 程序化细胞死亡与肿瘤发生

事实上,在正常情况下机体内随时都可能出现变异的细胞,但真正发生肿瘤的个体却很少。这是因为机体内存在清除变异细胞的防护机制,程序化细胞死亡就是一种维持组织细胞新陈代谢而确保细胞数量动态平衡的重要机制。在胚胎发育阶段通过细胞凋亡清除多余的和已完成使命的细胞,保证了胚胎的正常发育;在成年阶段通过细胞凋亡清除衰老和病变的细胞,保证了机体的健康。通过凋亡这种重要机制能持续不断地清除机体内多余的、受损的或变异的细胞,最大限度地将肿瘤消灭在萌芽状态。研究还发现,肿瘤细胞中本身就存在自发凋亡的机制,这实际上是机体抗肿瘤的一种保护机制,受到环境所提供的各种刺激信号的调控,包括内源性和外源性调控因素。内源性调控因素主要包括由基因编码的细胞因子或生长因子及其受体(如肿瘤坏死因子-α(TNF-α)及其受体(TNFR)、Fas及其配体(FasL)、各种白细胞介素及其受体、转化生长因子-β(TGF-β)及其受体(TGFR)等)、某些转录因子癌基因和抑癌基因的产物等。从基因层面来讲,程序化细胞死亡机制控制肿瘤发生主要是靠细胞凋亡相关基因来完成的。根据目前对细胞凋亡调控机制的认识,可将与细胞凋亡相关的基因大致分为促凋亡基因和抗凋亡基因两大类。当细胞促凋亡基因活性受抑制和(或)抗凋亡基因被激活,使该细胞不能凋亡而长期存活,如再加上癌基因异常高表达和(或)肿瘤抑制基因活性受抑制,均可能导致细胞癌变和肿瘤形成。因此,从程序化细胞死亡角度来理解肿瘤的发生机制,是由于肿瘤细胞的凋亡机制异常,导致肿瘤细胞减少受阻所致。

11.2.2 程序化细胞死亡与肿瘤转移

肿瘤转移是一个在时间和空间上高度复杂有序的过程,是肿瘤最重要的恶性表型之一,也是严重影响患者康复的一个关键因素。它包括肿瘤细胞主动脱离原发灶,进入血液或淋巴循环,逃避宿主免疫系统的监视,锚定于远离脏器内的血管和(或)淋巴管管壁,移入该脏器增殖形成转移瘤的一系列复杂过程。研究显示,程序化细胞死亡与肿瘤转移的全过程密切相关。有学者用一系列增殖性状相同但转移能力不同的B16黑色素瘤细胞系进行体外实验,结果显示高转移能力的细胞系具有更强的抗凋亡能力。若将抗凋亡基因 *bcl*-2 转染到B16细胞,则可显著增强B16细胞的抗凋亡能力和肺转移能力,而细胞增殖率和浸润能力不变。这些结果均直接证明了细胞凋亡与肿瘤转移密切相关,即抑制细胞凋亡可以促进肿瘤细胞转移,进一步研究发现细胞凋亡与肿瘤转移的每一个环节都有关系。

任何细胞的生存必须依赖于它们所处微环境提供的生存信号。大多数细胞具有黏附生长的特性，需要黏附才能生长的细胞称为锚着依赖性细胞(anchorage-dependent cell)。若将锚着依赖性细胞从其黏附的基质上剥离，细胞就会凋亡。这种依赖于基质的存活方式控制了细胞的正常定位，避免了脱落细胞发生不适当的再黏附和增殖。细胞和基质的黏附主要依赖于细胞表面整合素受体与基质蛋白的特异性结合。肿瘤细胞生存也需要所处微环境提供必需的生存信号。当肿瘤细胞脱离原发灶进入血液和(或)淋巴循环时必须从锚着依赖状态变为悬浮状态，锚着依赖性可阻止肿瘤细胞进入循环系统发生转移。肿瘤细胞的锚着依赖性由凋亡相关基因调控完成。有实验证实：用抗整合素的单克隆抗体阻断黑色素瘤细胞和人纤维肉瘤细胞与胶原的结合，便可使肿瘤细胞凋亡。整合素与相应蛋白特异结合可上调抗凋亡基因 *bcl-2* 的表达，提高细胞的生存能力。此外，敲出 *p53* 基因或导入突变型 *p53* 基因可抑制 *p53* 基因介导的细胞凋亡，而抑制 *p53* 介导凋亡的作用可通过阻止细胞在非锚着状态下凋亡而促进肿瘤转移。

细胞还有一个生物学特性被称之为群体控制(social control)，即单个细胞需依赖其他细胞提供的信号才能生存和增殖，这个特性其实是相邻细胞之间互相传递生存信号促进增殖生长。生理条件下，群体控制可消除少数失去群体的离散细胞错误地再定位。这对于肿瘤细胞来说，群体控制是机体防御肿瘤细胞转移的一个机制。肿瘤细胞脱离原发灶进入血液循环和(或)淋巴循环时常因缺乏肿瘤细胞之间或肿瘤细胞与正常细胞之间的接触而发生凋亡。研究证明螯合培养液中的钙离子而离散大肠癌细胞之间的接触，就可使癌细胞发生凋亡。使用单克隆抗体封闭肿瘤细胞结合黏附分子进而破坏肿瘤细胞和正常宿主细胞之间的黏附作用也可诱导肿瘤细胞的凋亡。

另外，肿瘤细胞要完成转移，必须逃避宿主的免疫监视。肿瘤免疫主要依赖细胞毒性 T 细胞的特异性免疫。细胞毒性 T 细胞杀伤肿瘤细胞除依赖穿孔素在靶细胞膜上形成孔道使其坏死外，还可通过 Fas-FasL 系统介导的细胞凋亡程序诱导靶细胞凋亡。研究发现具有高转移能力的肿瘤细胞常表达较多的 Fas，而已发生转移的大肠癌中常发生 Fas 表达的下调或丢失，表明调控 Fas-FasL 的结合而降低对肿瘤细胞的杀伤时，肿瘤的转移能力可能提高。

脱落的肿瘤细胞锚定于远离脏器内的血管(淋巴管)管壁，并移入该脏器增殖积累最终形成转移瘤才算完成肿瘤转移，而肿瘤细胞在远离脏器的积累取决于肿瘤细胞增殖和凋亡是否失衡并向细胞增殖的方向发展。肿瘤细胞黏附于内皮细胞并跨过毛细血管或毛细淋巴管时必须突破一道由过氧化氢介导的防御机制。当肿瘤细胞与内皮细胞接触时，内皮细胞可释放过氧化氢使部分敏感的肿瘤细胞凋亡，而强化耐受过氧化氢的细胞与内皮细胞黏附。定居在远离脏器的肿瘤细胞的增殖能力与肿瘤细胞分化程度有关,分化程度越高的细胞,增殖能力越低,反之亦然。当细胞分化成熟之后随之而来的是增殖能力的丧失,并走向凋亡。许多促分裂的基因如 *c-myc*、*ras* 等,既能促进肿瘤细胞无限性增生,同时也能增加其凋亡。因此,这些肿瘤细胞可能依赖于周围环境状态调节增生和凋亡的平衡。细胞凋亡与增殖、分化之间在分子水平存在复杂的调节网络,三者之间调节失衡导致肿瘤的发生发展。

11.2.3 程序化细胞死亡与肿瘤治疗

前面提到肿瘤的发生发展是细胞增殖、细胞分化和细胞凋亡异常的结果。因此,针对肿瘤细胞凋亡进行干预性调节就自然成为一种肿瘤治疗的策略。目前临床上常用的肿瘤治疗手段包括手术切除、放疗、化疗、中医药治疗、热疗以及生物治疗,大量研究表明,除手术治疗外的其他治疗机制都是从细胞凋亡调控网络的不同切入点诱导肿瘤细胞程序化死亡。介导肿瘤细胞凋亡的主要基因有 *p53*、*bcl-2*、凋亡素(apoptin)、热休克蛋白(hot shock protein,HSP)等。例如,放疗导致的细胞凋亡主要由 Fas 介导,*p53*、*bcl-2* 等基因共同参与调控完成。不同的化疗药物作用机理不一样,如干扰 DNA 合成、干扰微管蛋白合成等,但都是通过细胞凋亡的形式杀死肿瘤细胞。如临床上常用的阿霉素治疗乳腺癌时,就可导致癌细胞凋亡,基因检测显示 *bcl-2* 表达减少,而 *p53* 表达增加。值得一提的是,*p53* 基因被认为是"分子警察",在肿瘤细胞凋亡调控过程中发挥着重要作用,已被开发成药物用于临床肿瘤治疗。中医药治疗肿瘤是肿瘤治疗的一大特色,有着广泛的应用前景。比如黄酮类化合物是许多中草药中都含有的一类多酚化合物,具有显著的抗肿瘤效应,其作用机制之一就是诱导肿瘤细胞凋亡。如槲皮素苷元处理 HL-60 细胞可使其抗凋亡蛋白 Mcl-1 的表达降低,而其他的 Bcl-2 家族蛋白表达量保持不变。化合物 flavokwainA 可显著诱导膀胱癌细胞凋亡,并可引起膀胱癌细胞 T24 线粒体膜电位明显降低和细胞色素释放,flavokawainA 的凋亡效应与 Bcl-x 减少和 Bax 增加有关,并呈时间和剂量依赖性。

程序化细胞死亡作为一种重要的生命形式,随着其分子调控机制研究的深入,人们发现以激发肿瘤细胞凋亡因素或者抑制其抗凋亡因素为靶点,积极干预肿瘤细胞凋亡调控机制,达到加速肿瘤细胞凋亡的目的,是一种新的肿瘤治疗策略,即抑制肿瘤细胞的生存基因的表达,而激活死亡基因的表达。例如,*wtp53* 基因具有显著的促凋亡作用。可以根据上述策略初步设计肿瘤治疗的新方案如下:① 以提高 *wtp53* 基因表达水平为目的而使用治疗手段;② 将 *wtp53* 基因导入肿瘤细胞进行生物治疗;③ 利用反义 RNA 技术将特异性的反义 RNA(抑制 *wtp53* 基因等的

mRNA)传导入肿瘤细胞,按剂量来调控 p53 蛋白的表达量,达到控制肿瘤增生,诱发凋亡的目的;④ 利用 Ribozyme 技术,降解促进细胞增殖基因的 mRNA(如 *bcl-2*、*MDM-2*、*CycD* 及 *mtp53* 等),阻滞其肽键的形成,使 *wtp53* 在诱导凋亡中的作用充分体现;⑤ *wtp53* 基因能与 *c-myc*、*bcl-2*、*bax*、*TGFβ1* 等多种基因相互作用,共同调控凋亡,提示可以将 *p53* 基因与它们有机地结合应用,以便发挥更为有效的治疗作用。

由此可见,人们有理由相信:针对不同的肿瘤,将抑制肿瘤细胞增殖、诱导肿瘤细胞分化和诱导肿瘤细胞凋亡三者结合起来综合考虑,优化临床治疗方案,可望提高肿瘤治疗效果。人们真正破解肿瘤发生、发展、死亡的秘密之日,就是人类征服癌症时。

11.3 免疫系统中程序化细胞死亡

免疫系统(immune system)是人和高等动物中识别自我、引发免疫应答、发挥免疫效应和最终维持自身稳定的组织系统,它通过多种途径清除机体中多余的、老化的、受感染的和突变的细胞。它由多种器官、高度特异性细胞及独立于血液体系之外的淋巴循环系统组成的复合体,包括免疫器官、免疫细胞及免疫分子,其中占外周血白细胞总数 20%~45%的淋巴细胞(包括介导体液免疫的 B 细胞和介导细胞免疫的 T 细胞)等免疫细胞在维持机体内环境稳定方面发挥重要作用。骨髓属于中枢免疫器官,也是所有免疫细胞的发源地。骨髓中造血干细胞能分化发育为红细胞系、粒细胞系、单核-吞噬细胞系、巨核细胞系、淋巴细胞系和树突状细胞的前体细胞。T 细胞和 B 细胞的祖先都是骨髓淋巴样干细胞,它们分别在胸腺和骨髓发育为成熟的 T 细胞和 B 细胞。免疫细胞的发育成熟都必须经过阳性和阴性选择两个过程,以确保存活的免疫细胞具有自身主要组织相容性复合体限制性。前面已经阐述了程序化细胞死亡调控机制是维持机体内环境稳定的重要机制,免疫系统也不例外。其实,免疫系统的正常发育、自身稳定性的维持、免疫应答的实施都离不开程序化细胞死亡机制的调控,一旦该机制失控,就会发生多种疾病。

11.3.1 淋巴细胞的成熟与免疫耐受的建立

T 细胞和 B 细胞均由骨髓造血干细胞发育分化而来,其祖先都是淋巴样干细胞,它们是怎样发育为成熟的淋巴细胞的呢?研究显示:早期的 T 细胞为 CD4 和

CD8 双阴性细胞，通过 T 细胞受体的发育，使双阴性细胞进入阳性选择，即能与胸腺皮质的基质细胞表面 MHCⅠ类分子中等亲和力结合的双阴性细胞，转变为 CD8 单阳性细胞；能与胸腺皮质的基质细胞表面 MHCⅡ类分子中等亲和力结合的双阴性细胞，转变为 CD4 单阳性细胞；而能以高亲和力与 MHC 分子结合或不能结合的双阴性细胞，在胸腺皮质中通过程序化细胞死亡方式被清除。这样，经过阳性选择，赋予 CD8 和 CD4 阳性 T 细胞分别具有 MHCⅠ类和 MHCⅡ类限制性识别能力，即能够特异性识别由抗原提呈细胞加工处理的抗原肽和与抗原肽结合成复合物的 MHC 分子的能力。经历阳性选择的 T 细胞还必须通过阴性选择才能成熟。位于胸腺皮质与髓质交界处的树突状细胞和巨噬细胞均高表达 MHCⅠ类和Ⅱ类分子，MHC 分子与自身抗原肽结合成复合物。通过阳性选择的 T 细胞若能与自身抗原肽-MHC 分子复合物高亲和力结合，就被激活而发生程序化细胞死亡，只有不能识别该复合物的 T 细胞能够继续发育为成熟的、能识别外来抗原的仅表达 CD4 或 CD8 的单阳性 T 细胞。通过阴性选择，T 细胞获得了自身抗原的免疫耐受性，即不对自身 MHC 分子或是与之结合的自身抗原产生免疫应答的特性。由此可见，MHC 限制性识别能力和自身免疫耐受性是成熟 T 细胞的两个基本特征，而这两个特征的获得离不开程序化细胞死亡机制的调控。如同 T 细胞在胸腺发育成熟的过程一样，B 前体细胞也必须在骨髓中经历阴性和阳性选择的过程，才能发育为成熟的 B 细胞。阴性选择的结果是清除自身反应性 B 细胞克隆，建立 B 细胞的自身免疫耐受性，阳性选择的结果是确保与抗原高亲和力结合的 B 细胞免于凋亡而发育为分泌特异性抗体的浆细胞或长寿记忆 B 细胞。

11.3.2 程序化细胞死亡与外周免疫系统自身的稳定

前面已经阐述了免疫系统中淋巴细胞的分化成熟过程是在程序化细胞死亡机制调控下完成的。其实，位于外周免疫器官成熟的特异性淋巴细胞在接受抗原刺激而大量增殖时，机体也必须通过程序化细胞死亡机制对此过程进行严密调控，才能维持机体免疫系统自身的稳定。

T 细胞识别抗原提呈细胞提呈的抗原肽-MHC 而被活化，但在不同时期对程序化细胞死亡的敏感性不同。克隆增殖和效应期：抗原刺激后的 IL-2 依赖性克隆增殖和效应期，T 细胞对程序化细胞死亡具有抵抗力；克隆清除期：T 细胞对程序化细胞死亡高度敏感，大多数抗原特异性 T 细胞发生凋亡而被及时清除，维持 T 细胞数量的稳定；记忆期：此时的 T 细胞对程序化细胞死亡具有相对抵抗力，少数 T 细胞存活并分化为记忆性 T 细胞。T 细胞凋亡主要包括活化诱导的细胞死亡途径和死亡忽略途径。其生物学意义在于：① 使特异性 T 细胞数量保持一定水平，从而维持免疫系统自身稳定；② 及时清除激活的自身反应性 T 细胞，维持外周免疫耐受性；③ 随着抗原量的变化，及时清除对外源性抗原特异的 T 细胞，维持免疫系统自身的稳定。机体也通过程序化细胞死亡机制控制 B 细胞分化为浆细胞和记忆性 B 细胞。此外，介导细胞免疫的 T 细胞和自然杀伤细胞（NK 细胞）发挥细胞毒作用时也是通过程序化细胞死亡机制实现的，其具体机制包括：① 通过颗粒外吐方式，释放颗粒酶和穿孔素等进入靶细胞而发挥致凋亡效应；② 通过 Fas/FasL 等途径，导致表达死亡受体的靶细胞程序化死亡。

11.3.3　程序化细胞死亡与疾病

1. 程序化细胞死亡与自身免疫性疾病

前面阐述过机体内存在调控免疫细胞死亡的生理性机制，这对于及时清除潜在的自身反应性淋巴细胞以及免疫应答后剩余的激活效应细胞或突变细胞具有重要意义。一旦该机制发生障碍，就可能诱发自身免疫性疾病。一方面，已在类似于某些人类自身免疫性疾病的 MRL/Lpr 小鼠等模型上发现存在程序化细胞死亡受阻的证据，证明细胞凋亡异常可导致自身免疫性疾病的发生；另一方面，凋亡细胞清除不及时，自身抗体的产生也可诱导自身免疫性疾病。凋亡细胞的清除是一个复杂的过程，凋亡细胞识别和凋亡细胞吞噬是两个重要的中心环节。当启动细胞凋亡时，凋亡细胞分泌识别信号——磷脂酰丝氨酸，指引巨噬细胞到达凋亡细胞的位置，与巨噬细胞上的磷脂酰丝氨酸受体识别而发生相互作用。Mer、Tyro3 和 Axl 都是重要的凋亡细胞识别信号分子，其中 Mer 只表达在固有免疫细胞（巨噬细胞、树突状细胞、NK 细胞）上，而不表达于 B 细胞或 T 细胞。凋亡细胞被识别后，凋亡细胞再将吞噬信号转运到细胞表面，巨噬细胞表面的受体与这些信号相互作用，启动巨噬细胞对凋亡小体的摄取和吞噬。大多数凋亡细胞在凋亡早期就被及时清除，此时它们保持了膜的完整性，不发生细胞内容物的外漏。然而有些细胞逃脱了吞噬，大量小囊泡脱落和皱缩，大量膜组织遗留下来，进入晚期凋亡。进入晚期凋亡的细胞表面表达更多的氮乙酰氨基葡萄糖、甘露糖和海藻糖等吞噬信号，使细胞与外源凝集素结合能力增强，再次启动巨噬细胞的吞噬。

在正常情况下，凋亡细胞的清除是及时而有效的，通常在细胞膜失去完整性之前就已完成。如果细胞凋亡过度或凋亡细胞的清除能力下降，都将导致凋亡细胞不能被及时清除，细胞膜失去完整性，导致凋亡细胞的内容物外溢，作为自身抗原刺激 B 细胞克隆的增殖，进一步诱导自身抗体的产生而形成恶性循环，自身抗体直接或间接引起细胞损伤，受损细胞释放的核抗原进一步诱导自身抗体的产生。这种恶性循环使自身免疫性疾病病情进一步加重。作为自身免疫性疾病的特征性标志,自身抗体其实可以在体内自发地产生。它们穿入自身反应性T细胞或B细胞内,诱导自身反应性细胞克隆的凋亡,因而在细胞发育及以后的生命活动中建立免疫耐受,阻止自身免疫性疾病的发生。由此可见,程序化细胞死亡在自身免疫病的发生和发展机制中扮演着一个似乎相互矛盾的角色。一方面,通过诱导效应淋巴细胞的凋亡可以建立机体自身的免疫耐受;另一方面,细胞凋亡本身就可能是自身抗体产生的诱导因素,直接导致自身免疫状态的发生和反复发作而永久存在。

2. 程序化细胞死亡与病毒感染

病毒感染后,机体可通过调控细胞凋亡而影响病毒与宿主之间的生存平衡。一方面,宿主针对入侵的病毒可产生一系列与凋亡有关的免疫应答反应,诱导病毒感染的细胞凋亡,例如,病毒感染可激活免疫细胞产生TNF、P53等活性分子,引起病毒感染细胞凋亡;另一方面,病毒为了能在宿主体内长期生存,可通过多种途径干扰机体介导感染细胞的凋亡,例如,病毒感染可促进宿主细胞自身基因的表达,或激活宿主细胞内抗凋亡基因,从而干扰宿主细胞凋亡过程,并有利于病毒在宿主细胞内长期潜伏。HIV感染导致的AIDS,发生机制复杂,某些机制就涉及细胞凋亡,包括细胞内钙离子浓度升高、Fas表达增强、CD8阳性的T细胞凋亡。

3. 程序化细胞死亡与肿瘤

程序化细胞死亡调控障碍与肿瘤发生密切相关,但其机制尚需进一步深入研究。

11.4 程序化细胞死亡相关基因及表达调控

程序化细胞死亡是在基因调控下发生的一种主动性死亡,这种死亡的主动性和程序性以及细胞凋亡时的形态学和生物化学的改变是一系列基因激活、表达、调控的结果。调控程序化细胞死亡的基因众多,形成了一个复杂的调控网络。虽然对细胞凋亡的激发与抑制的详细调控机制还不十分清楚,但依据程序化细胞死亡大体包括凋亡细胞识别、吞噬、酶解等过程,可将目前已分离到的与细胞凋亡有关的基因大致分为四大类:① 死亡基因,直接参与诱导或抑制细胞死亡;② 吞噬基因,参与凋亡小体的吞噬,并不导致细胞死亡;③ 核酸内切酶基因;④ 影响某些特殊类型细胞死亡的基因。由于程序化细胞死亡是一个连续自然的过程,每一个步骤可能涉及多个基因共同参与协调完成,因此,说某个基因是死亡基因还是吞噬基因或核酸内切酶基因并不准确。随着人们对程序化细胞死亡调控机制认识的不断深入,人们发现众多基因都表现为促进细胞凋亡或抑制细胞凋亡两种生物学效应,因此，人们更习惯于将调控程序化细胞死亡的众多基因大致分为促进细胞死亡的促凋亡基因和抑制细胞死亡的抗凋亡基因两大类。比如 *p53* 为促凋亡基因，*bcl-2* 为抗凋亡基因。调控细胞凋亡的基因不仅数量众多，而且生物学效应复杂，比如 *bcl-2* 基因家族中同时包括促凋亡基因和抗凋亡基因，*c-myc* 基因同时具有促凋亡和抗凋亡的双重作用，究竟是发挥促凋亡作用还是抗凋亡作用由其收到的刺激信号决定。所以，严格来说，将某种基因简单地归为哪类其实是不准确的。近年来，随着分子生物学技术的不断进步和程序化细胞死亡的分子调控机制研究的不断深入，先后发现了许多参与细胞凋亡调控的重要基因以及这些基因的调控因素，分别介绍如下：

11.4.1　caspase 家族

caspase 是 cysteine aspartate-specific protease 的简称，c 代表半胱氨酸，asp 代表天冬氨酸，因此 caspase 就是指半胱天冬蛋白酶或半胱氨酸基天冬氨酸特异性蛋白酶。caspase 是一类进化上非常保守的蛋白酶类分子，在线虫、果蝇、哺乳动物等许多物种中广泛存在，到目前为止，已发现 14 种 caspase 同源分子，其中包括 2 个在人类还未找到相应对等物的小鼠 caspase-11 和 caspase-12，这一系列蛋白酶统称为 caspase 家族。根据其序列同源性，caspase 家族又被分为 caspase-1、caspase-2 和 caspase-3 3 个亚家族。caspase 家族成员具有以下特点：① C 末端都有 1 个保守的半胱氨酸激活位点；② N 末端都有 1 个长度不定的原结构域（prodomains），与成熟酶的死亡结构域明显不同；③ 未活化的 caspase 都以酶原形式存在，酶原活化经过了一系列裂解，不仅要将原结构域切除，还要将剩余部分剪切成 p20 和 p102 个大小亚基；④ 成熟的 caspases 由 2 个亚基以异四聚体（p20/p10）的形式组成，大小 2 个亚基对于酶的催化裂解活性均是必需的。虽然多种基因参与程序化细胞死亡的调控，但 caspases 蛋白的表达是各种细胞凋亡机制的最后共同通路。一般认为：caspase-1、caspase-4、caspase-5、caspase-13 参与炎症反应；caspase-2、caspase-8、caspase-9、caspase-10 为启动酶，收到信号后，通过自剪接而激活，引起 caspase 级联反应；caspase-3、caspase-6、caspase-7 为执行酶，直接降解细胞内的结构蛋白和功能蛋白，引起凋亡。以下是在细胞凋亡调控机制中相对比较重要的 caspase 家族成员：

1. caspase-1

caspase-1 又叫白介素-1β 转化酶（interleukin-1 β-converting enzyme，ICE），属于 caspase-1 亚家族成员。caspase-1 酶原可以被多种信号激活，在 Fas 介导的细胞凋亡中发挥作用。caspase-1 也在自身免疫性糖尿病的发病机制中起重要作用。

在肿瘤细胞凋亡中，caspases-1 被证实介导化疗药物5-氟尿嘧啶诱导的食管癌细胞的凋亡。在Fas介导的细胞凋亡中，Fas作用的增强伴随着caspases-1活性的增高，抑制caspases-1的活性，可减弱Fas的作用。

2. caspase-3

caspase-3 属于 caspase-3 亚家族成员。caspase-3 酶原有 Asp28-Ser29 和 Asp175-Ser176 两个酶切位点，有活性的 caspase-3 由 p17 和 p12 两个亚基构成。caspase-3 被认为是 caspase 家族中最重要的成员，因为诱导细胞凋亡实质上都是通过 caspase 蛋白的依次激活而实现的，而在诱导凋亡过程中，caspase-3 激活是凋亡系统的终末环节。激活的 caspase-3 能裂解大量的底物，包括抗凋亡成分及结构蛋白等。例如，肿瘤研究实验显示：茶多酚能通过迅速活化 caspase-3 的途径诱导鼻咽癌细胞的凋亡。进一步研究表明，诱导肿瘤凋亡的发生必须以 caspase-3 活化为前提。caspase-3 在肿瘤中的表达可能存在组织特异性，表现为在不同肿瘤细胞中阳性率差异较大，比如乳腺癌 66.7%，原发性肝癌 53.8%，胃癌 33.1%。

3. caspase-8

caspase-8 是重要的启动酶之一，在调控细胞凋亡的 Fas 和 TNFR 信号途径中发挥着关键作用。很多刺激因素可能通过多条途径激活 caspase-8，引起 caspase 级联反应。caspase-8 的激活可引发 caspase-3、caspase-4、caspase-6、caspase-7、caspase-9、caspase-10、caspase-13 的激活，同时参与引起线粒体的功能紊乱，导致细胞色素 C 释放，从而激活 caspase-3，启动细胞凋亡。

4. caspase-10

caspase-10 是唯一在鼠类没有发现相应同源物的人 caspase 分子，广泛表达于淋巴细胞和树突状细胞，可通过 Fas/FasL 等信号通路广泛参与 T 淋巴细胞活化、诱导的凋亡、免疫监视、肿瘤逃逸及自身免疫性疾病的发生。caspase-10 调控凋亡的机制是：caspase-10 可经 caspase-8 激活而活化，活化的 caspase-10 释放到胞浆中，激活 caspase-3 和 caspase-7，启动 caspase 级联反应，诱导细胞凋亡。caspase-10 也能通过催化裂解 Bcl-2 蛋白家族成员 Bid，促使线粒体释放细胞色素 C，形成凋亡小体，进而活化 caspase-9，激活下游效应 caspase 分子，引起细胞凋亡。此外，caspase-10 还能与 caspase-8 一起通过多条途径激活核转录因子（NF-κB），在非凋亡或抗凋亡信号通路中发挥一定的作用。

11.4.2 Fas

Fas（Apo21、CD95）是广泛分布于机体免疫系统和心、肝、肾、肺、皮肤等组织细胞膜表面的蛋白受体分子，人 Fas 蛋白由定位于 10 号染色体 q24.1 区的 Fas 基因编码,少量以可溶性形式存在血浆中。Fas 与肿瘤坏死因子(TNF)和神经生长因子(NGF)受体序列具有同源性。Fas 有膜外区、跨膜区、膜内区,N 端在膜外,C 端在膜内。N 末端具有特异性结合配体的区域,是诱导细胞凋亡的部位。C 端也有一个 80 氨基酸序列的结构域,称死亡域(death domain),是介导细胞凋亡的功能区。C 末端还有一个 15 氨基酸序列的结构域,即死亡抑制域,是抑制凋亡的功能区。细胞表面 Fas 通过与 Fas 抗体交联或与其天然配体(Fas ligand,FasL)结合介导细胞凋亡,对控制细胞稳定和疾病的发生有重要作用。Fas 介导细胞凋亡的过程可分为启动期、效应期和降解期。Fas 与 FasL 结合或 Fas 与其抗体交联导致膜寡聚化的阶段属于凋亡启动期;而某些促凋亡酶和抗凋亡酶的激活与降解、线粒体结构与功能的改变等属于效应期;核酸内切酶酶切 DNA 为凋亡形态学特征的典型片段则属于降解期。Fas 介导细胞凋亡的可能机制有四条:① Fas 与 FasL 结合或者 Fas 与其抗体交联,激活 caspase-8,活化的 caspase-8 直接激活下游的效应酶因子 caspase-3、caspase-6 和 caspase-7;② Fas 与 FasL 相互作用后,改变线粒体膜电位,Bcl-2 家族的成员 Bax 和 Bak 参与下,激活 caspase-9,活化的 caspase-9 再激活下游因子 caspase-3、caspase-6 和 caspase-7;③ Fas 与 FasL 有效结合后,在 caspase-2 的参与下,启动 caspase 级联反应,直接传导 Fas 信号,而不依赖 caspase-8 的激活;④ Fas 相关蛋白与凋亡信号调节激酶结合,激活转录因子,启动 caspases 等相关蛋白的基因转录。前两条为主要的 Fas 介导细胞凋亡途径,每条途径各不相同,但这四条途径最后都集中到激活末端效应因子 caspase-3,caspase-6 和 caspase-7,最后发挥核酸内切酶的作用将凋亡细胞 DNA 酶切为寡核苷酸片段。

11.4.3　*p53*

p53 基因是位于人类 17 号染色体短臂上、高度保守的 DNA 序列。由于人类恶性肿瘤中 50%的 *p53* 基因发生了变异,人们把变异的 *p53* 基因称为突变型 *p53*(*mtp53*),而把正常的 *p53* 基因称为野生型 *p53*(*wtp53*)以示区别。*wtp53* 基因是促凋亡基因,而 *mtp53* 是具有促进恶性转化活性的癌基因。*wtp53* 基因表达的 p53 蛋白在细胞周期的调控、DNA 修复、细胞分化、细胞凋亡等方面均发挥重要的生物学功能,因此被誉为“分子警察”,通常情况下,促凋亡的 *p53* 基因就是指 *wtp53*。*p53* 基因在程序化细胞死亡的调控方面主要是通过两条途径发挥作用:① 监视 DNA 的完整性:DNA 损伤引起 *p53* 表达急剧增加,诱导 *p21* 转录而将细胞停止在 G1 期,直到 DNA 修复系统完成损伤 DNA 的修复;② 诱导细胞凋亡:如损伤不能修复,*p53* 则诱导 Bax 等凋亡基因的表达使损伤细胞凋亡,阻止 DNA 损伤的细胞生长而导致肿瘤。

p53 基因主要是在转录水平上调控一些编码细胞生长和凋亡关键因子的基因而发挥作用。这些关键基因主要包括 *p21*、*bax*、*c-myc* 等。例如，*p53* 可调控 *p21* 的表达，*p21* 与细胞周期蛋白依赖的蛋白激酶(CDK)结合而抑制了 CDK 的活性，使细胞的生长和增殖受到抑制。*p53* 基因可与 *c-myc* 等协同参与诱导肿瘤细胞的凋亡。*c-myc* 基因被认为具有诱导增殖和细胞凋亡的双重作用，其诱导细胞凋亡需要 *p53* 基因抑制 *c-myc* 的表达和功能才能完成。近年来又发现了一些 *p53* 调控相关基因表达而诱导细胞凋亡的新机制：① *p53* 调节的凋亡诱导蛋白 1(p53AIP1)基因，该基因是 *p53* 下游的一个促凋亡基因，其表达受 *p53* 基因的调控诱导，在 *p53* 依赖性的凋亡调控通路中发挥着重要作用。p53AIP1 是凋亡的直接作用因子，它不同于功能多样性的 *p53*，要通过对下游靶基因的选择来发挥作用。而且，p53AIP1 的促凋亡作用可能强于 *p53* 本身，因为它对 *p53* 抗性的肿瘤细胞也有明显的促凋亡作用。② 众所周知，所有的肿瘤细胞糖酵解速度都明显增加。科学家通过研究发现：*p53* 基因还可通过促进调控糖代谢的基因 *TIGAR* 的表达而抑制糖酵解的功能，进而抑制肿瘤细胞生长。③ 科学家还发现了一种 *p53* 的靶标基因 *DRAM*，这个基因编码一种诱导细胞死亡吞噬(*p53* 介导的一种细胞死亡机制)的溶酶体蛋白。*p53* 通过调控 *DRAM* 而介导了细胞凋亡。

p53 还通过非转录依赖的 p53 蛋白调控机制在细胞凋亡中发挥重要作用。研究证明：p53 蛋白可通过与线粒体中 Bcl-2 家族中的抗凋亡蛋白竞争结合，调控细胞凋亡，也可诱导细胞色素 C 以及 caspase-1 等细胞凋亡因子的释放，促进细胞凋亡的发生。因此线粒体中的 *p53* 有两个直接的功能：一是抑制抗凋亡蛋白；二是诱导凋亡因子的释放。

11.4.4 Bcl-2 家族

Bcl-2 是 B 细胞淋巴瘤/白血病基因 2(B cell lymphoma/leukemia-2，Bcl-2)。Bcl-2 是一类重要的调控程序化细胞死亡的庞大的基因家族，目前已知有 15 个成员。Bcl-2 家族成员都含有 1～4 个 Bcl-2 同源结构域(BH1-4)，其中 BH4 是抗凋亡蛋白所特有的结构域，BH3 是与促进凋亡有关的结构域。依据结构的不同，这些家族成员又可分为 3 个亚家族：① Bcl-2 亚家族，包括 Bcl-2、Bcl-xl、Bcl-w、Mcl-1 和 A1 5 个成员，它们的作用是抑制细胞凋亡；② Bax 亚家族，包括 Bax、Bak 和 Bok 3 个成员，它们的作用与 Bcl-2 亚家族相反，可以促进细胞凋亡；③ BH3 亚家族，包括 Bik、Blk、Hrk、BNIP3、Bim1、Bad 和 Bid 7 个成员，该家族成员仅含有 BH3 结构域，它们的作用与 Bcl-2 亚家族相反，通过激活 Bax 和 Bak 而抑制细胞凋亡。Bak 与 Mcl-1 相互结合抑制了本身的促凋亡功能。Bak 作为重要的促凋亡因子，被认为与 Bax 一起就能诱导线粒体释放细胞色素 C，最终导致凋亡的发生。

Bcl-2 蛋白存在于线粒体膜、内质网膜以及外核膜上，但主要定位于线粒体外膜，而大多数促凋亡蛋白则主要定位于细胞质。Bcl-2 最主要的功能是拮抗促凋亡蛋白，抑制细胞凋亡，延长细胞寿命，在线粒体参与的凋亡途径中发挥着重要作用。从作用机理上讲，Bcl-2 蛋白通过阻断细胞凋亡的公共信号传递通路，达到抑制和阻断多种细胞凋亡的过程。它虽然不影响细胞的增长速度和分裂率，但可促进细胞长期存活，增加了肿瘤发生的机会和促进肿瘤恶化。

调控凋亡功能相反的两类 Bcl-2 家族蛋白，在通常情况下表达量处于相对的稳态，一旦细胞受到凋亡信号的刺激，促凋亡蛋白表达量就会增加，促凋亡与抗凋亡蛋白之间的平衡就被打破，细胞就会走向凋亡。Bcl-2 和 Bax 为同源蛋白，Bcl-2 能抗凋亡，而 Bax 则促进细胞凋亡。Bcl-2 和 Bax 能在细胞内形成异二聚体，它们之间的相互作用对于 Bcl-2 阻止细胞死亡是重要的。Bax 本身可形成同源二聚体，细胞的凋亡主要取决于同源和异源二聚体之间的比例，如果 Bax/Bax 比例大于 Bcl-2/Bax，则细胞发生凋亡，相反，如果 Bcl-2/Bax 比例大于 Bax/Bax，则凋亡被抑制。可见 Bcl-2 家族蛋白是调控细胞凋亡的关键因子，但在凋亡调控过程中，Bcl-2 家族蛋白控制其他因子的表达，而本身又受上游基因的调控。例如，Bcl-2 家族蛋白控制细胞色素的释放，激活 caspase 的级联反应，同时又受到 *p53* 等基因的控制。在细胞中 Bcl-2 蛋白的表达分别与 p53 和 Fas 的表达成负相关。

11.4.5 IAP 家族

凋亡抑制蛋白(inhibitor of apoptosis proteins，IAP)是一类新发现的结构相关的抗凋亡蛋白家族，先后在杆状病毒、酵母、线虫、果蝇、人等多个物种基因组中被鉴定出来。目前在人类已发现 8 种 IAP 家族成员，包括 cIAP-1、cIAP-2、NAIP、XIAP、ILP-2、survivin、apollon 及 livin。IAP 家族成员具有相似的结构，即均具有一个由约 70 个氨基酸组成的特征性结构——BIR 结构域。IAP 蛋白一般包含 1～3 个 BIR 结构。BIR 结构可能是凋亡执行分子——caspase 的结合区域，是 IAP 抑制凋亡所必需的特殊结构，不同 IAP 的 BIR 结构域作用不同。此外，大多数 IAP 羧基末端还存在特殊的锌指结构单元，一般认为它的存在与凋亡调控无关，但也有研究认为它能促进 caspase 的降解，该结构的具体功能还有待于进一步深入研究。IAP 除具有广泛的抗凋亡作用之外，还参与细胞周期的调控和多种信号的传导。IAP 既能抑制 caspase 的活化，又可抑制 caspase 酶的活性，IAP 抗凋亡的主要机制是通过控制 caspase 级联反应而实现的。在 IAP 家族中，由于 survivin 和 livin 在肿瘤组织的特异性分布而成为研究的热点。

survivin(生存素),是 IAP 家族中最小的成员,没有锌指结构,可通过抑制凋亡通路末端效应子 caspase-3 和 caspase-7 而阻断各种刺激诱导的细胞凋亡。如 survivin 能抑制 Taxol 诱导的 NIH3T3 细胞凋亡,能抑制 Fas、Bax 和 etoposide 诱导的 293 细胞凋亡。survivin 是细胞周期的调节基因,依赖细胞增殖信号介导而进入细胞核内,通过与细胞周期调节子 Cdk4 结合而调控细胞凋亡。survivin 还可通过与 Smac 相互作用抑制其发挥促凋亡功能。Smac 是一种新发现的凋亡促进剂,能够直接与 CIAP-1、CIAP-2、XIAP、survivin、livin 相互作用。Smac 前体存在于正常细胞线粒体,在凋亡信号刺激下释放到细胞质,经修饰变为成熟的 Smac 后,与 caspases 竞争性结合 BIR,解除 IAP 的抑制作用,释放活化的 caspases。survivin 还参与血管形成,细胞因子通过细胞内生长信号传导可以调节 survivin 的表达而发挥它们的抗凋亡和促有丝分裂的作用。

livin(活素),是一种新发现的 IAP 成员,在大多数正常成人组织中不表达,而在胎盘、胚胎组织及一些肿瘤中表达。livin 仅含有一个 BIR 结构和一个锌指结构。livin 具有较强的抑制凋亡的功能,目前已知 livin 可以抑制 TNF-α 和 Fas 介导的细胞凋亡,也可有效抵抗阿霉素等化疗药物介导的细胞凋亡,还可抑制 menadione(氧化应激诱导剂)引起的细胞凋亡。其抗凋亡机理主要是通过其 BIR 结构域与 caspases 结合,抑制 caspases-3,caspases-7 和 caspases-9 的活性而阻断凋亡途径实现的。livin 还参与细胞周期调控,但其具体机制尚不清楚。

11.4.6 *c-myc*

c-myc 位于人类第 8 号染色体上,是一种调控细胞基本生命活动的重要基因。*c-myc* 基因编码产物——c-Myc 蛋白是由多个活性区域组成的关键转录因子。最新研究发现,c-Myc 蛋白中促细胞凋亡的活性区、转化区以及自身调节区是同一区域,它的表达只提供一个启动细胞增殖与转化或凋亡的信号,只有在第二个生长信号刺激后才能抑制凋亡,促进细胞进入增殖状态,若没有第二个生长信号的作用则进入细胞凋亡过程。因此,*c-myc* 基因同时具有促进细胞转化、增殖和促进细胞凋亡等多种生物学效应。例如,在许多人类恶性肿瘤细胞中发现 c-Myc 过度表达,促进了细胞快速增殖;而在凋亡细胞中,同样发现 c-Myc 高表达,显然,c-Myc 参与了细胞的凋亡。更有趣的是,*c-myc* 还是调控细胞分化的关键基因,若将 *c-myc* 等四种基因转染到成纤维细胞,能使其逆分化为胚胎干细胞样的原始细胞。可见,c-Myc 作为一种转录因子,其作用是多重的。单就程序化细胞死亡机制的调控而言,一方面,它能激活那些控制细胞增殖的基因;另一方面,也能激活促进细胞凋亡的基因,因此,c-Myc具有介导细胞增殖和凋亡的双重作用。c-Myc 蛋白给予细胞

两种选择:增殖或凋亡,究竟出现哪种结果,这取决于细胞接受的外来信号。致癌因素刺激存在时,c-Myc 促进细胞增殖;若细胞同时接受了某些抑癌因素的刺激信号,如抑癌基因的激活等,c-Myc 蛋白则诱导细胞凋亡。

11.4.7　NF-κB

核因子 kappaB(nuclear factor kappaB,NF-κB)基因表达一个由 p50、p65 和 I-κB三个亚基组成的蛋白三聚体,是重要的转录调节因子,受多种刺激因素激活后进入细胞核发挥其转录调节因子的功能。NF-κB 的激活导致 I-κB 的分离,剩余的 p50、p65 二聚体进入细胞核发挥转录因子的作用。NF-κB 生物学效应广泛,目前已知 NF-κB 参与了免疫细胞活化、机体应激反应、各种炎症反应、肿瘤的发生发展等细胞活动和病理过程。在程序化细胞死亡调控方面,NF-κB 的激活是导致肿瘤细胞对放疗、化疗不敏感的主要原因。抑制肿瘤细胞内 NF-κB 的活性能引起肿瘤细胞的凋亡,从而抑制肿瘤的生长。因此,NF-κB 已经成为肿瘤等多种疾病治疗研究的分子靶点。NF-κB 也调节其他基因的表达,如可诱导 IAP 家族和 Bcl-2 家族蛋白的表达,而 Bcl-2 反过来下调 NF-κB 的表达。

11.4.8　凋亡素

凋亡素(apoptin)是一个由 121 个氨基酸组成的小分子蛋白,含有 2 个脯氨酸富含区和 2 个碱性区,其 C 端碱性区是核定位信号和(或)DNA 结合区域。凋亡素的一个重要特性是能选择性地诱导肿瘤细胞和转化细胞凋亡,而对正常细胞无凋亡诱导作用,这种特性与其细胞核定位相关。正常健康细胞的凋亡素仅表达于细胞质中,而肿瘤易感细胞的凋亡素则迁移到细胞核中,被诱导凋亡的细胞凋亡素则集中于细胞核,凋亡素定位于核内染色质上。凋亡素诱导的细胞凋亡不依赖 p53,也不受 Bcl-2 的抑制,相反过度表达的 Bcl-2 对其还有促进作用,但凋亡素诱导的凋亡效应需 caspases-3 参与。

11.4.9　Apaf-1

凋亡酶激活因子-1(apoptotic protease activating factor-1,Apaf-1)在线粒体参与的凋亡途径中具有重要作用。Apaf-1 含有 3 个不同的结构域:① CARD 结构域,能召集 caspase-9;② ced-4 同源结构域,能结合 ATP/dATP;③ C 端结构域,能引起 Apaf-1 多聚化而激活。Apaf-1 具有激活 caspase-3 的作用,而这一过程又需要细胞色素 c 和 caspase-9 的参与。Apaf-1/细胞色素 c 复合体与 ATP/dATP 结合后，Apaf-1 就可以通过其 CARD 结构域召集 caspase-9，形成凋亡体(apoptosome)，激活 caspase-3，从而启动 caspase 级联反应。

11.5 程序化细胞死亡与信号传导

细胞膜将细胞同外界环境分开，只允许脂溶性小分子通过，而不允许水溶性分子通过，水溶性分子只有与镶嵌在细胞膜上的蛋白质的外部结构特异性结合后才能进入细胞内部。这些细胞外分子通常称为配体(ligand)，而与配体结合的膜镶嵌蛋白成为受体(receptor)。配体与受体结合，形成配体-受体复合物通过内吞作用进入细胞。配体和受体还可分开，受体可能回到细胞表面准备参加下一次循环，也可能直接被降解。镶嵌在细胞膜上的跨膜蛋白即受体在细胞膜两侧都有结构域，配体与受体在细胞外的结构域结合，可以激活受体在细胞内部的结构域活性，通过这种方式的跨膜运输，导致信号被跨膜传导的过程叫做信号传导(signal transduction)。信号传导通路被启动后，在细胞质中继续传递信号的一种常见方式就是激活蛋白激酶，它再去激活其他一系列的蛋白激酶，最终，信号传递到效应器(effector)，并引起细胞的改变(图 11-1)。一部分效应器作用在细胞质(如影响细胞骨架)，另一部分效应器将信号传递入细胞核，激活转录因子，导致新的基因表达模式的产生。

程序化细胞死亡的基本过程是细胞表面接到诱导因子刺激并将信号传入细胞内部，启动细胞内部的死亡程序；主要通过内源性 DNA 内切酶的激活导致细胞自然死亡。程序化细胞死亡就是外部刺激信号传导的结果，目前认为程序化细胞死亡信号传导主要由外源性通路、内源性通路和 *p53* 基因依赖性通路完成。

外源性通路，又叫死亡受体通路。这条通路对于免疫调节和炎症反应至关重要，由胞外信号(如 TNF-α、FasL)与受体(如 TNF-R、Fas)结合形成复合物，受体被激活。激活的受体将信号跨膜传输到细胞内，进一步激活启动酶 caspase-8 引发级联反应，结果是激活执行酶 caspase-3、caspase-6 和 caspase-7，最终诱导细胞凋亡。

内源性通路，又称线粒体通路。这条通路是由一些死亡受体非依赖的信号(如射线照射、化疗药物、微生物感染、癌基因活化等)激活，促使线粒体释放促凋亡因子(如细胞色素 C、核酸内切酶 G 等)到胞浆，与 Apaf-1 及 caspase-9 酶原等结合，激活启动酶 caspase-9 引发级联反应，结果是激活执行酶 caspase-7、caspase-3 等诱导细胞凋亡。此通路还可通过 caspase 的酶切将 Bid 变为 tBid 而建立与线粒体通路之间的联系。

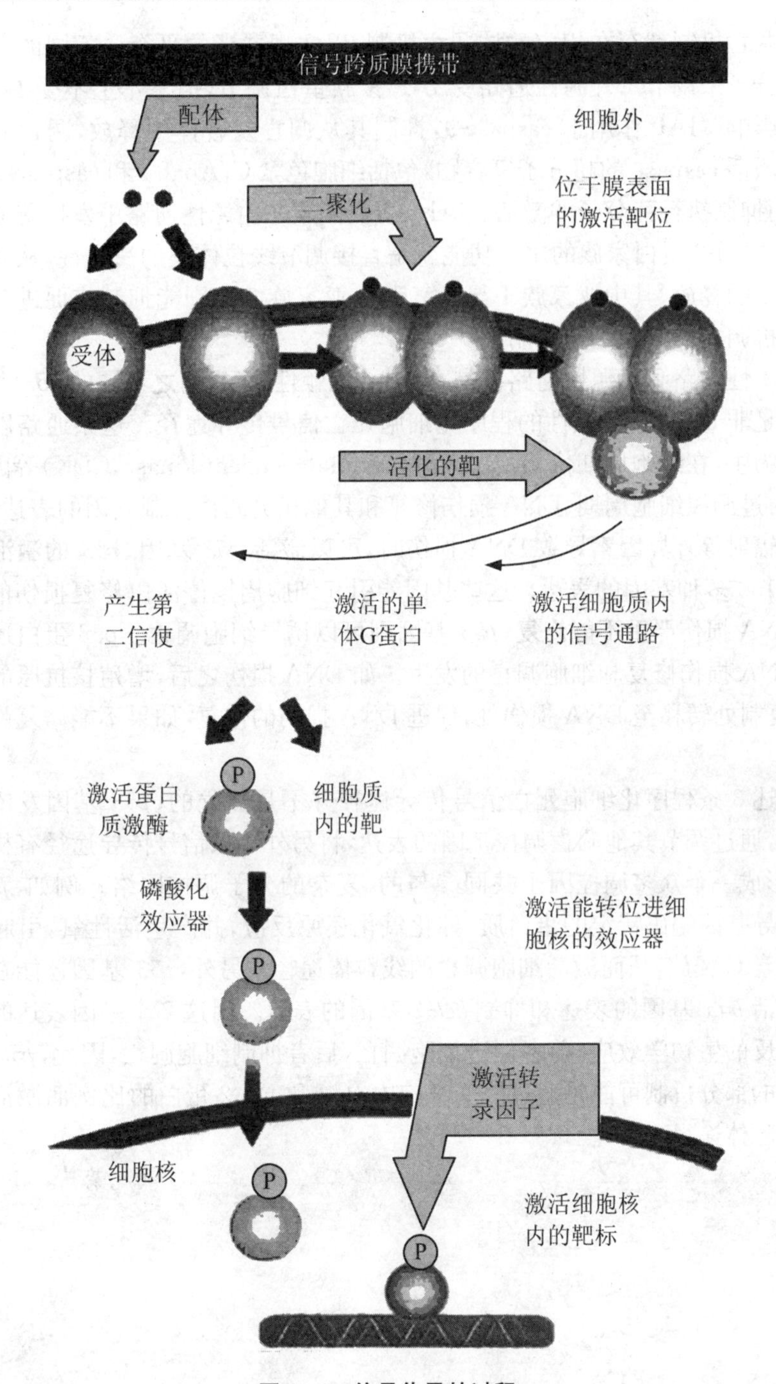

图 11-1　信号传导的过程

注：信号传导的过程是从细胞表面传递信号进入细胞质内，有时候会进入细胞核内。

有凋亡机制就存在相应的抗凋亡机制，以实现二者的平衡。不同的凋亡通路由不同分子来调节。外源性通路受 IAP 家族蛋白调节，但基本上不受 Bcl-2 蛋白家族的影响。IAP 作用于 caspase-9，抑制其从凋亡复合体中释放，凋亡复合体是一个能激活 caspase 的超分子复合物，包括细胞色素 C，Apaf-1 和 caspase-9 前体分子，从而抑制执行酶分子的激活。Bcl-2 蛋白家族在内源性通路中发挥着非常重要的作用。Bcl-2 蛋白家族的主要功能就是直接调节线粒体膜的渗透性，从而调节促凋亡因子的释放，其中亚家族 1 与亚家族 2、亚家族 3 分别能抑制或促进其释放从而发挥抗凋亡或促凋亡的作用。

内源性通路和外源性通路都是 caspase 依赖性途径，与之不同的 *p53* 基因依赖性通路是非 caspase 依赖性的程序化细胞死亡信号传导途径。这条通路以 p53 蛋白调控为主，在细胞周期依赖蛋白激酶（cyclin dependent kinase，CDK）等因子的参与下，通过调控细胞周期、DNA 损伤修复和其他相关凋亡控制基因的表达而实现。当电离辐射等外界因素导致 DNA 损伤时，可以激活 *p53* 基因，*p53* 的激活能影响 *bax* 等 150 多种基因的表达。这些基因能引起细胞周期停滞以修复损伤的 DNA。如果 DNA 损伤严重不能修复，*p53* 基因则可以诱导细胞凋亡。p53 蛋白还可直接调控 DNA 损伤修复和细胞凋亡的发生。如 DNA 损伤之后，增殖核抗原的分布从 DNA 复制处转移至 DNA 损伤处，促进 DNA 损伤的修复，如果不能修复就诱导其凋亡。

上述 3 条程序化细胞死亡信号传导途径并不是孤立的，*p53* 基因发挥中心调控作用，通过调节其他凋亡调控基因的表达，将另外 2 条信号传导途径有机地联系起来，形成一个众多调控因子共同参与的、复杂的分子调控网络。例如，*p53* 基因可以诱导基因编码特定的蛋白质，催化氧化还原反应，并产生活性氧，引起线粒体细胞色素 C 释放，从而激活细胞凋亡的线粒体途径。另外，*p53* 基因还能在mRNA 水平激活 *bax* 基因的表达和抑制 *bcl-2* 基因的表达。因这 2 个基因表达的蛋白产物有相反的生物学效应，前者促进细胞凋亡，后者抑制细胞凋亡，因此，*p53* 基因调控凋亡的部分机制可能是通过改变细胞内 Bax 和 Bcl-2 蛋白的比例而激活细胞凋亡的线粒体途径。

（庞荣清　　张永云）

第 12 章　原癌基因和抑癌基因的表达与调控

12.1　原癌基因和抑癌基因

12.1.1　原癌基因的概念

早在 20 世纪初，科学家们在研究病毒时发现：一种逆转录病毒——Rous 肉瘤病毒感染宿主细胞后可使细胞发生转化而产生癌变。这种病毒核酸中含有一个名为 *src* 的基因具有致癌性，*src* 因而被视为癌基因(oncogene)，因来源于病毒，故又叫病毒癌基因(virus oncogene，*v-onc*)。后来，科学家们发现人类正常细胞基因组中也存在与病毒 *src* 同源的基因，随后，科学家们发现在多种生物细胞中广泛存在多种类似于 *src* 的同源基因，把这些基因称为细胞癌基因(cellular oncogene，*c-onc*)，以便与病毒癌基因相区别。从结构上看 *c-onc* 是间断的，存在内含子，这也是真核基因的特点；而 *v-onc* 是连续的，基因跨度较小。大量研究表明，正常细胞中广泛存在的癌基因实际上是一类参与细胞生长、分化和凋亡、维持机体正常生命活动所必需的，在进化上高度保守，在正常细胞中以非激活形式存在的基因，故又称之为原癌基因(protoonco gene)。其实，原癌基因广泛分布于生物界，从单细胞酵母、无脊椎生物到脊椎动物乃至人类正常细胞均存在原癌基因，而且结构上具有很高的同源性，这些基因能如此完整保留在各种生物体内，表明它们在细胞功能上起着非常重要的作用。目前认为原癌基因受到致癌因子(物理、化学、生物)作用时，结构或调控区发生改变，原癌基因被激活转变为癌基因，导致基因产物发生变化，细胞增殖失控而形成肿瘤。目前已知，大约有 60 种原癌基因与癌的发生有关。由于癌基因最早是作为引起恶性肿瘤逆转录病毒的一部分而被发现和命名的，因此，癌基因常常被误解为产生恶性肿瘤的基因，然而实际上真正导致癌变的致癌基因是涉及细胞重要功能的一些正常基因的突变型，可见癌基因的概念容易被误解。

然而由于这一名称已被广泛使用，癌基因名称一直被沿用至今。因此，将正常细胞中广泛存在的癌基因叫原癌基因更合理。目前认为：凡能编码生长因子、生长因子受体、细胞内生长信息传递分子以及与生长有关的转录调节因子的基因，都属于原癌基因的范畴。原癌基因的名称一般用3个斜体小写字母表示，如*myc*、*ras*、*src*等。到2002年5月止，已分离到209种原癌基因。

12.1.2 抑癌基因的概念

原癌基因的发现，大大地激发了科学家们以更大热情研究与肿瘤发生相关的其他基因。很快，科学家们就发现了另一类与原癌基因功能相反的基因，即抑癌基因（antioncogenes）或肿瘤抑制基因（tumor suppressor gene）——具有限制原癌基因变异，抑制细胞恶性转化，维持细胞正常生长作用的基因。现在认为，抑癌基因在癌的发生上与癌基因同等重要，甚至更为重要。如果说癌基因是难以驾驭的细胞生长加速器，那么抑癌基因就是不希望这种细胞生长的制动器。

早在1942年，Charles等人就提出了抑癌基因的概念，但没有得到足够的重视。直到现在仍没有一个单独的特点可以定义抑癌基因，但一般认为抑癌基因须具备下列典型特征：伴有杂合子缺失的无功能突变（或通过甲基化等机制引起的基因灭活）；在有患癌倾向的遗传综合征中发生突变；在自发性肿瘤中出现体细胞突变及在体外可抑制转化细胞的生长。判断抑癌基因的另一个公认的标准是：一个重要的抑癌基因若在小鼠体内突变，该小鼠将出现与人类癌症综合征相似的患癌倾向。简而言之，作为抑癌基因通常必须满足以下两个条件：① 该基因在与肿瘤相应的正常组织中表达，但在肿瘤中则存在缺陷；② 如果导入该基因，则肿瘤生长受到抑制或部分受抑制。由此可见，由于抑癌基因必须丢失或失活才能显示其功能，故这类基因的发现与分离难度较大。因此，抑癌基因的研究明显落后于原癌基因，直至1989年才鉴定分离到第一个抑癌基因——*Rb*基因。

原癌基因与抑癌基因在生物学性质方面存在明显差异：① 功能：抑癌基因在细胞生长中起负调节作用，抑制增殖、促进分化成熟与衰老，或引导多余细胞进入程序化细胞死亡（PCD），原癌基因的作用则相反；② 遗传方式：原癌基因是显性的，激活后即参与促进细胞增殖和癌变过程，而抑癌基因为隐性，只有发生纯合失活时才失去抑癌功能；③ 突变的细胞类型：抑癌基因突变不仅可发生在体细胞中，也可发生在生殖系（germ line）细胞中，并产生遗传突变，而原癌基因只在体细胞中产生突变。

12.1.3　原癌基因与抑癌基因的生物学意义

原癌基因的编码产物是正调控信号,促进细胞增殖,阻止细胞分化。与此相反,抑癌基因的编码产物在细胞生长中起负调控作用,抑制增殖,促进分化、成熟和衰老,引导多余细胞进入程序化死亡途径。原癌基因与抑癌基因之间的精细平衡控制着细胞的生长,它们在癌产生中的相互作用充分说明了自然界中阴阳两个对立面之间相生相克、相辅相成的辩证统一法则。癌症的发生是一个多阶段逐步演变的过程,细胞通过一系列进行性改变而向恶性方向发展。在这一过程中,常积累多种基因改变,其中既有原癌基因的激活和高表达的发生,也有抑癌基因和凋亡基因的失活,还涉及大量细胞周期调节基因功能的改变。这一过程可由先天遗传缺陷而较早发生(即源于遗传种系细胞的癌症),也可由后天的各种环境因素作用导致体细胞基因突变而在生命较晚时期发生(此类通常更为多见)。

从基因角度理解癌症发生的机制,其本质是各种原因引起的基因结构和功能异常的结果,各种环境和外源性因素的影响导致促进细胞生长的原癌基因或抑制细胞生长的抑癌基因突变或表达异常,其编码的调节细胞生长、增殖的关键调控蛋白的数量或结构、功能异常。第 10 章我们集中讨论了细胞凋亡与基因调控的问题,研究证实肿瘤细胞中自发凋亡是机体抗肿瘤的一种保护机制,受到各种刺激信号的调控,包括内源性和外源性调控因素。内源性调控因素主要包括由基因编码的细胞因子或生长因子及其受体,某些转录因子原癌基因和抑癌基因的产物等。许多癌基因的表达,阻断了肿瘤细胞的凋亡过程,使肿瘤细胞数目增加。因此,从细胞凋亡角度来理解癌症的发生机制,癌症就是肿瘤细胞凋亡机制异常,肿瘤细胞减少受阻所致的结果。癌症其实是一种基因病,其病因不是来源于体外微生物,而是来源于机体自身。原癌基因和抑癌基因均是细胞正常基因的成分,在细胞增殖、分化、凋亡的调节中发挥着重要的生理功能。因此,原癌基因和抑癌基因的异常不仅与肿瘤的发生发展密切相关,而且与非肿瘤疾病也密切相关,例如,许多原癌基因在心血管疾病(如原发性高血压、动脉粥样硬化)、自身免疫性疾病(如类风湿性关节炎)甚至创伤组织修复(如受损肝组织的再生)过程中均异常表达,从这个角度来说,这些疾病也是一种基因病。因此,深入研究原癌基因和抑癌基因的功能以及与这些疾病的关系,不但可以从细胞和分子水平重新认识这些疾病的发病机理,更重要的是可以找到真正的作用靶点,开发出新的早期诊断方法和有效的治疗药物。

12.2 原癌基因的表达

12.2.1 重要原癌基因简介

在真核生物基因组众多的基因家族中，原癌基因是进化上高度保守的基因，其作用广泛，现已分离到200多种原癌基因，其中很多原癌基因或被激活为癌基因，导致癌症的发生，或异常表达，与诸多非肿瘤疾病（如心血管疾病、自身免疫性疾病、受损组织修复再生等）的发生发展密切相关。原癌基因种类繁多，目前已知的原癌基因家族主要有：

1. *src* 基因家族

src 基因家族包括 *abl*、*fgr*、*fps*、*yes*、*fym*、*kck*、*lck*、*lyn*、*ros*、*src*、*tkl* 和 *fes* 等家族成员，该基因家族是最早被发现的，也是人们了解最多的原癌基因家族，其特点是：基因产物具有酪氨酸激酶活性以及同细胞膜结合的性质，且产物相互间大部分氨基酸序列具有同源性。

2. *ras* 基因家族

ras 基因家族包括 *H-ras*-1、*H-ras*-2、*K-ras*-1、*K-ras*-2、*N-ras* 五个成员，分别位于人类的第11、X、6、12和1号染色体上，分属于 *H-ras*、*K-ras* 和 *N-ras* 三个组。虽然它们的核苷酸序列同源性不是很高，但它们都编码蛋白p21，位于细胞质膜内表面，与GTP结合蛋白（G蛋白）α-亚基同源，在跨膜信息转换中起重要作用。p21可与GTP结合，有GTP酶活性，并参与cAMP水平的调节。p21接受上游信号分子传递的生长与分化信号，通过下游效应分子控制细胞的生长与分化。

3. *myc* 基因家族

myc 基因家族包括 *c-myc*、*l-myc*、*m-myc*、*fos*、*myb* 和 *ski* 等成员。与 *ras* 基因家族相反，尽管 *myc* 基因家族成员的核苷酸序列同源性很高，但其编码蛋白中的氨基酸序列却相差很远。该基因家族的蛋白产物定位于细胞核内，属于DNA结合蛋白，能直接对其他基因的转录进行调节。

4. *sis* 基因家族

sis 基因家族目前只有 *sis* 基因一个成员，其编码的p28与人血小板源生长因子（PDGF）结构十分相似，能刺激间叶组织的细胞分裂繁殖。

5. *myb* 基因家族

myb 基因家族包括 *myb* 和 *myb-ets* 复合物两个成员，编码核蛋白，能与 DNA 结合，为核内的一种转录调节因子。

6. *erb* 基因家族

erb 基因家族包括 *erb-A*、*erb-B*、*fms*、*mas*、*trk* 等家族成员，其表达的蛋白产物是细胞骨架蛋白。

7. 其他

随着科学技术的进步，近年来陆续发现了一些新的原癌基因，它们在癌变、个体发育和细胞分化的过程中发挥着重要的作用，这些原癌基因包括：

(1) *Bmi-1*

原癌基因 *Bmi-1*(B-cell-specific Moloney murineleukemia virus insertion site 1)，于 1991 年首次被报道，属于 polycomb 家族。人类 *Bmi-1* 基因位于 10p13，其结构与鼠基因非常相似，cDNA 全长为 3 251 bp，相对分子质量为44～46 kDa。人和小鼠的 *Bmi-1* 在 DNA 水平和氨基酸水平的同源性分别为 86%和 98%。Bmi-1 蛋白有以下几个重要结构：① 环指结构：位于 N-末端，由锌指和 C3HC4 保守序列组成，用于与其他蛋白结合形成多聚复合物；② 螺旋-转角-螺旋结构，位于蛋白的中心部位，用于与 DNA 的结合；③ 两个核定位信号(nuclear localization signal, NLS)——NLS1 和 NLS2 结构，其中 NLS2 是 Bmi-1 蛋白定位于细胞核所必需的；④ 富含 PEST 氨基酸区域：位于 C-末端，富含脯氨酸、谷氨酸、丝氨酸和苏氨酸残基，其功能与 Bmi-1 蛋白在细胞内快速降解有关。*Bmi-1* 基因在脑、淋巴结和睾丸中表达水平最高，在小鼠和人骨髓细胞中的表达水平与造血细胞的分化程度呈负相关。研究证明：*Bmi-1* 基因直接参与细胞生长、增殖的调节，可通过抑制 *ink4a* 位点的表达及调节端粒酶的活性控制细胞的增殖和衰老，当 *Bmi-1* 表达下调时，可引起细胞衰老及凋亡。*Bmi-1* 还可间接激活端粒酶的活性，阻止细胞衰老。此外，*Bmi-1* 对造血干细胞、中枢神经系统干细胞以及周围神经系统干细胞的自我更新发挥着重要作用，是成体干细胞和白血病干细胞的自我更新所必需的。研究证实：人类淋巴瘤、白血病、骨髓增生异常综合征、乳腺癌、肺癌及大肠癌等的发生、发展过程均与 *Bmi-1* 基因异常表达密切相关，*Bmi-1* 基因有望成为肿瘤治疗的新靶点。

(2) Pleiotrophin

该原癌基因蛋白产物最早于 1989 年被华盛顿大学医学中心分离纯化，因其与肝素具有高度亲和性而被命名为 HBGF-8(Heparin-Binding Growth Factor-8)，随后又被不同实验室分离纯化而被命名多个名称。后来华盛顿大学医学中心进一步研究证实，该因子与当时已知的 7 个与肝素结合的生长因子不存在明显的同源性，并因该蛋白具有多种生物学活性而改名为 Pleiotrophin(PTN)，意为多效因子。

ptn 基因表达产物是一种由 168 个氨基酸组成的分泌性蛋白生长因子，在牛、鼠、人、鸡的基因序列中高度保守；在细胞生长、分化和发育过程中发挥重要作用。现已证实：PTN 具有促血管生成，促进神经系统和骨的发育、诱导细胞迁移、促进细胞有丝分裂等生物学功能。作为一种重要的原癌基因，PTN 在多种人类肿瘤中均有表达，由于 PNT 为分泌性蛋白，因此，推测 PTN 可能在人类肿瘤早期诊断中具有重要意义。

(3) *met*

met 定位于 7p31，其编码产物具有酪氨酸蛋白激酶活性，是肝细胞生长因子(hepatocyte growth factor，HGF)和扩散因子(scatter factor，SF)的唯一受体。MET 蛋白具有三个功能区：胞外结合区、跨膜区、胞内区，其中胞内区含一个酪氨酸蛋白激酶功能域和一些调节其活性的自身磷酸化功能域。MET 受体在多种组织中表达，在上皮细胞中表达丰富。间质细胞产生的 HGF 作为 MET 受体的配体，形成 HGF/SF-MET 信号传导系统。配体的结合可使 MET 受体的酪氨酸蛋白激酶磷酸化，促使细胞的有丝分裂和细胞运动。MET 主要功能是促进肝细胞生长及诱发细胞转化，其基因的活化与多种肿瘤的发生有关，具体活化机制主要表现为扩增和重排。研究表明，MET 在胃癌和肝癌组织中呈明显高表达，被认为与肿瘤浸润深度和淋巴结转移密切相关。

(4) *pokemon*

该基因位于染色体 19p13.3 区域，是转录抑制因子 POK(POZ and Kruppel)家族的一员，人和鼠 *pokemon* 基因及蛋白质具有高度同源性，不仅参与细胞周期和细胞凋亡的调控，还能阻止关键的抑癌基因可变阅读框基因(ARF)，可能是其他癌基因引发癌症所必需的关键基因。因此，*pokemon* 基因被认为是肿瘤的总开关。*pokemon* 基因在人类多种肿瘤中过度表达，并且缺少 *pokemon* 基因的细胞对致瘤转化不敏感。进一步研究表明，*pokemon* 基因还在脂肪形成及人类免疫缺陷病毒(HIV)发生和发展中具有重要作用。

(5) *mdm2*

mdm2 基因定位于 12q13-14 上，由 2 372 bp 组成，编码一个由 491 个氨基酸残基组成的蛋白，分子量为 90 kDa。研究证明，*mdm2* 可使细胞转化并具有成瘤性，不仅可以通过 *mdm2* 的表达扩增直接致癌，而且可以通过抑制 p53 的表达而使正常的 p53 失活而间接致癌，研究表明，MDM2 在骨肿瘤和脑肿瘤组织中显著表达。

(6) Ki-67 核抗原

Ki-67 存在于增殖细胞核内，在 G1 中期开始表达，S 期和 G2 期增多，M 期达到高峰，G0 期细胞阴性，可见 Ki-67 在细胞增殖调节中发挥重要作用。研究证明，癌组织中 Ki-67 阳性细胞数明显高于正常细胞和良性细胞，Ki-67 表达水平的高低与肿瘤预后之间存在着密切关系。

(7) PCNA

增殖细胞核抗原(proliferating cell nuclear antigen,PCNA)是一种在细胞周期中合成和表达的36 kDa蛋白,主要在G1后期和S早期细胞核仁中合成,因此,进入细胞周期的正常细胞和肿瘤细胞中含有PCNA,是调控细胞增殖的关键原癌基因,PCNA常作为肿瘤细胞增殖程度的指标。

(8) *int*-2

int-2定位于7q31,编码27 kDa的蛋白,该蛋白部分结构与成纤维细胞生长因子具有同源性,具有刺激表皮细胞生长的作用,但需要与其他基因协同作用才能完成细胞的恶性转化。

(9) *jun*

*jun*基因定位于1p31-32,编码39 kDa的蛋白,定位于细胞核内,包括*jun*、*junB*和*junD*,均属于核转录因子,与c-*fos*形成转录调节复合物,对转录起调节作用。

12.2.2 原癌基因的分类

根据原癌基因产物的功能,可将这些基因分成以下几大类:

1. 表达生长因子类原癌基因

如*sis*及*fgf*-5、*hst*、*int*-2等,分别表达血小板生长因子(PDGF)和成纤维细胞生长因子(FGF)等蛋白。

2. 表达生长因子受体类原癌基因

如*erb*-*B*、*fms*和*trk*等,分别表达表皮生长因子(EGF)受体、集落刺激因子-1(CSF-1)受体和神经生长因子(NGF)受体等蛋白。

3. 表达酪氨酸蛋白激酶(非受体)类原癌基因

如*src*、*abl*等,表达酪氨酸激酶,位于细胞膜上,在Ras及JAK-STAT两条信号传导通路中发挥重要作用。

4. 表达丝氨酸/苏氨酸蛋白激酶类原癌基因

如*mos*、*raf*-1、*pim*-1等,蛋白产物都定位于细胞质的丝氨酸/苏氨酸专一性蛋白激酶,与第二信使CAMP调节系统密切相关。

5. 表达G蛋白类原癌基因

包括H-*ras*、K-*ras*、N-*ras*和*gsp*等。*ras*基因是目前研究最多的原癌基因,其基因产物由188~189个氨基酸残基组成,相对分子量为21 kDa,结构与生化特征和G蛋白十分相似的p21 Ras蛋白,定位于细胞膜内侧。G蛋白是细胞外信号与细胞内效应器腺苷酸环化酶之间的耦联分子,通过激活或抑制腺苷酸环化酶的活性直接或间接地调节 cAMP 的浓度,进而调控细胞的生长。*ras* 基因可能与 G 蛋白一样参加腺苷酸环化酶信号系统的调控。*ras* 基因在 12、13 或 61 位氨基酸残基的点突变将使 p21 Ras 失去水解活性,从而使细胞过度增殖。

6. 表达核转录因子蛋白类原癌基因

如 *jun*、*fos*、*myc*、*erbA* 等,前两个表达转录因子 AP-1,后两个分别表达 DNA 结合蛋白和类固醇受体家族成员,其中 c-*myc* 是研究最多的一个。c-*myc* 基因高度保守、广泛分布于生物体细胞中,现有研究表明,c-*myc* 基因的表达具有组织专一性、细胞周期特异性和发育阶段特异性。在正常组织中低水平表达,而在多种人类肿瘤中过量表达,一般认为 c-*myc* 的扩增是导致原癌基因活化的主要途径。高水平的 c-*myc* 在培养细胞中表达,可抑制细胞分化,增加生长因子的敏感性和加快细胞生长速度。研究证实,c-*myc* 是调控细胞分化的关键基因之一。

12.2.3 原癌基因的表达

原癌基因数目众多,基因序列高度保守,具有十分重要的生物学功能,主要体现在以下几个方面:

1. 在正常细胞中原癌基因的表达

原癌基因在正常细胞中的表达是受生长调节的,具有分化阶段的特异性、细胞类型特异性和细胞周期特异性三个特点。

胚胎发育期,细胞需要快速生长,此时原癌基因表达旺盛,为胚胎细胞提供营养和发挥必要的生理功能。例如,人胎膜和胎盘组织细胞中 c-*fos* 的表达显著升高,其转录产物明显高于正常胎儿组织,高出正常组织(肝、肾、肺、淋巴结等)100 多倍。此外,人胎盘滋养层细胞中 c-*myc* 表达比较高,胎盘静脉组织中 c-*sis* 的表达比较高,呈现典型的分化阶段特异性。

在正常成人组织中原癌基因的表达水平很低或不表达,不同类型组织细胞中原癌基因的表达水平差异很大,如 c-*src* 在肌肉、结缔组织、乳腺和肾脏组织中都有一定程度的表达,但肾脏中 c-*src* 的表达最高。胎儿组织的 c-*src* 的表达情况与成人组织类似,但 c-*src* 表达最高的是脑组织。可见,原癌基因的表达呈现细胞类型的特异性。

在细胞周期的不同时相,原癌基因的表达呈现出细胞周期的特异性。例如,原癌基因 c-*myc* 的表达,用刀豆蛋白 A、脂多糖或血小板衍生生长因子与 T、B 淋巴细胞共培养 1～2 h,c-*myc* 的表达快速升高 20 倍,峰值在 G1 期。人血管平滑肌细胞和胎盘滋养层细胞经丝裂原等刺激培养后,c-*myc* 具有瞬时表达增高现象,

c-*myc* 的表达时相也在 G1 期。3T3 细胞处于 G0 期时，c-*myc* 和 c-*ras* 的表达都很低，若用 PDGF、FGF 等细胞因子刺激培养后 c-*myc* 的表达随即增加 40 倍，表达时相也位于 G1 期。因此，c-*myc* 被认为是细胞周期中的早期表达基因。进一步研究显示，细胞周期中原癌基因谱的表达呈现一定的规律性。例如，3T3 细胞用血清刺激 15 min 后，就可检测到 c-*fos* 基因表达量增加 15 倍，30 min 内恢复至原来水平，随后 c-*myc* 和 c-*myb* 逐渐增加表达，在 1～2 h 内细胞处于 G1 早期时达到峰值，当细胞进入 G1 中晚期时，H-*ras* 和 K-*ras* 的表达出现增强趋势。c-*myc* 可能是控制细胞生长的关键基因，*ras* 基因的表达似乎加强了 c-*myc* 的潜能而起到协同作用，肿瘤细胞中这种控制作用是失灵的。研究证明：c-*myb* 的表达是启动细胞 DNA 合成的必要条件之一。如果在 3T3 细胞培养过程中用反义寡核苷酸阻止 c-*myb* 的表达，则细胞始终不能经过 G1 后期进入 S 期，可见 c-*myb* 在 3T3 细胞中的表达是依赖于细胞周期的。

2. 原癌基因在肿瘤细胞中的表达有两个比较普遍和突出的特点

肿瘤细胞中原癌基因的表达具有两个比较普遍和突出的特点：一是一些原癌基因在肿瘤细胞中具有高水平的表达或过度表达，例如，c-*myc* 和 c-*ras* 的表达量可达正常细胞的 2～16 倍；二是原癌基因在肿瘤细胞中的表达程度和次序发生明显紊乱，不再具有细胞周期特异性。随着分子生物学技术的发展以及人类对肿瘤发生机制研究的不断深入，人们发现：原癌基因的活化和抑癌基因的失活与人类肿瘤的发生、发展和分化密切相关，原癌基因的活化或过量表达现象在肿瘤细胞中普遍存在。例如，研究显示：20%～30%的非小细胞肺癌 K-*ras* 基因发生突变而活化表达，肺腺癌中 *ras* 基因阳性率更高，平均为 30%～50%，最高者可达 79.07%。吸烟等致癌物诱发的肺癌中也检测到 *ras* 基因表达。同时，40%～50%的小细胞肺癌患者癌组织中有 c-*myc* 基因表达，其中有的仅见于转移癌组织而未见于原发癌组织，表明，c-*myc* 扩增在肿瘤发展过程中发挥重要作用，与预后不良有关。在 19%的各阶段鳞癌和 30%的小细胞肺癌中存在 c-*myc* 基因过度表达，当 c-*myc* 基因过度表达引起致癌性 c-Myc 蛋白含量超负荷时，肿瘤更具侵袭性。研究还观察到多例c-*myc*与 K-*ras* 表达的同时增强，表明 K-*ras* 与 c-*myc* 基因在肺癌发生中存在协同作用。一般认为 c-*myc* 在细胞分裂过程中起重要作用，而 *ras* 在传递细胞生长刺激信号中起中枢作用。研究还显示，肺癌患者中 c-Met 蛋白阳性率为 75.8%(47/62)，c-*met* mRNA 的阳性率为 74.2%(46/62)，c-*met* 的表达与 PCNA 的表达呈显著相关。在其他肿瘤细胞中也检测到原癌基因普遍表达，比如原癌基因 *ras* 在以下肿瘤中检出率分别为：结肠肿瘤 43%，胰腺肿瘤 81%，肺腺癌 32%，胆管癌 88%，子宫内膜腺癌 47%，卵巢黏液腺癌 75%，日光曝晒侧鳞状细胞癌 47%，只是不同的原癌基因在不同类型的肿瘤中表达情况不一样，有的增强显著，有的增强轻微，有的则无增强。化学致癌物诱导的肿瘤中同样也检测到原癌基因的表达，也是通过激活原癌基因的方式诱导肿瘤发生。

综上所述，肿瘤的发生发展过程中有多个已知的原癌基因活化或过量表达，还有一些尚未查明的抑癌基因和原癌基因也可能发挥重要作用，人类逐渐认识到肿瘤是“多基因协同”、“多步骤发展”导致的疾病，是累积性基因损伤在转化表型方面达到顶点的最终结果。

进一步研究表明，使用苯并芘等化学致癌物与小鼠 A31 细胞共培养，可以观察到细胞被诱导发生转化，但细胞仍未完全丧失生长控制能力而可以进入 G0 期，基因检测显示此时细胞 c-*myc* 持续高表达，不再具有细胞周期性表达的特点。分离处于不同时相的转化鸡 T 淋巴细胞，观察 c-*myc* 和 c-*myb* 的表达情况，结果发现：c-*myc* 在整个细胞周期中均有表达且表达量没有变化，但 c-*myb* 的表达高峰却后移至 S 期，表明 c-*myc* 和 c-*myb* 表达的时间顺序已经紊乱，不再呈现细胞周期特异性。

3. 细胞分化与原癌基因表达

细胞增殖与细胞分化是一对相互制约和相互调节的生物学现象，在正常生理条件下都是严格按照既定的时空顺序，由相关基因依次差异表达来完成精确调控。在分化过程中，与分化有关的原癌基因表达增加，而与细胞增殖有关的原癌基因表达受抑制。随着分子生物学和发育生物学的发展，特别是干细胞生物学研究的不断深入，人们对细胞分化的调控机制有了更深入的了解。

研究较多的原癌基因是 c-*myc*，作为 *myc* 基因家族的重要成员，在细胞核内编码，属于核蛋白，是丝氨酸和苏氨酸磷酸化的蛋白。c-*myc* 的下游效应分子包括细胞周期调节相关蛋白和氨基酸和核苷酸代谢相关的胞浆蛋白。这些效应分子的基因转录起始点上游均含有 c-*myc* 的靶序列，所以它们的表达可直接受 c-*myc* 调控。c-*myc* 的这些特点决定了其在细胞增殖和细胞分化等重要细胞生理功能中承担着多重作用，表现为多种结果。

首先，很多肿瘤细胞中都能观察到 c-*myc* 的高表达，所以通常认为 c-*myc* 与细胞增殖是相关的，它参与多种细胞的增殖调控。再比如心肌肥厚和高血压与 c-*myc*、H-*ras* 和 c-*fos* 等原癌基因的激活和高表达密切相关。动物实验显示：结扎大鼠主动脉和腹主动脉以增加心肌负荷，2 h 后便可检测到心肌 c-*myc*、c-*fos* 表达增加和细胞生长并逐渐肥大，说明 c-*myc*、c-*fos* 的激活可能是促进心肌生长，引起心肌肥厚的一个始动因素。高血压的病理细胞学基础是内皮细胞损伤等原因引发血管平滑肌细胞异常增殖，导致血管管壁增厚、管腔变窄。这个过程中某些诱发动脉粥样硬化的因素如内皮细胞损伤、高胆固醇等都能促进内皮细胞 *sis* 基因的转录，低密度脂蛋白等可促进血管平滑肌细胞中 c-*myc* 和 c-*fos* 基因的表达，内皮素是血管内皮细胞合成的一种血管收缩物质，被证明也可以促进血管平滑肌细胞 *c-fos* 和 *c-myc* 基因表达，促使平滑肌细胞增殖，而 H-*ras* 和 N-*ras* 基因表达增加，也伴随平滑肌细胞增生。

体外肿瘤细胞分化实验显示，将 K562、MEL 和 HL-60 细胞加入诱导剂作用早期，可观察到 *c-myc* 表达降低，*c-myc* 转录水平在 1～2 h 内下降 9/10，在 8～24 h，*c-myc* 暂时回到处理前的表达水平，当细胞分化时 *c-myc* 水平又再度下降。小鼠畸胎瘤 F9 细胞和人神经母细胞诱导分化时也观察到 *c-myc* 和 N-*myc* 的显著下降以及 K-*ras* 的轻度下降。白血病细胞 *c-myc* 过度表达且细胞增殖旺盛，但如果先用分化诱导剂诱导其分化使 *c-myc* 表达下降，再转染 *c-myc* 使其表达增加，就可观察到细胞停止分化，再逐渐恢复增殖的性质。使用红细胞生成素诱导小鼠红细胞分化，可以观察到 *c-myb* 表达急剧下降而 *c-myc* 表达急剧上升，而使用二甲基亚砜诱导小鼠红细胞，可观察到开始时 *c-fos* 有暂时性的迅速增强，随之 *c-myc* 和*c-myb* 的表达下降。

关于原癌基因 *c-myc* 最有趣的研究结果来自近年来的干细胞分化实验。研究证实，*c-myc* 是维持胚胎干细胞增殖和全能性的主要基因。撤去培养液中维持小鼠胚胎干细胞生长的白血病抑制因子 LIF 后，*c-myc* mRNA 表达下降，c-Myc 蛋白被磷酸化降解，细胞生长停滞。而过量表达持续活化形式的 *c-myc* 小鼠胚胎干细胞，在撤去 LIF 后仍维持了自我更新能力和细胞全能性，如果 *c-myc* 功能缺失后，小鼠胚胎干细胞就失去全能性并开始分化为中胚层和原始内胚层细胞。可是，不同物种来源的胚胎干细胞中的 *c-myc* 功能似乎存在差别，因为研究表明小鼠胚胎干细胞中 *c-myc* 能促使细胞增殖和抑制分化，而人胚胎干细胞中的 *c-myc* 具有诱发编程性细胞死亡和分化的能力。*c-myc* 的生物学功能渐渐引起干细胞生物学专家的注意。2006 年 8 月，日本京都大学 Yamanaka S 研究小组利用基因转染技术将 *Oct4*、*Sox2*、*c-myc* 和 *Klf4* 4 个基因转入来源于小鼠尾部的成纤维细胞，成功将成纤维细胞逆分化为诱导性多潜能干细胞（induced pluripotent stem cell，iPS）。同一时期，美国 Thomson 小组则独自确定了 14 种新的候选重组基因，通过系统排除，最终使用 *Oct4*、*SOX2*、*Nanog* 和 *Lin28* 基因转染到成体细胞，也成功获得 iPS 细胞，这些 iPS 细胞具有胚胎干细胞相似的功能。这是干细胞研究历史上具有里程碑意义的重大进展，再次证明 *c-myc* 基因在调控细胞分化方面发挥着关键作用。

综上所述，*c-myc* 等原癌基因在细胞增殖与细胞分化过程中发挥着重要作用，但由于基因结构特殊，基因调控网络复杂，原癌基因的具体调控机制尚需进一步研究。

12.3 原癌基因表达的调控

基因表达就是基因转录及翻译的过程,大多数基因经过基因激活、转录和翻译过程,产生具有特异生物学功能的蛋白质,但并非所有基因表达过程都产生蛋白质。原癌基因的表达也不例外,都要严格按照真核生物基因表达调控的一般流程进行,包括基因转录、加工、翻译和翻译后水平调控四个环节。

12.3.1 转录水平的调控

转录水平的调控是原癌基因表达调控最关键的环节,因为转录水平调控机制决定基因是否能被转录,如果转录,转录的频率如何等重大问题。具体而言,转录水平的调控包括以下几个方面:

1. 原癌基因的激活

正常情况下,原癌基因处于相对静息状态,特别是在胚胎发育或组织再生情况下。原癌基因发挥一定的生理功能,对机体没有什么害处。然而,在一定条件下,原癌基因受到致癌因子(如射线照射、化学致癌物影响、病毒感染等)作用时,它们可以被激活,发生结构改变(突变)而变为癌基因;也可以是原癌基因本身结构没有改变,而是由于调节原癌基因表达的基因发生改变使原癌基因过度表达。以上基因水平的改变可继而导致细胞生长刺激信号的过度或持续出现,从而使细胞发生转化而产生癌变,被激活的方式主要有以下几类:

(1) 基因突变

基因突变(gene mutation)是指细胞在射线照射或化学致癌剂等致癌因子的作用下,一个或多个脱氧核糖核苷酸的构成、复制的异常,本质上是 DNA 的损伤。基因突变包括点突变和移码突变等。突变的结果改变了基因表达蛋白的氨基酸组成,造成蛋白质结构的异常。如正常细胞没有细胞转化活性,但从膀胱癌、肺癌和乳腺癌细胞中克隆的基因却具有诱发细胞转化的活性,原因是正常细胞 H-*ras* 中的 GGG,突变为肿瘤细胞的 GTC,导致该基因编码的 P21 蛋白第 12 位氨基酸由正常细胞的甘氨酸转变为肿瘤细胞的缬氨酸,从而引起蛋白质构象改变,导致转化活性大大提高。同样,在肺癌和结肠癌细胞中的 K-*ras* 基因也发生了点突变激活,突变部位在第一个外显子中第 12 位密码子,*ras* 家族基因点突变较常见。*ras* 基因的表达产物 Ras 是一种小分子 G 蛋白,在信号传导中起重要作用,正常 Ras 的作用因其自身 GTP 酶活性而受到严格控制，而突变的 Ras 其 GTP 酶活性下降或丧失，失去了原有控制作用，导致增殖信号持续作用，细胞发生恶性转化。

(2) 插入激活

当逆转录病毒感染细胞后，病毒基因组两端所携带的长末端重复序列(long terminal repeat，LTR)插入到原癌基因的附近或内部，由于 LTR 内含有较强的启动子或增强子，可以启动原癌基因下游邻近基因的转录和影响附近结构基因的转录水平，从根本上改变了基因的正常调控规律，使原癌基因由不表达变为表达或过度表达，导致细胞发生癌变。例如，逆转录病毒 MoSV 感染鼠类成纤维细胞后，病毒基因组的 LTR 整合到细胞癌基因 *c-mos* 邻近处，在 LTR 的强启动子和增强子作用下激活 *c-mos*，导致成纤维细胞转化为肉瘤细胞。又如，鸡白细胞增生病毒感染宿主后，病毒将其 DNA 序列连同 LTR 一道整合到宿主正常细胞原癌基因 *c-myc* 附近，在 LTR 启动子的作用下启动 *c-myc* 的表达，使 *c-myc* 的表达量增加 30～100 倍。

(3) 染色体易位

染色体易位(translocation)是染色体的一部分因断裂脱离，并与其他染色体联结的重排过程，即基因重排。基因易位后重排可能发生在原癌基因之间，也可能发生在原癌基因与其他结构基因之间。由于染色体易位导致基因重排，可表现为三种结果：

① 易位使原来无活性的原癌基因转移到某些强启动子或增强子附近而被启动活化，导致原癌基因表达增强。最典型的例子就是人 Burkit 淋巴瘤，位于正常细胞 8 号染色体上的原癌基因 *c-myc* 并不表达，当其易位到 14 号染色体免疫球蛋白重链基因的调节区附近，受免疫球蛋白基因启动子和增强子的调控作用，启动 *c-myc* 的高表达而发生淋巴瘤。

② 易位使原癌基因与另一基因形成融合基因，产生一个具有致癌活性的融合蛋白。如正常细胞中原癌基因 *c-abl* 表达量极低，易位使 *c-abl* 与 *bcr* 发生基因重组，产生一个致癌的 p210 融合蛋白而引发人慢性骨髓瘤。

③ 易位使原癌基因表达失控，如 t(8∶14)易位使 *c-myc* 表达失控。

(4) 基因扩增

基因扩增(gene amplification)即基因拷贝数的增加。基因扩增会使原癌基因数量增加或表达增强，也会导致肿瘤的发生。基因扩增是正常细胞获得生存的一种能力，但在肿瘤细胞中 DNA 扩增的发生频率，至少比正常细胞高出上千倍。一旦发生基因扩增，肿瘤细胞就获得了选择性生长优势。研究发现，原癌基因常常是肿瘤细胞中 DNA 扩增的靶位点。有研究显示，在白血病 HL-60 细胞中，*myc* 基因增加了近 20 倍；小鼠肾上腺癌细胞中 c-Ki-*ras* 基因扩增了 30～60 倍；癌基因转录的 mRNA 及 p21 蛋白也大量增加，这可能是引起肾上腺细胞癌变的原因。

(5) 基因缺失

很多原癌基因 5′-末端旁侧存在负调控序列，一旦该序列发生缺失，其抑制基因表达的功能随即丧失，如 Burkitt 淋巴瘤中可因负调控序列缺失而导致 c-*myc* 的过量表达。

需要指出的是，不同的原癌基因在不同情况下可通过不同的方式激活。例如，c-*myc* 的激活有基因扩增和基因重排两种方式，很少见 c-*myc* 的突变；而 *ras* 的激活方式则主要是突变，1985 年 Slamon 检测了 20 种 54 例人类肿瘤中的 15 种癌基因，发现所有肿瘤都不止一种癌基因发生改变。原癌基因激活的结果有以下几种情况：

① 表达新的基因产物，即原来不表达的基因激活后开始表达，或不该在这个时期表达的基因也表达了。

② 表达量大大增加。

③ 出现异常的表达产物，这些异常情况，可以在肿瘤细胞中单独或同时存在。事实上肿瘤的发生是多步骤、多因素的，不同的癌基因作用于肿瘤发生的不同阶段。不仅癌基因之间有协同作用，癌基因与抑癌基因之间也存在协同作用。

2. 基因领域效应的影响

基因与基因之间的间隔距离，称为基因领域(gene territory)。基因领域与两个基因的总长度有关，总长度小于或等于 0.3 kbp 时，其基因领域在 0.3 kbp 左右；总长度在 2 kbp 时，其基因领域在 3 kbp 左右；总长度大于或等于 5 kbp 时，其基因领域在 13.5 kbp 左右。总长度在 0.3～5 kbp 之间时，其基因领域与总长度成正比关系。同一 DNA 链上两个具有相同转录方向的基因间隔距离小于上述规定长度时，就会影响对于有效转录必需的染色质结构的形成，从而使这两个基因中的一个或两个不能转录或转录活性大大降低，这就是基因领域效应(gene territorial effect)。也就是说基因表达不仅取决于基因本身及其旁侧区域的一级结构，还取决于其空间构象。只有两个基因之间保持恰当距离时，才能保证有效转录空间结构的形成。例如，在正常肝细胞中，N-*ras* 基因主要分布在结构紧密的多聚核小体中，因受基因领域效应的影响而不能转录，但在肝癌细胞中，N-*ras* 主要分布在结构松散的多聚核小体或二聚体中，基因之间的间隔距离拉大，解除了基因领域效应的影响，从而大大提升了转录活性。在小鼠细胞中，c-*myc* 的旁侧区域存在一个长度约 15 kbp 的强表达基因，与 c-*myc* 只有 3 kbp 的距离，使得 c-*myc* 受到强烈的基因领域效应的影响而处于静息状态。而在小鼠乳腺癌细胞中，上述间隔距离被大大拉长，解除了基因领域效应影响后 c-*myc* 基因被激活。

3. DNA 的甲基化作用

甲基化是基因组 DNA 的一种主要表观遗传修饰形式，是调节基因组功能的重要手段。基因组中一段富含CpG二核苷酸、长度为1～2 kbp的DNA称为CpG岛(CpG island)。CpG岛常位于转录调控区附近,是DNA甲基化发生的主要位点。细胞中在甲基转移酶的催化下将甲基基团加到DNA链上的化学修饰过程称为甲基化。DNA甲基化更多的是为了维持基因的失活状态,DNA调控区域的甲基化与转录抑制有关。研究表明,DNA的甲基化可以将组蛋白去乙酰化酶引导到染色体的特定区域。甲基化DNA的结合蛋白可以招募含组蛋白去乙酰化酶的辅抑制物复合体,其活性导致染色质凝聚和基因抑制。甲基化状态的改变是致癌作用的一个关键因素,它包括基因组整体甲基化水平降低和CpG岛局部甲基化程度的异常升高,这将导致基因组的不稳定(如染色体的不稳定、可移动遗传因子的激活、原癌基因的表达)。

现已证实,DNA序列的转录活性取决于其碱基甲基化(主要是鸟嘌呤、胞嘧啶)程度。DNA甲基化程度高的不易表达,由于某些因素,如DNA甲基转移酶活性增加或DNA甲基维持酶活性下降引起DNA甲基化程度降低,使原癌基因易于表达而活化为癌基因。把癌基因组学与表观遗传学的研究结合起来,是癌症研究的发展趋势。人类的一些癌症常出现整个基因组DNA的低甲基化,但人们并不清楚这种表观遗传变化是肿瘤产生的诱因还是结果。

4. 原癌基因终产物的调控作用

顾名思义,原癌基因终产物的调控作用,就是一种原癌基因的表达产物对另一种原癌基因的表达进行调控,或者某种原癌基因表达的产物对自身基因的表达进行调控。例如,前面介绍过的表达生长因子类的原癌基因,如*sis*及*fgf*-5、*hst*、*int*-2等,分别表达血小板生长因子(PDGF)和成纤维细胞生长因子(FGF)等蛋白,这些蛋白作为信号分子经过信号传导途径对原癌基因的表达发挥调控作用,尤其是对快速反应基因的表达起着及时调控作用。快速反应基因,是指对细胞外信号做出迅速反应的一类基因,包括*c*-*fos*、*c*-*myc*、*c*-*myb*等原癌基因,它们通常在几分钟至几十分钟内就可被激活,其表达产物通常起到“第三信使”的作用,通过与靶基因的调控原件作用,对基因表达发挥调控作用。

原癌基因表达产物的调控作用包括正向调控和反向调控两种。例如,将快速反应基因*c*-*fos*转染到细胞中,就可检测到*c*-*myb*转录启动子的活性显著升高,说明*c*-*fos*可直接或间接正向上调*c*-*myb*的表达。与所有血管组成一样,人肾微血管也有血管内皮细胞(VEC)和平滑肌细胞(VSMC)两种细胞,当VEC中cAMP水平被调低时,*c*-*sis*的表达随即上升,分泌的PDGF因子促使VSMC释放前列腺细胞周期素反作用于VEC,使VEC表达cAMP增多,从而抑制*c*-*sis*的表达。通过这种负反馈机制实现了cAMP对*c*-*sis*表达的调控。前面介绍过原癌基因*c*-*myc*由于其特殊结构而承担着多重重要的生理功能。*c*-*myc*也能通过特殊的负反馈调控机制对自身的基因表达进行调控。*c-myc* 蛋白能与 *c-myc* 基因的特异结合位点结合，而这种结合受 *c-myc* 第三外显子 CCGG 位点甲基化作用的影响，通过甲基化程度的变化而调控该基因的表达。

5. 抑癌基因终产物的调控作用

抑癌基因通过其表达的产物可在基因转录和翻译水平上对原癌基因进行负调控。这种负调控机制对维持细胞正常增殖起着至关重要的作用。例如，抑癌基因 *Rb* 的表达产物既能与 N-*myc* 本身的基因序列结合而抑制其转录，又能与 N-*myc* 表达产物作用而消除影响。一旦 *Rb* 基因缺失，将使 N-*myc* 的转录和翻译水平急剧上升。抑癌基因 *p53* 也可在基因转录和翻译水平上对原癌基因进行负调控。首先 *p53* 的 N 末端有一个与转录因子相似的结构域，可直接参与调控原癌基因的表达。其次，p53 蛋白会及时与过量的 *mdm2* 表达产物结合，消除其负面作用。

6. 细胞外信号对原癌基因表达的调控

前面介绍了细胞外信号的传递通常是通过信号传导的方式完成的，即细胞外信号分子与细胞膜上特异受体结合，使受体活化而产生第二信使，第二信使分子又激活胞质内的蛋白激酶，催化细胞膜、细胞质、细胞核内相应的功能蛋白磷酸化，即信号传递到效应器。效应器一部分作用在细胞质(如影响细胞骨架)，另一部分作用在细胞核，激活转录因子，调控相关基因的表达。通常在几分钟至几十分钟内就有几十种基因被激活，其中包括 *c-fos*、*c-myc*、*c-myb* 等原癌基因，这些对细胞外信号反应迅速的基因被称为快速反应基因。它们具备两个突出的特点：一是不受蛋白合成抑制剂的阻断，表明快速反应基因的转录激活无需新的转录因子的合成；二是转录激活维持时间很短，呈一过性和暂时性，通常在半小时内完成，然后逐渐恢复原状。这表明快速反应基因表达产物的主要功能是作为转录因子及调节因子去调控其他基因的表达，以介导细胞外信号在细胞水平上的应答效应和应答行为。介导细胞外信号跨膜传递调控快速反应基因表达的主要是蛋白激酶，如蛋白激酶 A(PKA)、蛋白激酶 C(PKC)和酪氨酸蛋白激酶(TPK)等。

7. 原癌基因表达的调控元件

与其他真核生物基因表达一样，原癌基因的转录需要转录因子和顺式调控元件参与启动和促进。这些调控元件主要包括：

(1) 启动子

由 TATA 盒及数量不等的上游启动子元件(UPE)组成、可被转录因子特异性识别的一段短保守序列。TATA 盒对转录的精确起始和定向是必需的。UPE 的数量和种类决定启动子的强弱，此外，它们与 TATA 盒之间的距离也会影响启动子的强度，距离过大或过小都会减弱或消除启动子的作用。启动子的作用具有组织细胞特异性。对于正常细胞，负责生长基因和负责抑制生长基因的协调表达是调节控制细胞生长的分子机制之一。当细胞生长到一定程度时，会自动产生反馈抑制，这时抑制性基因高表达，负责生长的基因不表达或低表达。

(2) 基础转录作用元件

基础转录作用元件是指某些基因转录所必需的序列区域，比如 c-*fos* 基因，其上游－57～－63 bp 区域的特异序列是 c-*fos* 转录所必需的，如果发生缺失或突变，则可使基础转录降低 10 倍。

(3) 可诱导性元件

介导诱导物启动或调节转录的 DNA 序列，常见的元件如下：

血清应答元件(serum responsive element，SRE)：它是血清等诱导 c-*fos* 基因表达所必需的元件，位于－297～－317 bp 区域内。转录因子 AP1 的功能与 SRE 类似，也能调控血清刺激的基因表达。

TPA 应答元件(TPA responsive element，TRE)：它是位于上游启动子区域中的一段特殊 DNA 序列，其典型核苷酸序列为 TGACTCA，诱导物 TPA 刺激细胞后可通过 TRE 调控细胞基因表达。AP1 序列与 TRE 序列很相似，也是 TRE 的一种。研究发现，能被 AP1 激活的基因都能被 TPA 诱导表达，而用 TPA 刺激细胞后，AP1 表达水平都上升。

cAMP 调节元件(cAMP regulatory element，CRE)：它是重要的第二信使 cAMP 介导基因转录必需的基因序列，在人 c-*fos* 基因位于－61 bp 处，在鼠 c-*fos* 基因位于－29～－60 bp 处，典型核苷酸序列为 TGACGT。

SIF 应答元件(SIF responsive element)：用 c-*sis* 或 PDGF 刺激 Balb/c3T3 细胞产生的一种特异细胞核因子，命名为 sis 诱导因子(sis inductive factor，SIF)。SIF 能与人 c-*fos* 基因－320～－299 bp 区域的序列特异性结合，这一段特殊的核苷酸序列称之为 SIF 应答元件。研究发现，如果去除 SIF 应答元件，则 c-*sis*、PDGF、血清、TPA 都不能诱导 c-*fos* 的表达。相反，如果将 SIF 应答元件加到 c-*fos* 上游区域，则转录水平会加强，而且拷贝数增加得越多，转录水平越高。可见，SIF 应答元件在 c-*fos* 的表达中发挥着重要作用。

钙应答元件(calcium responsive element，CaRE)：它是存在于基因上游启动子区域、负责第二信使 Ca^{2+} 介导基因转录的特异核苷酸序列。

负调控序列(negative regulatory sequence，NRS)：它是指原癌基因旁侧通常存在的一段能够抑制基因表达的核苷酸序列。NRS 多位于 5′端旁侧区域，长短不一，相互间没有同源性，但具有组织细胞特异性。NRS 与阻遏蛋白等蛋白因子结合对基因表达实行负向调节。NRS 的存在确保了基因表达的稳定，具有重要的生物学意义。例如，c-*neu* 的启动子区域存在一个必需的 NRS，成为雌激素应答区。雌激素与其受体结合引起 c-*neu* 基因转录的负向调节，如果没有雌激素或者雌激素受体存在，c-*neu* 转录的负向调节随即消失，导致 c-*neu* 的过度表达。人乳腺癌的发生就与雌激素受体缺失有关，导致基因转录调节失控、c-*neu* 过度表达。

12.3.2 加工水平的调控

加工水平调控机制决定将转录的 mRNA 前体剪接成能翻译成多肽的 mRNA 途径。研究表明，蛋白质的合成通常由多基因家族成员编码，而多基因家族的形成是一种蛋白质多样性的进化机制。同样，通过对初级转录物的选择性剪接也可以产生蛋白质的多样性。事实上，大多数真核基因（和它们的初级转录物）含有大量的内含子和外显子，需要经过剪接才能翻译，高达 35％的人类基因转录物可能受到选择性剪接，选择性剪接显然在基因表达中发挥着重要作用。例如，c-*fos* 基因的非编码序列中含有一个富含 AT、长度为 67 bp 的片段，这个片段被转录成多个 AUUUA 而失去稳定性，剪切这个片段可明显延长 mRNA 的半衰期，可见，选择性剪接是在转录后加工水平上调控 c-*fos* 基因表达的重要机制。

12.3.3 翻译水平的调控

翻译水平调控机制决定特定 mRNA 是否被翻译，如果翻译，频率和时间如何？翻译水平的调控通常通过特异 mRNA 与细胞质中各种蛋白质的相互作用来实现。mRNA 两端存在的非编码片段，称为非翻译区（untranslated region，UTR）。近年来的研究发现，UTR 含有作用于翻译水平调节的核苷酸序列。这些核苷酸序列参与调控 mRNA 在细胞质中的定位，改变 mRNA 的翻译速率和控制 mRNA 的稳定性。例如，c-*fos* 基因的 UTR 区域含有大量 AU 重复序列，可以结合特定蛋白而使 mRNA 不稳定，结果表现为 c-*fos* 基因半衰期很短，一旦这些序列发生突变而丢失了这些起不稳定作用的序列，c-*fos* mRNA 半衰期增加，细胞将向恶性化方向转化。再如，c-*src* 基因家族成员的 *lck* 基因 mRNA 的 UTR 区域含有三个 AUG 序列，如果去掉 AUG 序列，则翻译效率显著提高。这些研究表明调控对这些特殊序列的识别就可控制翻译的效率。

12.3.4 翻译后调控

肽链从核蛋白体释放后，经过细胞内各种修饰处理而成为有活性成熟蛋白质的过程，称为翻译后加工（post-translational processing）。细胞内蛋白质降解就是一种翻译后加工方式，也是细胞调控蛋白寿命的一种机制。研究表明，细胞内蛋白质的降解由蛋白酶体经过特殊选择来执行，其中泛素蛋白参与了蛋白质的降解过程，但控制蛋白质寿命的因素和具体机制还不清楚。现在已知的是多肽链 N 末端的特殊氨基酸是决定因子之一。例如，以精氨酸或赖氨酸终止的多肽寿命一般比较短。许多在细胞周期特定时期起作用的蛋白，当某些残基被磷酸化时则被降解；磷酸化可能就是一种调控机制。还有一些蛋白本身携带一段内部氨基酸序列，确保它们在细胞中的寿命不会很长，一旦这些蛋白没有及时降解，则可能导致细胞癌变。

12.4　抑癌基因的表达及其调控

12.4.1　重要的抑癌基因

前面提到，由于抑癌基因的发现与分离难度较大，抑癌基因的研究明显滞后于原癌基因。但人类先后发现了 *rb* 和 *p53* 两个重要的抑癌基因，随着研究的深入，又陆续发现了不少新的抑癌基因，简介如下：

1. *rb* 基因

Knudson 等对视网膜母细胞瘤(retinoblastoma，*rb*)的遗传学基础进行研究发现：该肿瘤的形成需要 13 号染色体上一对等位基因的同时缺失或失活。1989 年该基因被成功鉴定和分离，因为它与视网膜母细胞瘤的发生密切相关，因此被命名为视网膜母细胞瘤易感基因(retinoblastoma susceptibility gene，*rb* gene)，简称 *rb* 基因。现在人们已经知道：*rb* 基因位于人 13 号染色体的长臂 1 区 4 带(13q14)上，全长约 200 kbp，有 27 个外显子和 26 个内含子，外显子和内含子的长度差别很大。*rb* 基因 cDNA 长约 4 757 bp，其末端 poly(A)尾巴上游有一保守多聚腺苷，与外显子交界处的序列不同，表明 Rb 蛋白可能含有不同的功能区。*rb* 基因编码的蛋白质属于核内磷蛋白，其丝氨酸及苏氨酸残基上具有磷酸化位点；编码的最重要的一种产物是 PRB105 蛋白。PRB105 位于细胞核内，是磷酸化蛋白质去磷酸化的活性形式，可与 DNA 结合，也可以与核内多种转录因子结合。PRB105 参与细胞对外界信号(包括诱导细胞分化、细胞周期的调控和其他抑制细胞生长信号)的应答。PRB105 可受磷酸化调节，磷酸化的 PRB105 脱离转录复合物而诱导 DNA 转录，从而促进细胞增殖。而去磷酸化的 PRB105 与转录复合物结合，阻止转录、抑制细胞增殖，而且去磷酸化的 PRB105 能与多种癌蛋白结合而脱离转录复合物，解除其对转录的抑制，导致细胞增殖、癌变。可见，*rb* 基因的生物学功能是非常复杂的。

2. *p53* 基因

由于人类恶性肿瘤中 50%的 *p53* 基因发生了变异，人们把变异的 *p53* 基因称为突变型 *p53*（*mtp53*），而把正常的 *p53* 基因称为野生型 *p53*（*wtp53*）以示区别。值得注意的是 *mtp53* 是促进细胞恶性转化的癌基因，而 *wtp53* 是抑癌基因，在调控细胞周期、DNA 修复、细胞分化、细胞凋亡等方面均发挥着十分重要的生物学功能，因此被誉为“分子警察”，通常情况下，人们经常提到 *p53* 基因对细胞增殖分化的调控作用指的就是抑癌基因 *p53*，即 *wtp53*。关于 *wtp53* 的生物学功能和调控机制详见 9.4 节。

3. *PTEN* 基因

PTEN 基因是 1997 年先后被 3 个科研小组发现的一个重要的抑癌基因。这 3 个科研小组分别从基因蛋白结构特征、在肿瘤中的突变及调节表达等 3 个领域进行研究，并分别将其命名为第 10 号染色体同源丢失性磷酸酶——张力蛋白基因（phosphatase and tensin homologue deleted chromatosome 10，PTEN）、多发性进展期癌突变基因（mutation in multiple advanced cancer，MMAC）和由 TGF-β1 调节的、上皮细胞富含的磷酸酶基因（TGF-β1 regulated and epithelial cell-riched phosphatase，Tepl），目前文献中通常简称 *PTEN* 基因。*PTEN* 基因定位于染色体 10q23.3，由 9 个外显子和 8 个内含子组成，全长约 200 kbp，基因序列高度保守，在人、鼠及果蝇中同源性高达 99.75%。*PTEN* 基因编码分子量为 560 kDa、由 403 个氨基酸组成、含有蛋白质酪氨酸磷酸酯酶活性的蛋白，多分布于细胞浆和细胞核内，在人体心、肝、肾、肺、脑等组织中均表达。PTEN 蛋白包括 3 个结构功能区：一个氨基端磷酸酶区域，一个与脂质结合的 C2 区域和一个由约 50 个氨基酸组成的羧基端区域。PTEN 的氨基端区域是发挥作用的主要功能区，含有一个酪氨酸磷酸酶区，可使酪氨酸、丝氨酸和苏氨酸的残基脱磷酸化。此区中保守的半胱氨酸残基 C129 若发生突变，PTEN 磷酸酶活性则消失。

此外，PTEN 的氨基端区域 175 个氨基酸序列与细胞骨架中的张力蛋白（tensin）和辅助蛋白（auxilin）具有较高的同源性。PTEN 的 C2 区域的主要功能是与膜磷脂结合，定位于蛋白膜。有趣的是，这一结合过程与众不同，不需要钙离子的参与。C2 区域基本氨基酸残基的突变可下调 PTEN 与膜的亲和力和抑制瘤细胞生长的能力。PTEN 的氨基端区域和 C2 区域通过广泛的界面联系在一起，说明 C2 区域可能是具有催化作用的区域。PTEN 的羧基端区域具有两个规则的 PEST 序列（350～375，379～396）和一个 PDZ 结合位点，其中，PEST 序列与蛋白降解有关，PDZ 结合位点负责与配体的结合。研究表明，这些特殊区域并不是抑癌作用所必需的，但它们有助于 PFEN 蛋白的定位以及蛋白质间的相互作用以及选择性识别 PIEN 蛋白调节因子,增强 PTEN 的磷酸酶活性,提高 PTEN 的信号传导效率。PTEN 羧基端区域是肿瘤的易突变区,因此也是肿瘤检测突变的靶区。此区域突变可逆转抑癌基因表型,影响突变体的稳定性和磷酸酶活性,由此引起分子构象改变,这是 PTEN 的灭活机制之一。

PTEN 基因是迄今为止发现的第一个具有磷酸酯酶活性的抑癌基因,蛋白质酪氨酸磷酸酯酶的活性可使蛋白质中的酪氨酸残基去磷酸,这一作用恰好与许多癌基因产物——酪氨酸蛋白激酶(TPK)的作用相反。这一特点决定了 TPEN 可以通过 PIP3/Akt(PIP3 与丝-苏氨酸激酶(serine-threoninekinase,Akt))、MAPK(丝裂原激活的蛋白激酶(mitogen-activated protein kinase,MAPK))和 FAK(局灶黏附激酶(focal adhesion kinase,FAK))等多条信号传导途径负向调控细胞周期,诱导肿瘤细胞凋亡以及抑制肿瘤细胞生长、侵袭转移等主要功能;另外,它还在参与胚胎的生长、发育,细胞黏附和迁移、细胞分化、细胞衰老与凋亡、维护免疫系统的稳定等多种生理活动中发挥着重要作用。

4. *p16* 基因

p16 基因也叫多肿瘤抑制基因(multiple tumor suppressor,MTS1)。人的 *p16* 基因位于染色体 9p21,全长 8.5 kbp,由 2 个内含子和 3 个外显子组成。外显子序列编码细胞周期素依赖激酶(CDK4)的抑制蛋白,即 *p16* 蛋白,是一个分子量为 15.84 kDa的单链多肽。*p16* 基因的抑癌机理与细胞周期调控密切相关,它与细胞周期素 D 竞争性结合 CDK4,形成 p16-CDK4 复合物,抑制 CDK4 的活化及其正常调节作用,从而阻止细胞从 G1 期进入 S 期,抑制 DNA 的合成和细胞增殖。*p16* 基因蛋白是目前为止发现的第一个直接控制细胞增殖周期的细胞固有蛋白,而 *p53* 基因控制细胞增殖后期则要通过 p21 间接发挥抑制作用。研究发现,若将 *p16* 基因转染癌细胞,可有效抑制癌细胞克隆的形成,相反,如果 p16 的缺乏则导致肿瘤细胞的无限生长。

5. *p21* 基因

p21 基因位于染色体 6p2,由 68 bp、450 bp、1 600 bp 3 个外显子组成,第二个外显子翻译起始信号。*p21* 基因的启动子区内含有与 *p53* 结合的特有序列,能与 2 种复合物(Cyclin-CDK 和 PCNA-DNA 聚合酶 δ)特异性结合,主要功能是:① 作为 *p53* 的靶基因,*p21* 可以抑制带有损伤 DNA 细胞的细胞周期进程;② 促进 DNA 的修复,抑制 DNA 的复制;③ 参与抑制衰老细胞的增殖和促进细胞分化。

6. 抑癌基因研究虽然落后于原癌基因

但自从 1989 年成功分离鉴定第一个 *rb* 基因后,随着科学技术的不断进步,除上述介绍的 5 个人们已经相对熟悉的抑癌基因外,目前已经发现的抑癌基因或抑癌候选基因(表 12-1)如下:

表 12-1 目前已发现的抑癌基因和抑癌候选基因

抑癌或抑癌候选基因	基因定位	典型的肿瘤
APC	5q21	结肠癌、甲状腺癌和胃癌
ATM	11q22	白血病和淋巴瘤
BCNS	9q13	髓母细胞瘤，皮肤癌
BRCA1	17q21	乳腺癌及卵巢癌
BRCA2	13q12-13	乳腺癌及卵巢癌 V
BLU	3q21	鼻咽癌
DCC	18q21.3	结直肠癌
DLC-1	8p21-22	乳腺癌、肝癌、肺癌、结肠癌等
DPC4	18q21.1	胰腺癌
E-Cadherin	16q	乳腺癌、膀胱癌
FHIT	3p14.2	消化道肿瘤、肾癌、肺癌
HNPCC	2p22	遗传性非息肉病性、结肠癌
K-REV-1	1p	纤维母细胞瘤
KLF6	10p	前列腺癌
LOT1	6q24-25	乳腺癌、卵巢癌
MEN1	11q13	垂体腺瘤
MLM	9q21	黑色素瘤
MXI1	10q24-25	胶质瘤、前列腺癌
NB1	1p36	神经母细胞瘤
NF1	17q11	Ⅰ型神经纤维瘤
NF2	22q12	Ⅱ型神经纤维瘤
p16	9p21	黑色素瘤
p15	9p21	多种肿瘤

续表

抑癌或抑癌候选基因	基因定位	典型的肿瘤
p33	13q34	神经母细胞瘤
p53	17p13.1	多种肿瘤
p73	1p36	神经母细胞瘤
PTEN	10q23.3	胶质母细胞瘤等多种肿瘤
PTPG	3p21	肾细胞癌、肺癌
RASSFIA	3p21.3	胆管癌
RB	13q14	视网膜母细胞瘤和骨肉瘤
RBSP3	3p21.3	多种肿瘤
RCC	3p14	肾癌
ST18	8q11	乳腺癌
TMS1/ASC	16p11.2	乳腺癌
TSLC1	11q23.2	肺癌、鼻咽癌
VHL	3p25	胶质瘤及肾细胞癌
WT1	11p13	Wilms 肿瘤
WWOX	16q23.3-24.1	胰腺癌

12.4.2　抑癌基因表达的调控

基因的生物学功能都要依靠其编码的蛋白来执行，抑癌基因也一样，其编码的蛋白产物分别在细胞信号传递途径的不同环节上发挥作用，抑制细胞增殖和癌变。这些作用途径主要包括以下几个方面：

1. 调节细胞周期

细胞周期包括 G1、S、G2 和 M 期，*p16*、*Rb*、*cdk4*、*cdk6* 和 *cyclin D* 都是调控细胞周期的关键基因，其中，一旦抑癌基因 *p16* 和 *rb* 失活，或者原癌基因 *cyclin D1* 或 *cdk4/6* 活性增强，都会导致相同的结果，即细胞进入 S 期并无限增殖。研究表明，p16 蛋白可抑制 Cdk4 蛋白与 Cyclin D1 的结合，阻断 Rb 蛋白磷酸化，使细胞滞留在 G1 期。Rb 是一种核内磷酸蛋白，当其处于低磷酸化状态时，与转录因子 E2F 紧密结合、抑制 E2F 的活性，从而阻断细胞从 G1 期进入 S 期。而 Cyclin D1 或 Cdk4/6 的过度表达可引起 Rb 的持续磷酸化，处于超磷酸化状态的 Rb 会与

E2F 分离,使细胞迅速进入 S 期。

2. PIP3 途径

信号传导通路研究表明,PIP3 是 EGF 等细胞因子传导通路上的一个重要信使,EGF 等因子与受体结合可激活酪氨酸激酶 PI3K,导致 PIP2 磷酸化成 PIP3,这一结果将再激活包括 Akt/PKB 在内的其他激酶,促使细胞进入分裂繁殖周期并抵抗凋亡。抑癌基因 PTEN 具有磷酸酶活性,其作用底物不是蛋白质而是脂类,PTEN 的这个独特生物学效应可使 PIP3 脱磷酸化而还原成 PIP2,其最终结果是促使细胞及时走向凋亡,从而达到抑制肿瘤的目的。

3. 去乙酰化途径

组蛋白脱酰酶(histone deacetylase,HDAC)具有催化组蛋白去乙酰化、形成八聚体结合 DNA 而降低转录活性的能力。而抑癌基因 *Rb* 可在转录水平上调控基因的表达,其机制是 *Rb* 聚积 HDAC,促使启动子部位的组蛋白脱去乙酰基,结果促进核小体的形成,抑制基因转录。进一步研究表明,HDAC 可以与 *Rb* 基因家族成员 pRb2/p130 结合而增加其转录抑制功能。*Rb* 还可以与 HDAC 及核装备复合物 hSWI/SNF 共同形成复合体,抑制细胞周期蛋白 E 和 A 的转录,使细胞滞留在 G1 期。而 CyclinD/Cdk4 则可使 *Rb* 磷酸化而与 HDAC 解体,解除转录抑制,促使细胞从 G1 期进入 S 期。

4. 其他途径

除上述途径外,抑癌基因还可通过 TGF-β(通过其与受体的结合而激活一系列复杂的下游信号传导活动),与蛋白质结合(通过其编码的蛋白与癌基因产物结合而使癌基因产物失活而发挥作用),参与细胞间黏着与联系(维持细胞间的相互作用)等途径发挥调控作用。

综上所述,在正常情况下抑癌基因的编码产物是细胞生长的负向调控因子。基因表达的调控网络本来就十分复杂,抑癌基因只有在基因丢失或失活状态下才能显示其功能,因此,研究抑癌基因表达的调控就显得更加困难,目前了解的还不够深入,*p53* 和 *rb* 是发现比较早的抑癌基因,人们对它们的认识相对较多。总的来说,抑癌基因表达调控主要发生在转录和翻译水平。在转录水平上,抑癌基因表达的调控与调控元件、内含子和细胞生长状态有关。比如,*p53* 基因转录时不仅需要位于第一外显子上游 100～250 bp 处的 *P1* 启动子和位于第一内含子中的 *P2* 启动子共同协同参与,还需要内含子 4 等参与调控。再比如,肿瘤细胞被诱导分化时,*p53* mRNA 和 p53 蛋白的表达均急剧下降,其调控机制是前体 mRNA 被选择性剪接而减少了成熟 mRNA 的数量,翻译出的蛋白质也就随之减少。翻译水平上的调控,了解较多的是翻译后的调节,其中磷酸化作用是最重要的调控方式。比如,非磷酸化的 Rb 蛋白是活性蛋白,可抑制细胞增殖,而磷酸化的 Rb 蛋白则无此活性。具有磷酸酯酶活性的PTEN抑癌基因，发挥生物学功能的方式就是依靠其氨基端区域含有的一个酪氨酸磷酸酶区催化酪氨酸、丝氨酸和苏氨酸残基脱磷酸化而达到抑制肿瘤生长的目标。如果此区中保守的半胱氨酸残基C129若发生突变，PTEN磷酸酶活性则消失。

事实上，抑癌基因失活的方式除了基因突变和与癌蛋白结合外，更重要的就是磷酸化修饰失活，例如，Rb蛋白和p53蛋白的磷酸化形式，不但失去了抑制细胞分裂的功能，相反却具有促进细胞增殖的作用。

（庞荣清　　张永云）

参 考 文 献

[1] 戴灼华，王亚馥，粟翼玟. 遗传学[M]. 2 版. 北京：高等教育出版社，2008.

[2] 冯作化. 医学分子生物学[M]. 北京：人民卫生出版社，2005.

[3] 龚非力. 医学免疫学[M]. 2 版. 北京：科学出版社，2004.

[4] 桂建芳. RNA 加工与细胞周期调控[M]. 北京：科学出版社，1998.

[5] 黄文林，朱孝峰. 信号转导[M]. 北京：人民卫生出版社，2005.

[6] 静国忠. 基因工程及其分子生物学基础[M]. 北京：北京大学出版社，1999.

[7] 李明刚. 高级分子遗传学[M]. 北京：科学出版社，2004.

[8] 瞿礼佳，顾红雅，胡萍，陈章良. 现代生物技术[M]. 北京：高等教育出版社，2004.

[9] 沈萍，陈向东. 微生物学[M]. 2 版. 北京：高等教育出版社，2006.

[10] 沈珝琲，方福德. 真核基因表达调控[M]. 北京：高等教育出版社，1996.

[11] 孙乃恩，孙东旭，朱德煦. 分子遗传学[M]. 南京：南京大学出版社，1990.

[12] 张红卫，王子仟，张士璀. 发育生物学[M]. 2 版. 北京：高等教育出版社，2006.

[13] 张玉静. 分子遗传学[M]. 北京：科学出版社，2000.

[14] 郑用琏. 基础分子生物学[M]. 北京：高等教育出版社，2007.

[15] 朱玉贤，李毅，郑晓峰. 现代分子生物学[M]. 3 版. 北京：高等教育出版社，2007.

[16] Acehan D, Jiang X, Morgan D G, et al. Three dimensional structure of the apoptosome: implications for assembly, procaspase-9 binding, and activation[J]. Mol Cell, 2002, 9(2): 423-432.

[17] Alvarez-Garcia I, Miska E A. MicroRNA functions in animal development and human disease[J]. Development, 2005, 132(21): 4653-4662.

[18] Appella E, Anderson C W. Post-translational modifications and activation of p53 by genotoxic stresses[J]. Eur J Biochem, 2001, 268(10): 2764-2772.

[19] Aravin A, Tuschl T. Identification and characterization of small RNAs involved in RNA silencing[J]. Febs Letters, 2005, 579(26): 5830-5840.

[20] Aronica L, Bednenko J, Noto T, et al. Study of an RNA helicase implicates small RNA-noncoding RNA interactions in programmed DNA elimination in Tetrahymena[J]. Genes Dev., 2008, 22(16): 2228-2241.

[21] Bartel D P. MicroRNAs: Genomics, biogenesis, mechanism, and function[J]. Cell, 2004, 116(2): 281-297.

[22] Krueger A, Baumann S, Krammer P H. FLICE-inhibitory proteins: regulators of death receptor mediated apoptosis[J]. Mol Cell Biol, 2001, 21(24): 8247-8254.

[23] Berg T. Signal transducers and activators of transcription as targets for small organic mol-

ecules[J]. Chembiochem, 2008, 9(13): 2039-2044.

[24] Bianco R, Melisi D, Ciardiello F, Tortora G. Key cancer cell signal transduction pathways as therapeutic targets[J]. Eur J Cancer, 2006, 42(3): 290-294.

[25] Bird A. DNA methylation patterns and epigenetic memory[J]. Genes Dev., 2002, 16: 6-21.

[26] Blow M, Futreal P A, Wooster R, et al. A survey of RNA editing in human brain[J]. Genome Res., 2004, 14(12): 2379-2387.

[27] Brown S, Zeidler M P. Unphosphorylated STATs go nuclear[J]. Curr Opin Genet Dev., 2008, 18(5): 455-460.

[28] Brown T A. Genomes[M]. 3rd ed. New York: John Wiley & Sons Inc. Ltd, 2006.

[29] Carmell M A, Xuan Z, Zhang M Q, et al. The Argonaute family: tentacles that reach into RNAi, developmental control, stem cell maintenance, and tumorigenesis[J]. Genes Dev., 2002, 16(21): 2733-2742.

[30] Carrera I, Treisman J E. Message in a nucleus: signaling to the transcriptional machinery[J]. Curr Opin Genet Dev., 2008, 18(5): 397-403.

[31] Carrington J C, Ambros V. Role of microRNAs in plant and animal development[J]. American Association for the Advancement of Science, 2003, 301(5631): 336-338.

[32] Castanotto D, Scherer L. Targeting cellular genes with PCR cassettes expressing short interfering RNAs[J]. Methods Enzymol, 2005, 392: 173-185.

[33] Chang B D, Swift M E, Shen M, et al. Molecular determinants of terminal growth arrest induced in tumor cells by a chemotherapeutic agent[J]. Proc Natl Acad Sci USA, 2002(1): 389-394.

[34] Chang M K, Binder C J, Miller Y I, et al. Apoptotic cells with oxidation-specific epitopes are immunogenic and proinflammatory[J]. J Exp Med, 2004, 200(11): 1359-1370.

[35] Chen M, Ha M, Lackey E, et al. RNAi of met1 reduces DNA methylation and induces genome-specific changes in gene expression and centromeric small RNA accumulation in *Arabidopsis* allopolyploids[J]. Genetics, 2008, 178(4): 1845-1858.

[36] Chendrimada T P, Gregory R I, Kumaraswamy E, et al. TRBP recruits the Dicer complex to Ago 2 for microRNA processing and gene silencing[J]. Nature, 2005, 436(7051): 740-744.

[37] Costello J F, Fruhwald M C. Aberrant CpG island methylation has non random and tumour type specific patterns[J]. Nat Genet, 2000(2): 132-138.

[38] Cui B W, Gorovsky M A. Centromeric histone H3 is essential for vegetative cell division and for DNA elimination during conjugation in *Tetrahymena thermophila*[J]. Molecular and Cellular Biology, 2006, 26(12): 4499-4510.

[39] Cullen B R. Derivation and function of small interfering RNAs and microRNAs[J]. Virus Research, 2004, 102(1): 3-9.

[40] Datta K, Babbar D, Srivastava T, et al. p53 dependent apoptosis in glioma cell lines in response to hydrogen peroxide induced oxidative stress[J]. Int J Biochem Cell Biol, 2002,

34(2): 148-157.

[41] Davidson N O. The challenge of target sequence specificity in C→U RNA editing[J]. The Journal of Clinical Investigation, 2002, 209(3): 291-294.

[42] Denli A M, Tops B B J, Plasterk R H A, et al. Processing of primary microRNAs by the Microprocessor complex[J]. Nature, 2004, 432(7014): 231-235.

[43] Di Leva G, Calin G A, Croce C M. MicroRNAs: Fundamental facts and involvement in human diseases [J]. Birth Defects Research Part C Embryo Today, 2006, 78 (2): 180-189.

[44] Dimri G P, Martinez J L, Jacobs J J, et al. The Bmi-1 oncogene induces telomerase activity and immortalizes human mammary epithelial cells[J]. Cancer Res, 2002, 62(16): 4736-4745.

[45] Elbashir S M, Harborth J, Lendeckel W, et al. Duplexes of 21-nucleotide RNAs mediate RNA interference in mammalian cell culture[J]. Nature, 2001, 411(6836): 494-498.

[46] Feinberg E H, Hunter C P. Transport of dsRNA into cells by the transmembrane protein SID-1[J]. Science, 2003, 301(5639): 1545-1547.

[47] Ge Q, McManus M T, Nguyen T, et al. RNA interference of influenza virus production by directly targeting mRNA for degradation and indirectly inhibiting all viral RNA transcription [J]. Proceedings of the National Academy of Sciences, 2003, 100 (5): 2718-2723.

[48] Gil J, Esteban M. Induction of apoptosis by the dsRNA-dependent protein kinase (PKR): Mechanism of action[J]. Apoptosis, 2000, 5(2): 107-114.

[49] Gitlin L, Karelsky S, Andino R. Short interfering RNA confers intracellular antiviral immunity in human cells[J]. Nature, 2002, 418(6896): 430-434.

[50] Gonczy P, Echeverri C, Oegema K, et al. Functional genomic analysis of cell division in C. elegans using RNAi of genes on chromosome Ⅲ[J]. Nature, 2000, 408: 331-336.

[51] Gott J M. Expanding genome capacity via RNA editing [J]. C R Biol, 2003, 326: 901-908.

[52] Gregory R I, Yan K P, Amuthan G, et al. The microprocessor complex mediates the genesis of microRNAs[J]. Nature, 2004, 432(7014): 235-240.

[53] Griffifths A J F, Wessler S R, Lewontin R C, et al. An introduction to genetics analysis [M]. 8th ed. New York: W. H. Freeman and Company, 2005.

[54] Hall I M, Shankaranarayana G D, Noma K, et al. Establishment and maintenance of a heterochromatin domain[J]. Science, 2002, 297(5590): 2232-2237.

[55] Hamazaki H, Ujino S, Miyano-Kurosaki N, et al. Inhibition of hepatitis C virus RNA replication by short hairpin RNA synthesized by T7 RNA polymerase in hepatitis C virus subgenomic replicons[J]. Biochemical and Biophysical Research Communications, 2006, 343(3): 988-994.

[56] Hammond S M, Caudy A A, Hannon G J. Post-transcriptional gene silencing by double-

stranded RNA[J]. Nature Reviews Genetics, 2001, 2(2): 110-119.

[57] Han J, Lee Y, Yeom K H, et al. The Drosha-DGCR8 complex in primary microRNA processing[J]. Genes Dev., 2004, 18(24): 3016-3027.

[58] Hanrahan C J, Palladino M J, Ganetzky B, et al. RNA editing of the Drosophila paraNa (+) channel transcript: evolutionary conservation and developmental regulation[J]. Genetics, 2000, 155: 1149-1160.

[59] Hao Z, Duncan G S, Chang C C, et al. Specific ablation of the apoptotic functions of cytochrome C reveals a differential requirement for cytochrome C and Apaf-1 in apoptosis [J]. Cell, 2005, 121: 579-591.

[60] Herr I, Debatin K. Cellular stress response and apoptosis in cancer therapy[J]. Blood, 2001, 98(9): 2603-2604.

[61] Hill C S. Nucleocytoplasmic shuttling of Smad proteins[J]. Cell Res, 2009, 19(1): 36-46.

[62] Hoffmann E K, Pedersen S F. Sensors and signal transduction pathways in vertebrate cell volume regulation[J]. Contrib Nephrol, 2006, 152: 54-104.

[63] Holmes R J, Cohen P E. Small RNAs and RNAi pathways in meiotic prophase I[J]. Chromosome Res., 2007, 15(5): 653-665.

[64] Hu W Y, Myers C P, Kilzer J M, et al. Inhibition of retroviral pathogenesis by RNA interference[J]. Current Biology, 2002, 12(15): 1301-1311.

[65] Hutvagner G, Zamore P D. A microRNA in a multiple-turnover RNAi enzyme complex [J]. Science, 2002, 297: 2056-2060.

[66] Huvos P E. Extensive changes in the locations and sequence content of developmentally deleted DNA between *Tetrahymena thermophila* and its closest relative, *T-malaccensis* [J]. J. Eukaryot. Microbiol., 2007, 54(1): 73-82.

[67] Iida T, Nakayama J I, Moazed D. siRNA-Mediated heterochromatin establishment requires HP1 and is associated with antisense transcription[J]. Mol. Cell, 2008, 31(2): 178-189.

[68] Jacque J M, Triques K, Stevenson M. Modulation of HIV-1 replication by RNA interference[J]. Nature, 2002, 418: 435-438.

[69] Jaskiewicz L, Filipowicz W. Role of Dicer in posttranscriptional RNA silencing[M]. Berlin: Springer-Verlag, 2008.

[70] Jia Q M, Sun R. Inhibition of gammaherpesvirus replication by RNA interference[J]. Journal of Virology, 2003, 77(5): 3301-3306.

[71] Jiang M, Milner J. Selective silencing of viral gene expression in HPV-positive human cervical carcinoma cells treated with siRNA, a primer of RNA interference[J]. Oncogene, 2002, 21(39): 6041-6048.

[72] Jones L, Ratcliff F, Baulcombe D C. RNA-directed transcriptional gene silencing in plants can be inherited independently of the RNA trigger and requires Met1 for maintenance[J]. Current Biology, 2001, 11(10): 747-757.

[73] Yamanaka1 K S. Induction of pluripotent stem cells from mouse embryonic and adult

fibroblast cultures by defined factors[J]. Cell, 2006, 126: 663-676.

[74] Kapadia S B, Brideau-Andersen A, Chisari F V. Interference of hepatitis C virus RNA replication by short interfering RNAs[J]. Proceedings of the National Academy of Sciences, 2003, 100(4): 2014-2018.

[75] Karube Y, Tanaka H, Osada H, et al. Reduced expression of Dicer associated with poor prognosis in lung cancer patients[J]. Cancer Science, 2005, 96(2): 111-115.

[76] Kawasaki H, Taira K. Induction of DNA methylation and gene silencing by short interfering RNAs in human cells[J]. Nature, 2004, 431(7005): 211-217.

[77] Ketting R F, Fischer S E J, Bernstein E, et al. Dicer functions in RNA interference and in synthesis of small RNA involved in developmental timing in C. elegans[J]. Cold Spring Harbor Lab, 2001, 15: 2654-2659.

[78] Kleibl Z, Raisova M, Novotny J, et al. Apoptosis and its importance in the development and therapy of tumors[J]. S B Lek, 2002, 103(1): 1-13.

[79] Kountouras J, Zavos C, Chatzopoulos D. Apoptosis and autoimmunity as pro posedpathogenetic links between *Helicobacter pylori* infection and *idiopathic achalasia* [J]. Med Hypotheses, 2004, 63(4): 624-629.

[80] Kroemer G, Reed J C. Mitochondrial control of cell death[J]. Nat Med, 2000, 6(5): 513-519.

[81] Lee N S, Dohjima T, Bauer G, et al. Expression of small interfering RNAs targeted against HIV-1 rev transcripts in human cells[J]. Nature biotechnology, 2002, 20(5): 500-504.

[82] Lee S, Kim J, Han J J, et al. Functional analyses of the flowering time gene OsMADS50, the putative Suppressor of overexpression Soc1/Agamous-like 20 (SOC1/AGL20) ortholog in rice[J]. The Plant Journal, 2004, 38(5): 754-764.

[83] Lee Y, Ahn C, Han J, et al. The nuclear RNaseⅢ Drosha initiates microRNA processing [J]. Nature, 2003, 425(6956): 415-419.

[84] Lepere G, Betermier M, Meyer E, et al. Maternal noncoding transcripts antagonize the targeting of DNA elimination by scanRNAs in *Paramecium tetraurelia* [J]. Genes Dev., 2008, 22(11): 1501-1512.

[85] Lessard J, Sauvageau G. Bmi-1 determines the proliferative capacity of normal and leukaemic stem cells[J]. Nature, 2003, 423(6937): 255-260.

[86] Lewin B. Genes Ⅷ[M]. News Jersey: Pearson Prentice Hall, 2004.

[87] Lipardi C, Wei Q, Paterson B M. RNAi as random degradative PCR: siRNA primers convert mRNA into dsRNAs that are degraded to generate new siRNAs[J]. Cell, 2001, 107(3): 297-307.

[88] Liu Y F, Song X Y, Gorovsky M A, et al. Elimination of foreign DNA during somatic differentiation in *Tetrahymena thermophila* shows position effect and is dosage dependent [J]. Eukaryot Cell, 2005, 4(2): 421-431.

[89] Lodish H, Baltimore D, Berk A, Zipursky S L, Matsudaira P, Darnell J. Molecular cell

biology[M]. 5th ed. New York: Scientific American Books, 2003.

[90] Lund E, Guttinger S, Calado A, et al. Nuclear export of microRNA precursors[J]. Science, 2004, 303(5654): 95-98.

[91] Maeda T, Hobbs R M, Merghoub T, et al. Role of the proto-oncogene pokemon in cellular transformation and ARF repression[J]. Nature, 2005, 433: 278-285.

[92] Mankan A K, Lawless M W, Gray S G, Kelleher D, McManus R. NF-kappaB regulation: the nuclear response[J]. J Cell Mol Med, 2009, 13(4): 631-643.

[93] Martin S J. Dealing the CARDs between life and death[J]. Trends Cell Biol, 2001, 11: 188-189.

[94] Martinon F, Hofmann K, Tschopp J. The pyrin domain: a possible member of the death domain-fold family implicated in apoptosis and inflammation[J]. Curr Biol, 2001, 11: 118-120.

[95] Mathieu O, Bender J. RNA-directed DNA methylation[J]. Journal of Cell Science, 2004, 117: 4881-4888.

[96] Matzke M A, Birchler J A. RNAi-mediated pathways in the nucleus[J]. Nature Reviews Genetics, 2005, 6(1): 24-35.

[97] McCaffrey A P, Nakai H, Pandey K, et al. Inhibition of hepatitis B virus in mice by RNA interference[J]. Nature Biotechnology, 2003, 21: 639-644.

[98] McManus M T, Sharp P A. Gene silencing in mammals by small interfering RNAs[J]. Nature Reviews Genetics, 2002, 3(10): 737-747.

[99] Nagata S, Nagase H, Kawane K, et al. Degradation of chromosomal DNA during apoptosis[J]. Cell Death Differ, 2003, 10(1): 108-116.

[100] Nelson D L, Cox M M. Lehninger principles of biochemistry[M]. 4th ed. New York: Worth Publishers, 2004.

[101] Nishimura R, Hata K, Ikeda F, Ichida F, Shimoyama A, Matsubara T, Wada M, Amano K, Yoneda T. Signal transduction and transcriptional regulation during mesenchymal cell differentiation[J]. J Bone Miner Metab, 2008, 26(3): 203-212.

[102] Park I K, Morrison S J, Clarke M F. Bmi-1, stem cells, and senescence regulation[J]. J Clin Invest, 2004, 113(2): 175-179.

[103] Plath K, Mlynarczyk-Evans S, Nusinow D A, et al. Xist RNA and the mechanism of X-chromosome inactivation[J]. Annu Rev Genet, 2002, 36: 233-278.

[104] Raftopoulou M, Etienne-Manneville S, Self A, et al. Regulation of cell migration by the C2 domain of the tumor suppressor PTEN[J]. Science, 2004 (5661): 1179-1181.

[105] Ross S, Hill C S. How the Smadsregulate transcription[J]. Int J Biochem Cell Biol, 2008, 40(3): 383-408.

[106] Rowinsky E K. Signal events: cell signal transduction and its inhibition in cancer[J]. Oncologist, 2003, 3: 5-17.

[107] Salvesen G S, Duckett C S. IAP proteins: blocking the road to death's door[J]. Nat Rev Mol Cell Biol, 2002, 3(6): 401-410.

[108] Sehgal P B. Paradigm shifts in the cell biology of STAT signaling[J]. Semin Cell Dev Biol，2008，19(4)：329-340.

[109] Shankaran H，Resat H，Wiley H S. Cell surface receptors for signal transduction and ligand transport：a design principles study[J]. PLoS Comput Biol，2007，3(6)：101.

[110] Shibahara K，Verreault A，Stillman B. The N-terminal domains of histones H3 and H4 are not necessary for chromatin assembly factor-1-mediated nucleosome assembly onto replicated DNA in vitro[J]. Proc Natl Acad Sci，2000，97：7766-7771.

[111] Shikanai T. RNA editing in plant organelles：machinery，physiological function and evolution[J]. Cell Mol Life Sci，2006，63：698-708.

[112] Steeg P S，Palmieri D，Ouatas T，Salerno M. Histidine kinases and histidine phosphorylated proteins in mammalian cell biology，signal transduction and cancer[J]. Cancer Lett，2003，190(1)：1-12.

[113] Stewart J H，Nguyen D，Chen G A，et al. Induction of apoptosis in malignant pleural mesothelioma cells by activation of the Fas(Apo-1/CD95) death signal pathway[J]. J Thorac Cardiovasc Surg，2002，123(2)：295-302.

[114] Takahashi K，Yamanaka S. Induction of pluripotent stem cells from mouse embryonic and adult fibroblast cultures by defined factors[J]. Cell，2006(4)：663-676.

[115] Tamaru H，Selker E U. A histone H3 methyltransferase controls DNA methylation in Neurosporacrassa[J]. Nature，2001，414：277-283.

[116] Upham B L，Trosko J E. Oxidative-dependent integration of signal transduction with intercellular gap junctional communication in the control of gene expression[J]. Antioxid Redox Signal，2009，11(2)：297-307.

[117] Wang Y，Zhang W，Jin Y，et al. The JIL-1 tandem kinase mediates histone H3 phosphorylation and is required for maintenance of chromatin structure in *Drosophila*[J]. Cell，2001，105：433-443.

[118] Watson J D，Baker T A，Bell S P，et al. Molecular biology of the gene[M]. 5th ed. San Francisco：Benjamin Cummings，2004.

[119] Wu X，Deng Y. Bax and BH3 domain only proteins in p53 mediated apoptosis[J]. Front Bio Sci，2002，7(4)：151-156.

[120] Wyrzykowska P，Kasza A. Regulation of PAI-1 expression[J]. Postepy Biochem，2009，55(1)：46-53.

[121] Yu J，Vodyanik M A，Smuga-Otto K，et al. Induced pluripotent stem cell lines derived from human somatic cells[J]. Science，2007(5858)：1917-1920.

[122] Zhou Z，Licklider L J，Gygi S P，et al. Comprehensive proteomic analysis of the human spliceosome[J]. Nature，2002，419 (6903)：182-185.